高等职业教育课程改革项目研究成果系列教材
"互联网+"新形态活页式教材

信息技术

主　编　黄　侃　　刘冰洁　　黄小花
副主编　任剑岚　　熊慧芳　　谢静思
　　　　叶津凌　　谢天长
主　审　丁荔芳

北京理工大学出版社
BEIJING INSTITUTE OF TECHNOLOGY PRESS

内 容 简 介

本书按照高职院校对计算机应用基础课程的基本要求，紧密结合全国计算机等级考试一级考试大纲和当前信息技术的最新发展现状编写而成。全书内容包括计算机文化与电脑组装、Windows 10 系统的使用、Word 2016 的使用、Excel 2016 的使用、PowerPoint 2016 的使用、计算机网络及信息检索、计算机领域新技术与职业道德规范七个项目。

本书结合高等职业教育注重学生实践能力培养的特点，全部采用项目案例进行编写，每个项目章节都是一个项目案例的具体操作；同时，本书采用技能活页的形式进行编排，将每个项目的具体操作模块化为多个技能点，每个技能点的篇幅都控制在 1 页以内，既便于高职院校教师按照本书编排开展项目化教学，也便于高职院校教师按照自己的教学设计，对本书的技能点活页进行重新排序和编排，达到课堂内容重构的目的。同时，本书还通过"技能地图"和"技能加油站"合理重构和解析项目技能点，通过"思政小课堂"和"思政小知识"将党史教育等思政元素有机融入项目，通过"任务工单"和"拓展练习"可有效达成理实一体化教学，着力培养学生的实践能力和问题解决能力。本书层次分明，讲解清晰，内容实用，图文并茂，适合作为各类高职院校的教材。

版权专有　侵权必究

图书在版编目（CIP）数据

信息技术 / 黄侃，刘冰洁，黄小花主编. ——北京：北京理工大学出版社，2023.2

ISBN 978-7-5763-2157-9

Ⅰ. ①信⋯　Ⅱ. ①黄⋯ ②刘⋯ ③黄⋯　Ⅲ. ①电子计算机-高等职业教育-教材　Ⅳ. ①TP3

中国国家版本馆 CIP 数据核字（2023）第 037190 号

责任编辑：高　芳　　　　**文案编辑：**胡　莹
责任校对：刘亚男　　　　**责任印制：**施胜娟

出版发行 /	北京理工大学出版社有限责任公司
社　　址 /	北京市丰台区四合庄路 6 号
邮　　编 /	100070
电　　话 /	（010）68914026（教材售后服务热线）
	（010）68944437（课件资源服务热线）
网　　址 /	http://www.bitpress.com.cn
版 印 次 /	2023 年 2 月第 1 版第 1 次印刷
印　　刷 /	河北盛世彩捷印刷有限公司
开　　本 /	787mm×1092mm　1/16
印　　张 /	22
字　　数 /	528 千字
定　　价 /	58.00 元

图书出现印装质量问题，请拨打售后服务热线，负责调换

前　言

随着信息技术的飞速发展，熟练地操作计算机、掌握计算机的应用技术已成为当代大学生必须具备的基本技能，也是学生就业的重要前提。"信息技术"课程是各类院校学生必修的一门公共基础课。本书为依据教育部最新制定的计算机应用基础教学大纲和高等职业教育专科信息技术课程标准（2021 版）的要求，结合计算机和信息技术的发展状况，以及教育部考试中心制定的《全国计算机等级考试大纲》，由企业专家和在教学一线工作多年、具有丰富教学和实践经验的教师团队编写的活页式项目教材。

本书内容翔实，操作步骤清晰，图文并茂，涉及面广，具有极强的可操作性和针对性。本书共分 7 个项目，包括计算机文化与电脑组装、Windows 10 系统的使用、Word 2016 的使用、Excel 2016 的使用、PowerPoint 2016 的使用、计算机网络及信息检索、计算机领域新技术及职业道德规范。

本书特色

（1）校企"双元"开发教材：本书是校企"双元"开发的教材，由江西通慧科技集团股份有限公司为教材开发提供真实的案例和企业需求；该公司高级工程师谢天长高工作为本书副主编，在对应岗位定位、典型工作任务选取、教材内容设置等方面，提供了企业的视角，并直接参与了本书部分内容的编写。本书所有主编、副主编都具有企业实践经历。

（2）活页式项目化教学：采用项目引领、任务驱动的教学方式，将每个项目分解为多个任务，每个任务均包含"任务情景""任务目标""任务要求""知识链接""计划决策""任务实施""检查""实施总结""小组评价""任务点评"等内容。同时活页式项目化教材在具体教学过程中，可随时根据授课内容进行调整、拆分，达到灵活多变的效果。

其中：

任务情景：所有项目均来自真实岗位典型案例，项目中为任务设计一个与实际应用和任务案例相结合的模拟情景，从而提高任务的实用性、目的性和有趣性。

任务目标：由任课教师决定本次任务学习要达成的目标。

任务要求：本次任务需要掌握的基本要求。

知识链接：完成本任务需要掌握的技能点。

计划决策：完成本任务的计划。

任务实施：根据案例内容，由教师上课时边演示、边讲解相关知识，让学生通过案例掌握相关知识及技能在实践中的应用，完成整体实施。

检查：确认自己实施是否与计划一致。

实施总结：根据实施过程中自己遇到的困难或解决问题的方法，总结、归纳。

小组评价：各小组成员互相点评。

任务点评：教师总体评价同学们实施效果。

（3）课程思政资源+微课资源，本书将思政元素融入教材，采用在线课程和微课辅助教学，针对性强。学生可通过登陆学银在线或扫描二维码随时随地观看微视频，从而提高学习质量。

（4）岗课赛证融通教材：本书面向各类企业行政办公岗位及其他专业岗位所需信息化办公技能需要，融入全国计算机等级考试证书和大学生科技创新与职业技能竞赛知识点的相关内容，以高等职业教育专科信息技术课程标准（2021 版）为框架，形成岗课赛证融通教材。

（5）其他特色：语言简练，图示丰富，融入大量实用技巧，学习资源丰富等。

本书由黄侃负责全书的策划、统稿工作，黄侃、刘冰洁、黄小花任主编，任剑岚、熊慧芳、谢静思、叶津凌、谢天长任副主编，丁荔芳任主审。其中，项目一由任剑岚（任务 1.1，1.2，1.3 及 1.4）、叶津凌（任务 1.4）编写，项目二由黄侃编写，项目三由熊慧芳（任务 3.1，3.2 及 3.3）、谢天长（任务 3.4 及 3.5）编写，项目四由黄小花编写，项目五由刘冰洁编写，项目六由谢静思编写。

因时间仓促，本书尽管经过了反复修改，仍难免有疏漏和不足之处，望广大读者批评指正。

编者

目 录

项目一 计算机文化与电脑组装 …………………………………………………………… 1

任务 1.1 认识计算机 ………………………………………………………………… 3
1.1.1 计算机的基本知识 ……………………………………………………… 5
1.1.2 计算机的系统组成 ……………………………………………………… 7
1.1.3 计算机的信息表示 ……………………………………………………… 9

任务 1.2 选购和组装个人计算机 …………………………………………………… 13
1.2.1 计算机的部件组成、性能指标及选购技巧 ………………………… 15
1.2.2 组装计算机 …………………………………………………………… 19

任务 1.3 使用计算机的常用外部设备及软件 ……………………………………… 21
1.3.1 鼠标、键盘操作 ……………………………………………………… 23
1.3.2 常用软件 ……………………………………………………………… 25

任务 1.4 认识新一代计算机技术 …………………………………………………… 31

任务 1.5 遵循计算机道德及保护个人信息安全 …………………………………… 37

项目二 Windows 10 系统的使用 …………………………………………………………… 43

任务 2.1 设置工作电脑个性化桌面环境 …………………………………………… 45
2.1.1 熟悉 Windows 10 系统的工作环境 ………………………………… 47
2.1.2 Windows 10 系统的窗口、菜单、对话框的操作 ………………… 49
2.1.3 Windows 10 系统的个性化设置 …………………………………… 53

任务 2.2 整理日常工作文件 ………………………………………………………… 57
2.2.1 文件及文件夹基本操作 ……………………………………………… 59
2.2.2 资源管理器的操作 …………………………………………………… 65

任务 2.3 优化电脑工作环境 ………………………………………………………… 71
2.3.1 控制面板的操作 ……………………………………………………… 73
2.3.2 "设置"窗口的操作 ………………………………………………… 81

任务 2.4 使用 Windows 10 系统的小工具 ………………………………………… 85
2.4.1 常用小工具操作 ……………………………………………………… 87

2.4.2　常用操作小技巧 …………………………………………………………………… 91

项目三　Word 2016 的使用 …………………………………………………………… 97

任务 3.1　"喜迎中国共产党建党 100 周年"优秀作品征集活动通知的制作 ………… 99
3.1.1　Word 2016 的工作界面 ……………………………………………………… 101
3.1.2　Word 文档的新建与保存 …………………………………………………… 103
3.1.3　字符输入 ……………………………………………………………………… 107
3.1.4　文本基本操作 ………………………………………………………………… 109
3.1.5　字符格式设置 ………………………………………………………………… 113
3.1.6　段落格式设置 ………………………………………………………………… 117
3.1.7　页面设置 ……………………………………………………………………… 119
3.1.8　项目符号和编号 ……………………………………………………………… 121

任务 3.2　"喜迎中国共产党建党 100 周年"优秀作品征集活动报名附件的设计 …… 123
3.2.1　创建表格 ……………………………………………………………………… 125
3.2.2　编辑表格 ……………………………………………………………………… 127
3.2.3　美化表格 ……………………………………………………………………… 129
3.2.4　文本转换与数据处理 ………………………………………………………… 133

任务 3.3　"喜迎中国共产党建党 100 周年"优秀作品征集活动投稿作品的排版 …… 137
3.3.1　图片的处理与排版 …………………………………………………………… 139
3.3.2　页眉、页脚、页码 …………………………………………………………… 141
3.3.3　脚注和尾注 …………………………………………………………………… 143
3.3.4　分隔符与分栏版式 …………………………………………………………… 145

任务 3.4　"喜迎中国共产党建党 100 周年"优秀作品征集活动获奖证书的
制作与打印 ………………………………………………………………………… 147
3.4.1　艺术字与文本框 ……………………………………………………………… 149
3.4.2　边框、底纹与页面背景 ……………………………………………………… 151
3.4.3　文件打印 ……………………………………………………………………… 153

任务 3.5　"喜迎中国共产党建党 100 周年"优秀作品征集活动获奖作品集的排版 …… 155
3.5.1　文档视图 ……………………………………………………………………… 157
3.5.2　样式 …………………………………………………………………………… 159
3.5.3　合并多个文档 ………………………………………………………………… 161
3.5.4　目录 …………………………………………………………………………… 165
3.5.5　校对、批注和修订 …………………………………………………………… 167

项目四　Excel 2016 的使用 ………………………………………………………… 171

任务 4.1　创建"2020 年中国大数据产业发展指数"工作表 ………………………… 173
4.1.1　Excel 印象 …………………………………………………………………… 175
4.1.2　工作簿的操作 ………………………………………………………………… 177
4.1.3　工作表的操作 ………………………………………………………………… 179

任务 4.2　"2020 年中国大数据产业发展指数"工作表数据的录入 ……………… 181
　　4.2.1　表格中常规及序列数据的录入 …………………………………………… 183
　　4.2.2　表格中数据有效性检查及批注的插入 …………………………………… 185
任务 4.3　"2020 年中国大数据产业发展指数"工作表的格式化 ………………… 189
　　4.3.1　Excel 中常用格式设置 …………………………………………………… 191
　　4.3.2　Excel 自动套用格式及条件格式设置 …………………………………… 193
任务 4.4　"2020 年中国大数据产业发展指数"工作表数据的计算 ……………… 195
　　4.4.1　公式的组成及使用 ………………………………………………………… 197
　　4.4.2　函数的使用 ………………………………………………………………… 199
任务 4.5　"2020 年中国大数据产业发展指数"图表的创建与编辑 ……………… 203
　　4.5.1　图表创建 …………………………………………………………………… 205
　　4.5.2　图表的编辑与美化 ………………………………………………………… 207
任务 4.6　"2020 年中国大数据产业发展指数"数据管理 ………………………… 209
　　4.6.1　数据的排序 ………………………………………………………………… 211
　　4.6.2　数据的筛选 ………………………………………………………………… 215
　　4.6.3　数据的分类汇总 …………………………………………………………… 217
　　4.6.4　数据透视表和数据透视图 ………………………………………………… 219
任务 4.7　"2020 年中国大数据产业发展指数"数据的打印 ……………………… 223

项目五　PowerPoint 2016 的使用 …………………………………………………… 231

任务 5.1　"网络强国之路"演示文稿版式设计与封面制作 ……………………… 233
　　5.1.1　PowerPoint 启动退出与工作界面 ………………………………………… 235
　　5.1.2　创建演示文稿及幻灯片 …………………………………………………… 237
　　5.1.3　幻灯片设计和布局 ………………………………………………………… 241
　　5.1.4　图片的基本操作及格式设置 ……………………………………………… 243
任务 5.2　"网络强国之路"演示文稿目录与内容页母版制作 …………………… 245
　　5.2.1　形状的基本操作及格式设置 ……………………………………………… 247
　　5.2.2　文本框的基本操作及格式设置 …………………………………………… 251
　　5.2.3　母版页制作及演示文稿视图设置 ………………………………………… 253
任务 5.3　"网络强国之路"演示文稿内容页制作 ………………………………… 259
　　5.3.1　幻灯片元素——艺术字和 SmartArt 图形 ………………………………… 261
　　5.3.2　幻灯片元素——图表 ……………………………………………………… 263
　　5.3.3　幻灯片元素——媒体 ……………………………………………………… 267
任务 5.4　"网络强国之路"演示文稿动画制作和放映 …………………………… 269
　　5.4.1　幻灯片动画 ………………………………………………………………… 271
　　5.4.2　幻灯片主题及放映 ………………………………………………………… 273
　　5.4.3　演示文稿输出 ……………………………………………………………… 275

项目六　计算机网络及信息检索 ·· 279

任务 6.1　设置内部网络工作环境 ·· 281
6.1.1　查看及设置 IP 地址 ·· 283
6.1.2　配置无线局域网 ·· 289
6.1.3　设置和访问共享资源 ·· 295

任务 6.2　信息检索 ·· 299
6.2.1　信息检索相关知识 ··· 301
6.2.2　利用搜索引擎查找资料 ··· 303
6.2.3　利用不同信息平台进行信息检索 ······························ 309

任务 6.3　期刊论文检索 ·· 311

项目七　计算机领域新技术与职业道德规范 ·································· 319

任务 7.1　计算机领域新技术 ·· 323
任务 7.2　职业道德规范 ·· 335

参考文献 ··· 343

项目一 计算机文化与电脑组装

【项目概述】

本项目包含了"认识计算机""选购和组装个人计算机""使用计算机的常用外部设备及软件""认识新一代计算机技术""遵循计算机道德及保护个人信息安全"5个任务。通过"认识计算机"初探计算机的全貌,包括计算机的诞生、发展、分类、应用、硬件系统、软件系统以及计算机的信息表示;通过"选购和组装个人计算机"了解计算机的组件和品牌,并学会安装;通过"使用计算机的常用外部设备及软件"初步掌握计算机的简单操作,以及中、英文打字;通过"认识新一代计算机技术"了解计算机技术在生活中的应用;通过"遵循计算机道德及保护个人信息安全"熟悉计算机相关的道德及法律常识。

【项目目标】

- 了解计算机发展的基本知识。
- 了解计算机中的信息表示。
- 掌握常用软件的安装与使用。
- 了解新一代计算机技术。
- 熟悉使用计算机的相关法律和道德规范。
- 掌握个人信息安全的保护措施。

【技能地图】

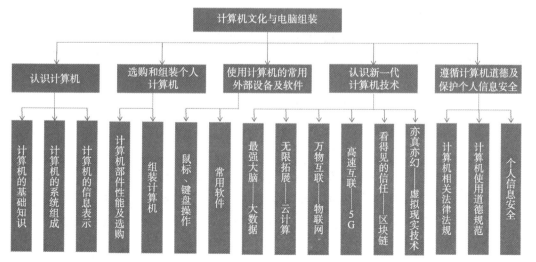

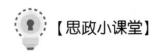 **【思政小课堂】**

把握新一代信息技术的聚焦点

世界正在进入以信息产业为主导的经济发展时期。我们要把握数字化、网络化、智能化融合发展的契机,以信息化、智能化为杠杆培育新动能。这是对当今世界信息技术发展态势的准确把握,也是利用信息技术推动国家创新发展的重要举措。

数字化:从计算机化到数据化

数字化是指将信息载体(文字、图片、图像、信号等)以数字编码的形式(通常是二进制编码)进行存储、传输、加工、处理和应用的技术途径。数据化的核心是对信息技术革命与经济社会活动交融生成的大数据的深刻认识与深层利用。大数据是社会经济、现实世界、管理决策等的片段记录,蕴含着碎片化信息。随着分析技术与计算技术的突破,解读这些碎片化信息成为可能。实施国家大数据战略是推进数据化革命的重要途径。自2015年我国提出实施国家大数据战略以来,我国大数据快速发展的格局已初步形成。

网络化:从互联网到信息物理系统

作为信息化的公共基础设施,互联网已经成为人们获取信息、交换信息、消费信息的主要方式。但是,互联网关注的只是人与人之间的互联互通以及由此带来的服务与服务的互联。而物联网是互联网的自然延伸和拓展,它通过信息技术将各种物体与网络相连,帮助人们获取所需物体的相关信息。物联网主要解决人对物理世界的感知问题,而要解决对物理对象的操控问题则必须进一步发展信息物理系统(Cyber-Physical System,CPS)。信息物理系统是一个综合计算、网络和物理环境的多维复杂系统,它通过3C(Computer、Communication、Control)技术的有机融合与深度协作,实现对大型工程系统的实时感知、动态控制和信息服务。

智能化:从专家系统到元学习

智能化是信息技术发展的永恒追求,实现这一追求的主要途径是发展人工智能技术。新一代人工智能主要包括大数据智能、群体智能、跨媒体智能、人机混合增强智能和类脑智能等,而元学习有望成为人工智能发展的下一个突破口。学会学习、学会教学、学会优化、学会搜索、学会推理等新发展的元学习方法以及"AlphaGo Zero"在围棋方面的出色表现,展现了这类新技术的诱人前景。然而,元学习研究还仅仅是开始,其发展还面临一系列挑战。

新一代人工智能的热潮已经来临,可以预见的发展趋势是以大数据为基础、以模型与算法创新为核心、以强大的计算能力为支撑。新一代人工智能技术的突破依赖其他各类信息技术的综合发展,也依赖脑科学与认知科学的实质性进步与发展。

(内容来源:《人民日报》(2019年03月01日09版),有改动)

任务1.1　认识计算机

【任务工单】

任务名称	认识计算机				
组　　别		成　　员		小组成绩	
学生姓名				个人成绩	
任务情境	小王是一位刚刚走出大学校园的职场新人，通过自己的努力成功应聘为一家互联网公司的行政助理。在日常的工作中，他意识到计算机是一个非常重要的工具，有效地运用计算机，能够极大地提升工作效率。于是，他决定翻阅相关资料充分认识计算机，了解和掌握计算机的诞生及发展过程、计算机的类型、计算机的应用、计算机的内部构造，以及信息在计算机中的表示方法				
任务目标	掌握计算机的基本知识				
任务要求	（1）简单描述计算机的诞生、发展、主要分类方式和主要的应用领域 （2）列出计算机主要的硬件部分 （3）列出计算机主要的软件种类 （4）熟悉十进制和非十进制之间，以及二进制和八进制、十六进制之间的转换 （5）列出计算机中主要的字符编码规则				
知识链接					
计划决策					
任务实施	（1）请简述计算机的诞生及发展 （2）请简述计算机的主要分类方式 （3）请简述计算机的主要应用领域				

任务实施	(4) 请列出计算机主要的硬件部分 (5) 请列出计算机主要的软件种类 (6) 请完成各种进制间的相互转换 (7) 请列出计算机中主要的字符编码规则
检查	
实施总结	
小组评价	
任务点评	

【颗粒化技能点】

计算机发展历程

1.1.1 计算机的基本知识

1. 计算机的诞生

20 世纪 40 年代,西方国家的电子技术得到了迅猛发展,宾夕法尼亚大学于 1946 年 2 月 14 日,研制出了具有划时代意义的世界上第一台通用计算机——电子数字积分计算机(Electronic Numerical Integrator And Computer,ENIAC),如图 1-1 所示。这个庞然大物占地约 170 m^2,重达 30 t,使用了约 18 000 个电子管、1 500 个继电器、10 000 只电容、70 000 个电阻以及其他电子元件,加法运算速度为 5 000 次/s,乘法运算速度为 300 多次/s。相对于今天来说,ENIAC 的运算速度并不快,但是在当时,它比最快的计算工具快了近 300 倍。

 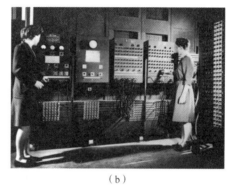

(a) (b)

图 1-1 第一台通用计算机 ENIAC

(a) 全景;(b) 局部

2. 计算机的发展

根据计算机所采用的电子元件,可以将计算机的发展分为电子管计算机、晶体管计算机、中小规模集成电路计算机,以及大规模和超大规模集成电路计算机 4 个阶段。

1) 第一代:电子管计算机

第一代计算机是自第一台计算机诞生之日至 1958 年期间,使用电子管制造的计算机。电子管计算机的体积庞大、运算速度慢、耗电量大、可靠性低、内存容量小,主要应用于科学研究及国防领域。

2) 第二代:晶体管计算机

第二代计算机是 1958 年至 1964 年期间,使用晶体管制造的计算机。晶体管的体积比电子管的体积小,各项功能都优于电子管,因此,第二代计算机体积变小、速度提高、耗电减少、可靠性高、内存变大,主要应用于自动控制和数据处理领域。

3) 第三代:中小规模集成电路计算机

第三代计算机是 1964 年至 1972 年期间,使用中小规模集成电路制造的计算机。集成电路是在几平方毫米的硅片上,集中了几十个甚至上百个电子元件而组成的逻辑电路。第三代计算机的各方面性能都得到了极大提升,主要应用于工业控制和文字、图像数据处理。

4) 第四代:大规模和超大规模集成电路计算机

随着集成电路技术的发展,1967 年和 1977 年分别出现了大规模和超大规模集成电路,第四代计算机是 1972 年至今,使用大规模和超大规模集成电路制造的计算机。计算机的体积、速度、耗电等性能指标也随着硬件的发展而优化。

随着科学技术的发展，现代及未来计算机正在打破传统计算机的基本工作原理，将新的科学技术与计算机技术进行深度融合，提出了超导计算机、量子计算机、神经网络计算机等未来计算机的设想，并且已经取得了重要的进展。

3. 计算机的分类

从不同的角度，可以对计算机进行不同的分类。按用途不同，可分为通用计算机和专用计算机；按处理对象不同，可分为模拟计算机、数字计算机和模数混合计算机；按使用操作系统的不同，可分为单用户系统、多用户系统、实时系统、批处理系统和网络系统；按内部字长的不同，可分为 8 位机、16 位机、32 位机和 64 位机等。

计算机的分类和特点

主流的分类方式是按计算机的运算速度、存储容量等性能指标，从规模上将计算机分为巨型机、大型机、中型机、小型机和微型机。

➢ **巨型机**：巨型机又称为超级计算机，简称"超算"，是计算机所有机型中运算速度最快、处理能力最强、存储容量最大的一类计算机。巨型机一般应用于国家高科技、国防尖端技术和国民经济领域，是一个国家科技实力的体现。

➢ **大型机**：大型机的运算速度和存储容量仅次于巨型机，常用于要求处理数据量大、运算速度快、可靠性高的银行、电信等大型企业或科研机构中。

➢ **中型机**：中型机的各项性能指标次于大型机，介于小型机和大型机之间，常用于规模较大的企业中。

➢ **小型机**：小型机规模较小，结构简单、可靠性高、操作简便、容易维护、通用性强且价格便宜，常用于中小型企业、院校中。常见的网络服务器、游戏服务器等均属于小型机。

➢ **微型机**：微型机就是我们日常使用的个人计算机，其因价格低廉、集成度高、功能齐全、使用方便成为应用最广泛的机型。台式机、笔记本电脑、平板电脑等都属于微型机。

思政小知识

2020 年 11 月 18 日，新一期全球超级计算机 500 强榜单揭晓，中国入围这一榜单的超级计算机数量持续上涨，以 228 台的上榜数量夺得本期榜单第一名。中国的超级计算机"神威•太湖之光"多次位居全球超级计算机榜首，如图 1-2 所示。

图 1-2 "神威•太湖之光"超级计算机

1.1.2 计算机的系统组成

一个完整的计算机系统由硬件系统和软件系统两大部分组成，如图 1-3 所示。硬件系统是组成计算机的各种物理设备；软件系统是运行、管理和维护计算机的各类程序和文档的总称。硬件系统类似于人的身体，软件系统则类似于人的思想，两者相辅相成、缺一不可。

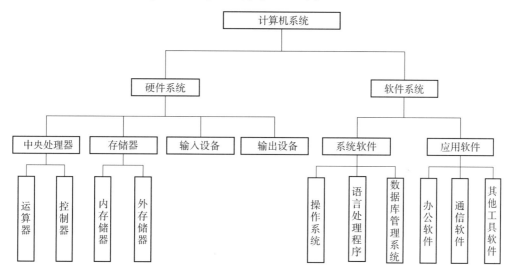

图 1-3　计算机的系统组成

1. 计算机硬件系统

计算机的硬件系统由运算器、控制器、存储器、输入设备、输出设备 5 个部分组成。

➢ **运算器**：运算器（Arithmetic Logical Unit，ALU）对数据进行各种算术运算和逻辑运算。

➢ **控制器**：控制器（Control Unit，CU）是计算机的指挥中心，它向其他部件发出控制信号，控制计算机根据程序指令自动地进行工作。运算器和控制器共同组成了计算机的心脏——中央处理器（Control Processing Unit，CPU）。

➢ **存储器**：存储器用来保存数据、程序和运算结果等信息，分为内存储器和外存储器。内存储器为主存储器，用来保存正在运行的数据和程序，分为随机读写存储器（Random Access Memory，RAM）和只读存储器（Read Only Memory，ROM），其中 RAM 可读可写，当对其停止供应电源时，会造成数据丢失，而 ROM 只能读出，一般不能写入，停电时数据不会丢失；外存储器为辅助存储器，断电后保存在该类存储器上的数据不会丢失，常见的有硬盘、光盘和可移动存储设备。

➢ **输入设备**：输入设备是计算机接收外部信息的设备，用于将用户输入的各类信息转换为计算机能识别的二进制代码形式。常见的输入设备有键盘、鼠标、摄像头、扫描仪、麦克风、手写输入板、游戏手柄等。

➢ **输出设备**：输出设备是将计算机运行后的各种结果转换成用户能够识别的信息形式。常见的输出设备有显示器、音箱、打印机和绘图仪等。

2. 计算机软件系统

计算机软件系统按功能通常可分为系统软件和应用软件两大类。

1) 系统软件

系统软件是一类方便用户使用和管理计算机的软件，可以支持应用软件的开发和运行，进而扩充计算机的功能，提高计算机的使用效率。系统软件是应用软件运行的基础，所有应用软件均运行在系统软件之上。主要的系统软件有操作系统、语言处理程序、数据库管理系统等。

➢ **操作系统**：操作系统是计算机的"大管家"，是系统软件的核心，直接在计算机的硬件中运行，其功能是控制和管理计算机中所有的软、硬件资源。常见的操作系统有 Windows、Linux、UNIX 等。

➢ **语言处理程序**：语言处理程序是为编程服务的软件，其功能是编译、解释各种程序语言。程序语言包括机器语言、汇编语言和高级语言。计算机只能识别由"0"和"1"组成的机器语言，汇编语言和高级语言需要使用语言处理程序进行编译和解释后，才能在计算机上运行。

➢ **数据库管理系统**：数据库管理系统是用于操作和管理数据库的大型软件，其功能是建立、使用和维护数据库。常见的数据库管理系统有 Access、SQL Server、Oracle、DB2 等。

2) 应用软件

应用软件是为解决各种实际问题而具有特定功能的软件。根据实际使用的用途一般可分为办公软件、通信软件、其他工具软件等。

➢ **办公软件**：办公软件是可以进行文字处理、表格制作、幻灯片制作等方面工作的软件。常见的办公软件有微软 Office 系列（Word、Excel、PowerPoint、Access）、WPS Office 系列（WPS 文字、WPS 表格、WPS 演示）。

➢ **通信软件**：通信软件是处于不同地理位置的用户通过网络进行通信的软件。常见的通信软件有即时通信软件（腾讯 QQ、微信、钉钉等）、电子邮件（Coremail、Foxmail、Gmail 等）。

➢ **其他工具软件**：其他工具软件是在各个领域使用计算机处理各项事务的具体功能软件。常见的工具软件有图形处理软件（Photoshop、美图秀秀等）、网页开发软件（Visual Studio Code 等）、多媒体播放软件（酷我音乐、Windows Media Player、会声会影等）、病毒防护软件（360 杀毒、金山毒霸、卡巴斯基等）。

1.1.3 计算机的信息表示

1. 数制

1) 数制的基本概念

数制是指用一组固定的符号和统一的规则来表示数值的方法。按进位原则计数的方法称为进位计数制。人们普遍采用十进制,即逢十进一、借一当十,表示形式为 123、$(123)_{10}$ 或 123D。计算机内部则采用二进制,即逢二进一、借一当二,表示形式为 $(10)_2$ 或 10B。除此之外,常用的还有八进制,即逢八进一、借一当八,表示形式为 $(72)_8$ 或 72O;十六进制,即逢十六进一、借一当十六,表示形式为 $(3A5B)_{16}$ 或 3A5BH。

进位计数制由三大要素组成,即基数、数位和位权。

基数——所使用的数码个数,用 R 表示。二进制的基数为 2,使用 0 和 1 这 2 个数码;八进制的基数为 8,使用 0 至 7 这 8 个数码;十进制的基数为 10,使用 0~9 这 10 个数码;十六进制的基数为 16,使用 0~9 加上 A~F,共 16 个数码。

数位——数码所处的位置。同一个数码因其位置不同,其大小也会有所不同。例如,十进制数 22.2,整数部分从左至右,第 1 个数码 2 处在十位,表示 20;第 2 个数码 2 处在个位,表示 2;第 3 个数码 2 处在十分位,表示 0.2。

位权——一个基数为底的幂值,每位数码的实际大小等于该数码乘以位权。例如,十进制整数的位权从低位到高位分别是 10^0、10^1、10^2、10^3……;小数的位权从高位到低位分别是 10^{-1}、10^{-2}、10^{-3}……

4 种进制数的特点见表 1-1。

表 1-1 4 种进制数的特点

数制	基数	数码	位权	进位原则	表示
二进制	$R=2$	0,1	2^i	逢二进一	B
八进制	$R=8$	0,1,2,3,4,5,6,7	8^i	逢八进一	O
十进制	$R=10$	0,1,2,3,4,5,6,7,8,9	10^i	逢十进一	D
十六进制	$R=16$	0,1,2,3,4,5,6,7,8,9,A,B,C,D,E,F	16^i	逢十六进一	H

2) 数制之间的转换

➢ 非十进制数转换成十进制数。

将非十进制数转换成十进制数的方法为将该数的每位数码乘以各自对应的位权,然后将乘积求和。

数制转换对照表格

【例 1-1】将二进制数 11011.01 转换成十进制数。

$(11011.01)_2 = 1×2^4 + 1×2^3 + 0×2^2 + 1×2^1 + 1×2^0 + 0×2^{-1} + 1×2^{-2} = (27.25)_{10}$

【例 1-2】将八进制数 73 转换成十进制数。

$(73)_8 = 7×8^1 + 3×8^0 = (59)_{10}$

【例 1-3】将十六进制数 5B 转换成十进制数。

$(5B)_{16} = 5×16^1 + B×16^0 = (91)_{10}$

数制转换的计算

➤ 十进制数转换成非十进制数。

将十进制数转换成非十进制数,要分别转换整数和小数,然后将两部分转换的结果连接起来。

整数部分的转换方法为"除 R 取余法",即将十进制数除以 R,得到商和余数,再将商继续除以 R,得到新的商和余数,如此反复,直到商为 0,然后将得到的余数,按照最后得到的余数为最高位,最先得到的余数为最低位依此排列,所得余数序列即为十进制整数对应的 R 进制整数。

小数部分的转换方法为"乘 R 取整法",即将十进制数乘以 R,取出积的整数部分后,剩下的小数部分再乘以 R,如此反复,直到乘积为 0 或达到所要求的精度,然后将得到的整数,按照最先得到的整数为最高位,最后得到的整数为最低位依次排列,所得整数序列即为十进制小数对应的 R 进制小数。

【例 1-4】将十进制数 27.25 转换成二进制数。

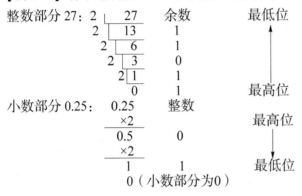

将整数部分和小数部分进行连接:$(27.25)_{10} = (11011.01)_2$。

【例 1-5】将十进制数 59 转换成八进制数。

```
8 | 59    余数    最低位
8 |  7     3
     0     7            最高位
```

$(59)_{10} = (73)_8$

【例 1-6】将十进制数 91 转换成十六进制数。

```
16 | 91    余数    最低位
16 |  5     B
      0     5            最高位
```

$(91)_{10} = (5B)_{16}$

➤ 八进制数、十六进制数转换成二进制数。

八进制数转换成二进制数的方法为"一分为三"法,即将每一位八进制数码转换成三位二进制数码。

【例 1-7】将八进制数 76.25 转换成二进制数。

八进制数　7　6　.　2　5
二进制数　111　110　.　010　101

$(76.25)_8 = (111110.010101)_2$

十六进制数转换成二进制数的方法为"一分为四"法,即将每一位十六进制数码转换成四位二进制数码。

【例1-8】将十六进制数2C.3D转换成二进制数。

十六进制数　2　C　.　3　D
二进制数　　0010 1100 . 0011 1101
$$(2C.3D)_8 = (101100.00111101)_2$$

➢ 二进制数转换成八进制数、十六进制数。

二进制数转换成八进制数的方法为"三位分一组"法，即以小数点为基准，整数部分从右向左每三位二进制数转换成一位八进制数，最后一组不足三位时，最高位前面补"0"；小数部分则从左向右每三位二进制数转换成一位八进制数，最后一组不足三位时，尾部用"0"补齐。

【例1-9】将二进制数111110.010101转换成八进制数。

二进制数　111 110 . 010 101
八进制数　　7　6　.　2　5
$$(111110.010101)_2 = (76.25)_8$$

【例1-10】将二进制数101100.00111101转换成十六进制数。

二进制数　　0010 1100 . 0011 1101
十六进制数　2　C　.　3　D
$$(101100.00111101)_2 = (2C.3D)_8$$

2. 计算机中的数据单位

计算机内部采用二进制的形式存储和处理各种类型的数据，在衡量和表示计算机的存储容量和处理速度时，通常会用到以下3种数据单位。

1）位

位（bit）是计算机中最小的数据单位，在计算机中，数据是由多个"0"和"1"二进制代码组成的，每个二进制代码称为一位。

2）字节

字节（Byte）是计算机中数据存储的基本单位，每8位二进制代码为1个字节，即1 Byte＝8 bit。计算机的存储容量指能够包含的字节数，分别用B（字节）、KB（千字节）、MB（兆字节）、GB（吉字节）和TB（太字节）表示，它们之间的换算关系如下：

1 KB＝1 024 B＝2^{10} B

1 MB＝1 024 KB＝2^{20} B

1 GB＝1 024 MB＝2^{30} B

1 TB＝1 024 GB＝2^{40} B

3）字长

字长是衡量计算机性能的一项重要指标，是指计算机一次能够并行处理的二进制代码位数。字长越长，计算机的运算速度就越快，处理精度就越高。字长通常是字节的整数倍，有8位、16位、32位、64位和128位等。

3. 计算机中的信息编码

由输入设备接收的各种形式信息，都必须转换成二进制的形式，才能被计算机识别。因此，需要对数字、符号、字母、汉字、图像、语音等信息进行二进制编码。以下介绍常用的西文字符编码和中文字符编码。

编码

1) 西文字符编码

➢ ASCII 编码：ASCII 编码是美国信息交换标准代码，适用于所有拉丁字母。ASCII 码用 7 位二进制数来表示包括数字、大小写字母、符号在内的 128 个不同的字符。

➢ Unicode 编码：Unicode 编码是采用两个字码编码的国际标准编码，能够表示用于计算机通信的文字和相关符号。

2) 中文字符编码

中文字符即汉字，比西文字符复杂得多，中文字符编码需要从汉字的输入、内部表示、输出等对汉字进行不同的编码。

➢ 汉字输入码：汉字输入码是用字母、数字和一些符号的组合对汉字进行编码，用于将汉字输入计算机，包括字音编码、字形编码、音形编码和数字编码。

➢ 汉字交换码：汉字交换码是具有汉字处理功能的不同的计算机系统之间进行汉字信息交换时所用的编码，包括区位码（GB2312）和国标码，区位码的字符集是一个 94 行（区）、94 列（位）的方阵，国标码则是将区位码的十进制区号和位号分别转换成十六进制数，再分别加上 20H。

➢ 汉字机内码：汉字机内码是指在计算机内部存储和处理所用的代码。汉字机内码是将汉字国标码的每个字节最高位加 1，即汉字机内码=汉字国标码+8080H。

➢ 汉字字形码：汉字字形码是指用点阵的形式表示显示或打印输出汉字时产生的字形，对点阵中的每一个点用二进制进行编码，"0"和"1"分别表示"白"和"黑"。汉字字形码大多采用 16×16 点阵、32×32 点阵、48×48 点阵等，点阵密度越大，所占的字节就越大，汉字的输出质量就越好。

思政小知识

电子计算机二进制与中国太极八卦图有一定的相似之处。1667 年，莱布尼茨在法国巴黎参观博物馆，看到了帕斯卡尔的一台加法机，引起了他要创造一台乘法机的兴趣。1701 年秋末，正当 54 岁的莱布尼茨为创造乘法机冥思苦索、无路可走的时候，突然收到了他的法国传教士朋友（汉名白晋）从北京寄给他的"伏羲六十四卦次序图"和"伏羲六十四卦方位图"。莱布尼茨从这两张图中受到了很大启发，他发现，八卦是象形文字的雏形，由坤卦经艮、坎、巽、震、离、兑到乾卦，正是由 0 数到 7，这样 8 个自然数所组成的完整的二进制数形。八卦中的"—"称为阳爻，相当于二进制中的"1"，而八卦中的"--"称为阴爻，相当于二进制中的"0"。六十四卦正是从 0 到 63 这 64 个自然数的完整的二进制数形。在数学中，八卦属于八阶矩阵。可见，中国古老的太极八卦图对电子计算机这门现代科学，具有历史性的贡献。

任务1.2 选购和组装个人计算机

【任务工单】

任务名称	选购和组装个人计算机				
组　　别		成　员		小组成绩	
学生姓名				个人成绩	
任务情境	小王为了更好地工作，打算选购和组装一台计算机。他决定先深入了解个人计算机的部件组成及各类部件的相关性能指标，再充分掌握电子市场上计算机硬件的主流品牌，针对自己的需求选购价格适中、性能稳定的各个计算机组件。同时，锻炼动手能力，组装一台属于自己的个人计算机				
任务目标	选购和组装个人计算机				
任务要求	（1）了解计算机的主要部件及其性能指标 （2）了解目前计算机各大硬件的主流品牌及各自的性能特点 （3）根据自己的需求列出一份计算机硬件选购清单 （4）安装计算机各部件				
知识链接					
计划决策					
任务实施	（1）列出计算机的主要部件及性能指标 （2）列出目前计算机各大硬件的主流品牌及各自的性能特点				

任务实施	（3）根据自己的需求列出一份计算机硬件选购清单 （4）列出安装计算机电源、CPU、散热器、内存条、光盘、硬盘、主板和显卡的具体步骤
检　　查	
实施总结	
小组评价	
任务点评	

【颗粒化技能点】

计算机工作原理
及 CPU、内存

1.2.1 计算机的部件组成、性能指标及选购技巧

1. 计算机的性能指标

一台普通的家用个人计算机主要包括主机、显示器、键盘、鼠标、音箱、打印机等硬件设备，在选购一台适合自己的个人计算机时，主要考虑主机主要部件中的性能指标。

1）主板

主板是主机中最基本也是最重要的部件之一，它是一套含有 BIOS、I/O 控制芯片、键盘和面板控制开关接口、扩充插槽、直流电源供电接插件等元件的电路主板，如图 1-4 所示。主板的性能决定了计算机系统的性能，其性能指标主要看主板芯片组的优劣，一般要求主板芯片组具有良好的兼容性、互换性和扩展性，以及较高的性价比。主板芯片组主要分为支持 Intel 公司的 CPU 芯片组和支持 AMD 公司的 CPU 芯片组。目前，市场上主流的主板品牌有华硕、微星、技嘉、映泰等。

2）CPU

CPU 是计算机的核心，如图 1-5 所示，CPU 是计算机的运算和控制中心。CPU 的性能指标如下。

图 1-4 主板　　　　　　　　　　　图 1-5 CPU

➢ 主频——计算机运行时的工作频率，以 MHz 为单位，表示 CPU 的运算处理速度，主频越高，处理速度越快。

➢ 外频——CPU 的基准频率，是 CPU 与主板之间同步运行的速度。外频越高，CPU 就可以同时接受更多来自外部设备的数据，从而提高计算机的整体速度。

➢ 倍频——CPU 主频与外频之间的相对比例关系，在相同的外频下，倍频越高，CPU 的频率就越高。

➢ 缓存——用于 CPU 和内存进行数据交换的高速数据缓冲区，是处理数据的临时存放点，缓存容量越大，处理速度越快。

➢ 核心数——CPU 的核心数量，双核是 2 个相对独立的 CPU 核心单元组、四核表示 4 个相对独立的 CPU 核心单元组，核心数越多，处理速度越快。

目前，市场上主流的 CPU 品牌主要有 Intel 和 AMD，其中，Intel 的稳定性和速度优于 AMD，而 AMD 则在价格上低于 Intel。

3) 内存

内存用来暂时存放 CPU 中的运算数据，是 CPU 与外存进行沟通的桥梁，如图 1-6 所示，内存的性能在很大程度上决定了计算机的整体运行速度。内存的性能指标如下。

➢ 类型——内存的传输类型，不同的传输类型其传输率、工作频率、工作方式和工作电压等方面都各不相同，主要的内存类型有 SDRAM、DDR SDRAM 和 RDRAM，目前大部分计算机使用的是 DDR4 内存。

图 1-6 内存条

➢ 速度——内存所能达到的最高工作频率，内存的速度与主板、CPU 的速度相互匹配时，电脑的最大效率才能被完全发挥出来，DDR4 最高工作频率可达到 4 266 MHz。

➢ 容量——内存的存储容量，内存容量越大越好，但是还要考虑主板支持的最大容量，不能超越这个数值，目前主流内存基本在 8 GB 以上。

➢ 带宽——内存的数据传输速率，单根 DDR4 内存的数据传输带宽最高为 34 GB/s。

目前，市场上主流的内存品牌主要有金士顿、威刚、美商海盗船等。

4) 硬盘

硬盘是最重要的外存储器，存储容量较大，分为机械硬盘和固态硬盘，如图 1-7 所示。硬盘的性能指标如下。

➢ 容量——硬盘的主要参数，一般以 GB 为单位，1 GB=1 024 MB，但硬盘厂商在标称硬盘容量时通常取 1 GB=1 000 MB，因此我们在 BIOS 中或在格式化硬盘时看到的容量会比厂家标称值要小。

➢ 转速——硬盘内电机主轴的旋转速度，以每分钟多少转（r/min）来表示。硬盘转速越快，查找文件的速度就越快，传输速度就越高。常见的转速有 5 400 r/min 和 7 200 r/min 两种。

图 1-7 硬盘

➢ 平均访问时间——磁头从起始位置到目标磁道位置，并且从目标磁道上找到要读写的数据扇区所需的时间。平均访问时间体现了硬盘的读写速度，包括了平均寻道时间和平均等待时间。

➢ 传输速率——硬盘读写数据的速度，单位为 MB/s。传输速率与硬盘接口类型和硬盘缓存的大小有关。硬盘的接口有 IDE 接口和 SATA 接口，SATA 接口传输速率普遍较高。

➢ 缓存——硬盘控制器上的一块内存芯片，具有极快的存取速度，是硬盘内部存储和外界接口之间的缓冲器。缓存的大小与速度直接影响着硬盘的传输速度，缓存越大，硬盘的整体性能就越佳。

目前，市场上主流的硬盘品牌主要有希捷和西部数据等。

5) 显卡

显卡是连接显示器和主板的重要元件，是人机交互的重要设备之一，承担输出显示图形的任务，分为集成显卡和独立显卡。集成显卡是主板附带的，无须再购置；独立显卡是独立于主板的，单独插在主板上，其性能优于集成显卡，如图 1-8 所示。显卡的性能指标如下：

➢ 分辨率——显卡在显示器上所能描述的像素的最大数量，分辨率越高，显示的图像就越清晰。

➢ 显存容量——用来存储显卡芯片即将处理和处理完的图像数据，显存越大，可以存储的图像数据越多，画面运行起来就越流畅。

图 1-8 显卡

➢ 显存频率——显存在显卡上的工作频率。

➢ 核心频率——显卡视频处理器（Gvaphics Processing Unit，GPU）的时钟频率。核心频率和显存频率越高，显卡的性能就越好。

➢ 显存位宽——一个时钟周期内能传输数据的位数，显存位宽越高，性能就越好，一般为 256 位和 512 位。

目前，市场上主流的显卡品牌主要有七彩虹、影驰、华硕和技嘉等。

2. 计算机的选购技巧

在购买计算机的时候，大多数人面对琳琅满目的个人计算机产品会无从下手，不知道如何选择一款适合自己的计算机，以满足日后工作和学习的需要。在选购计算机的过程中，需要根据自己的用途和预算，着重考虑以下 3 个方面。

1) 台式机还是笔记本

相同配置的台式机价格要低于笔记本，且可以通过升级替换硬件延长计算机的使用寿命；而笔记本的可移动便携性则远胜于台式机。如果不需要经常外出，且使用计算机的场所较为固定，可以选购台式计算机。反之，如果需要经常外出并随时需要使用计算机处理办公事务或学习，则最好配置一台笔记本计算机。

2) 品牌机还是兼容机

台式机中有品牌机和兼容机两种选择。品牌机是各大计算机厂商制造好的整机，质量有保证，有较好的售后服务，但价格较贵且不能升级。兼容机是用户自己购买配件组装的计算机，配置灵活，性价比高，升级方便，但需要用户具有一定的电脑组装知识。如果动手能力强，且对组装计算机有一定的兴趣，可以选择兼容机；反之，则适合选择品牌机。

3) 兼容机主要配件的选择

➢ 主板——主板属于功能性配件，对性能要求不会要求很高，可根据自己的预算进行选择，预算充足可以选择华硕、微星等一线品牌，在预算有限的情况下，可以选择二线品牌。主板参数示例如图 1-9 所示。

➢ 处理器——处理器一般以盒装 CPU 和散装 CPU 两种形式出售，两种形式质量上无差别，只是盒装 CPU 自带散热器，散装 CPU 无散热器，盒装散热器的质保时间比散装的更长，价格也更高。CPU 参数示例如图 1-10 所示。

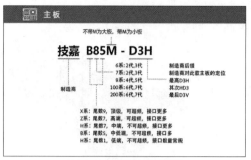
图1-9　主板参数示例

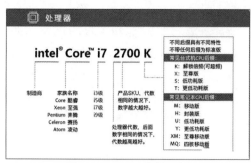
图1-10　CPU参数示例

➢ 内存——在选购内存时，一般关注内存的工作频率和容量大小，两个参数越大，性能越好。但要注意系统的最大内存使用量，如32位系统最大内存使用量为2.9 G，即使装的是8 G的内存条，能够用得上的内存也只有2.9 G。内存参数示例如图1-11所示。

➢ 硬盘——市场上主要有机械硬盘（HDD）和固态硬盘（SSD）两种，机械硬盘能够使误删

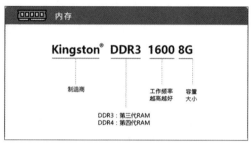
图1-11　内存参数示例

文件得到恢复，而固态硬盘有极快的存储速度，两者各有优势。一般的配置做法是采用SSD+HDD的混合方案，SSD用于系统和软件的存储，HDD用于资料的存储。硬盘参数示例如图1-12所示。

➢ 显卡——各个厂商生产的显卡性能可以参考台式机显卡天梯图和笔记本显卡天梯图，根据日常图像处理的性能要求，选择最适合的显卡型号。显卡参数示例如图1-13所示。

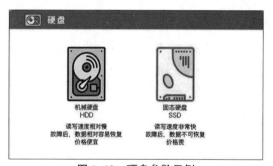
图1-12　硬盘参数示例

图1-13　显卡参数示例

思政小知识

2020年7月3日，我国首台全国产计算机"天玥"成功下线。"天玥"是由中国航天科工集团第二研究院、中国航天科工二院七〇六所等研发的中国第一台芯片和操作系统全部自研的纯国产计算机。芯片国产化——支持龙芯、兆芯、鲲鹏等六大国产CPU平台；操作系统国产化——搭载了麒麟软件公司的麒麟OS。"天玥"计算机实现了从芯片到操作系统的纯国产化，使得我国在计算机方面打破了外国的垄断，不再受制于人。

1.2.2 组装计算机

1. 计算机组装步骤

1) 准备工作

打开机箱,拧开机箱的固定螺丝,将侧面板平移取下,使用尖嘴钳将接口挡板拆掉。

2) 电源安装

将电源放进机箱内的电源位,用螺丝将电源固定在机箱内,如图 1-14 所示。

3) CPU 和散热器安装

首先,安装 CPU,找到主板上带卡扣的 CPU 底座,轻压插槽边的压杆,向右拖动将其拉起,将 CPU 上的金色三角与底座上的对应好,轻轻地放进插槽,盖好扣盖,扣好压杆,如图 1-15 所示。

其次,在 CPU 上面安装散热器,将散热器的四角对准主板相应的位置,用力压下四角扣具,如选用螺丝设计的散热器,拧上四颗螺丝。将散热风扇上的电源导线,插入主板上的 CPU FAN 电源孔,如图 1-16 所示。

图 1-14　电源安装

图 1-15　CPU 的安装

图 1-16　散热器的安装

4) 内存条安装

将主板上内存条插槽两端的扣具打开,找到内存条的缺口,与插槽上的缺口对齐,微压内存条两端,两端扣具弹回,即安装到位,如图 1-17 所示。当仅有 1 根内存条时,一般插入主板的第 2 个内存条插槽;当有 2 根内存条时,优先插入主板的第 2 个和第 4 个插槽,其次是第 1 个和第 3 个插槽;当有 3 根内存条时,将其中两根插入主板的第 2 个和第 4 个插槽,第 3 根任意,建议插入第 3 个插槽。

5) 硬盘安装

将硬盘插入硬盘驱动器仓内,使硬盘侧面的螺丝孔与硬盘驱动器仓上的螺丝孔对齐,拧紧螺丝,将其固定稳妥,然后使用 SATA 线连接主板,最后进行硬盘供电连接,如图 1-18 所示。

图 1-17　内存条的安装

图 1-18　硬盘的安装

6) 光驱安装

将机箱前面板的挡板去掉，将光驱放进去，用螺丝将光驱固定好，然后使用 SATA 线或 IDE 线连接主板，最后进行光驱供电连接，如图 1-19 所示。

图 1-19 光驱的安装

(a) 安放光驱；(b) 连接光驱电源线和数据线

7) 主板安装

整理机箱内部线路，将机箱内部线路与主板连接，将机箱提供的主板垫脚螺母安放到机箱主板托架的对应位置，将主板放入机箱中，通过机箱背部的主板挡板位置确认主板是否安装到位，拧紧螺丝固定主板，将电源供电导线与主板上的供电接口连接，最后将各类跳线（控制线和信号线）分别连接到主板上，如图 1-20 所示。

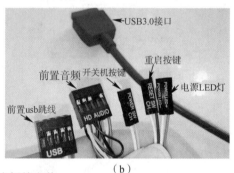

图 1-20 主板的安装

(a) 安放主板；(b) 各类跳线

图 1-21 显卡的安装

8) 显卡安装

将显卡插入主板的插槽中后，并用螺丝将其固定，固定显卡时，要注意显卡挡板下端不要顶在主板上，否则无法插到位，如图 1-21 所示。

9) 收尾工作

机箱内各项部件安装完成后，需要对机箱内的各种导线、电源线进行整理，仔细检查各部分的连接情况，确认连接无误后，把机箱的侧面板合上，拧紧螺丝。

10) 外设连接

主机安装完毕后，将键盘、鼠标、显示器、音箱等常用外部设备的连接线插入主机上对应的插口。至此，一个完整的基本计算机安装完毕。

任务1.3 使用计算机的常用外部设备及软件

【任务工单】

任务名称	使用计算机的常用外部设备及软件				
组　　别		成　员		小组成绩	
学生姓名				个人成绩	
任务情境	小王拥有了自己的办公电脑,他决定先学习计算机常用外部设备鼠标、键盘的操作,并用金山打字通练习中、英文打字,为使用计算机进行电子办公做好准备。同时,小王还准备学习计算机中常用的多媒体应用软件、压缩软件、社交软件和杀毒软件的使用,掌握它们的基本功能、熟悉它们的工作界面				
任务目标	使用计算机的常用外部设备及软件				
任务要求	(1)安装输入法及金山打字通软件 (3)练习中、英文打字 (4)熟练使用图像、声音、动画、视频编辑等多媒体软件 (5)熟练使用压缩、社交、杀毒等软件				
知识链接					
计划决策					
任务实施	(1)安装金山打字通,进行中、英文打字训练。请将对应的训练页面截屏 英文训练: 中文训练:				

任务实施	（2）选择一款多媒体编辑软件，对图像、声音、动画或视频进行编辑，请将编辑后的结果截屏 （3）对文件进行压缩和解压。请列出具体步骤
检　　查	
实施总结	
小组评价	
任务点评	

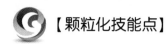

【颗粒化技能点】

1.3.1 鼠标、键盘操作

1. 鼠标的基本操作

鼠标成为用户最常用的输入设备,是操作系统进入图形化时代的重要变化之一。在Windows操作系统下,绝大部分操作都可以通过鼠标实现,因此鼠标操作是初学者所必须掌握的基本技能。

1)鼠标的基本操作

鼠标的基本操作包括指向、单击、双击、单击右键和拖动5种。

➢ 指向:将鼠标指针移动到所要操作的对象上。

➢ 单击:在鼠标指向操作对象的基础上,快速按下左键,此时操作对象被选中,呈高亮显示。

➢ 双击:在鼠标指向操作对象的基础上,连续快速两次单击左键,启动一个程序或打开一个文件。

➢ 单击右键:在鼠标指向操作对象的基础上,快速按下右键,此时弹出操作对象的快捷菜单。

➢ 拖动:在鼠标指向操作对象的基础上,按住左键不放,移动鼠标将操作对象移动到目标位置后释放。

2)鼠标指针的形状

鼠标指针的形状会随着用户操作的不同或系统工作状态的不同而不同,不同的形状代表着不同的含义和功能。常见鼠标指针形状及其含义见表1-2。

表1-2 常见鼠标指针形状及其含义

指针形状	含义	指针形状	含义
⇖	正常选择	↕	垂直调整
⇖?	帮助选择	↔	水平调整
⇖⌛	后台运行	⤢	沿对角线调整1
⌛	忙(等候)	⤡	沿对角线调整2
+	精确定位	✥	移动
I	文本选择	✋	链接选择
✎	手写	⊘	不可用

2. 键盘的基本操作

1)认识键盘

键盘一般分为主键盘区、功能区、控制键区、数字键区和状态指示区。

2)手指分工

打字时双手的10个手指都有各自负责的按键,打字之前将双手放在基准键的位置,按键时，只有击键的手指伸出击键，单击完后立即回到基准键位，其他手指始终保持在基准键位。

双手基准键位：左手小指、无名指、中指、食指分别放在<A><S><D><F>键，右手食指、中指、无名指、小指分别放在<J><K><L><；>键，左右大拇指均放在<Space>键，如图1-22所示。一般<F>键和<J>键上会有凸起的小横杠或小圆点，方便用户迅速找到基准键。

3. 输入法的安装和使用

输入法是计算机输入字符的方法，我国常用的是英文输入法和中文输入法。Windows 10系统默认安装了微软拼音、全拼、双拼等多种汉字输入法。除系统自带的汉字输入法外，用户可以按自己的使用习惯，选择安装其他汉字输入法，如搜狗拼音输入法、搜狗五笔输入法、百度输入法、QQ拼音输入法和QQ五笔输入法等。

1）切换输入法

鼠标——单击任务栏右端的输入法图标，在显示的输入法菜单里选择相应的输入法图标，如图1-23所示。

图1-22 手指分工图

图1-23 输入法菜单

快捷键——<Ctrl+Shift>组合键为顺序切换输入法的快捷键，<Shift>或<Ctrl+Space>组合键为中英文输入法切换的快捷键。

2）设置汉字输入法状态

➢ 全半角切换——全/半角切换按钮显示●形状时为全角状态，显示☽形状则是半角状态。当处于全角状态时，一个英文字母或标点符号占一个汉字即两个字节的位置；当处于半角状态时，一个英文字母或标点符号占一个字节的位置。

➢ 中英文标点符号切换——中/英文切换按钮显示"。,"为中文标点状态，显示". ,"为英文标点状态。键盘上的符号按键在两种标点状态的显示不同。

➢ 大写英文切换——大写切换按钮显示A时为英文大写输入状态，显示输入法图标时为中文输入状态。<Caps Lock>为大写状态切换快捷键。

4. 打字训练软件的使用

金山打字通是一款常用的打字训练软件，包括新手入门、英文打字、拼音打字、五笔打字4个主要模块，以及打字测试、打字教程、打字游戏、在线学习和安全上网5个辅助功能模块，用户可以根据需求选择相应的模块进行专项学习和训练。

首次接触打字的用户，可以单击"新手入门"按钮进入"打字常识"模块，进行认识键盘、手指分工等准备知识的学习。

1.3.2 常用软件

1. 常用多媒体应用软件

媒体主要指的是传递信息的载体，如文本、图像、音频、视频和动画等。多媒体由两种或两种以上的媒体融合而成。多媒体应用软件是一系列编辑多媒体的工具，如图像编辑软件、音频编辑软件、视频编辑软件和动画编辑软件等。下面以 Adobe 公司出品的图像、音频、视频编辑软件，以及 Autodesk 公司出品的三维动画制作软件为代表，介绍常用的多媒体应用软件。

1）图像编辑软件

Photoshop 是美国 Adobe 公司开发的一款功能强大的图像设计及处理软件，如图 1-24 所示，被广泛地应用在数码照片后期处理、平面广告设计等多个领域中，是从事平面设计人员的首选工具。

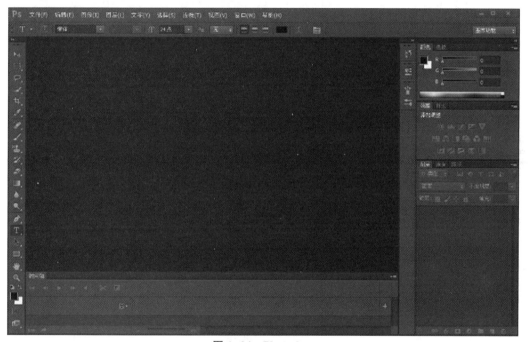

图 1-24　Photoshop

Photoshop 的工作界面包含了菜单栏、工具选项栏、工具箱、选项卡、文档窗口、面板及状态栏。

➤ 菜单栏——包含文件、编辑、图像、图层、文字、选择、滤镜等选项，可以进行文件的创建保存、图片大小修改、颜色调整等操作。

➤ 工具选项栏——此区域的参数不固定，根据当前选择的工具显示相应参数，可以设置工具的具体参数。

➤ 工具箱——通常位于窗口的左侧，可以根据使用习惯拖动到窗口的其他位置。工具箱内包含了图像编辑处理的所有工具，可以使用工具箱中提供的工具进行选择、绘画、取样、编辑等操作。

➢ 选项卡——当打开多个图像时，每个图像的左上角有个选项卡，单击选项卡可将对应的图像切换至当前可操作状态。

➢ 文档窗口——显示和编辑图像的操作区域。

➢ 面板组——通常位于窗口的右侧，由导航器、直方图、信息、颜色、图层、通道、路径等面板组成。每个面板都是浮动状态，可以单独拖动或者关闭，关闭后的面板可以在菜单栏"窗口"中开启。

➢ 状态栏——位于窗口的底端，显示文档大小、尺寸和窗口缩放比例等参数信息。

2) 音频编辑软件

Audition 是 Adobe 公司开发的专业音频编辑和混合环境软件，如图 1-25 所示，支持 128 条音轨、多种音频格式、多种音频特效，利用其专业的全方位功能可以方便地进行音频混合、编辑、控制和效果处理等操作，深受广大音频工作者的喜爱。

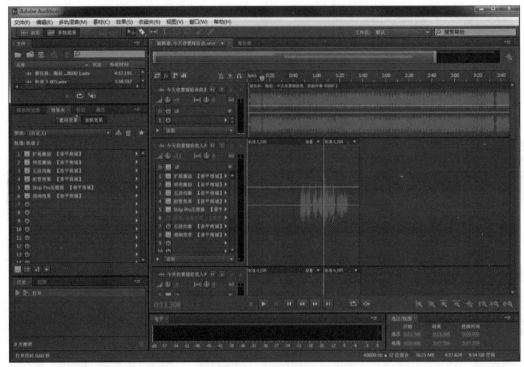

图 1-25 Audition

Audition 软件的主界面包括菜单栏、工具栏、帧和面板、编辑区、电平区。

➢ 菜单栏——窗口的最上方是菜单栏，包含文件、编辑、多轨、剪辑、效果、收藏夹、视图、窗口、帮助等选项。

➢ 工具栏——菜单栏下方是工具栏，有"波形"单轨音频轨道编辑界面和"多轨"混合轨道编辑界面，右侧则是对音频文件进行编辑的各种工具按钮。

➢ 帧和面板——工具栏下方是不同的帧，每个帧包含了若干面板窗口，窗口可以移动、折叠、打开和关闭。

➢ 编辑区——整个软件界面中间的最大区域是工作编辑区域波形编辑器帧，包含了"编辑器"和"混音器"两个基本面板。

➢ 电平区——编辑面板下方是电平的监视区。

Audition 的界面布局较为灵活，可以根据需要改变帧的区域大小，只需将鼠标放在帧与帧的交界处，变为双向箭头状时拖动鼠标，即可改变帧的区域面积大小。

3）视频编辑软件

Premiere 是 Adobe 公司开发的适用于电影、电视的视频编辑软件，如图 1-26 所示，提供了从采集、剪辑、调色、美化音频、字幕添加、输出到 DVD 刻录一套完整的视频编辑功能，同时与其他 Adobe 公司出品的其他多媒体应用软件高效集成，无缝对接，是一款易学、高效、精确的视频编辑软件，深受视频编辑爱好者和专业人士的喜爱。

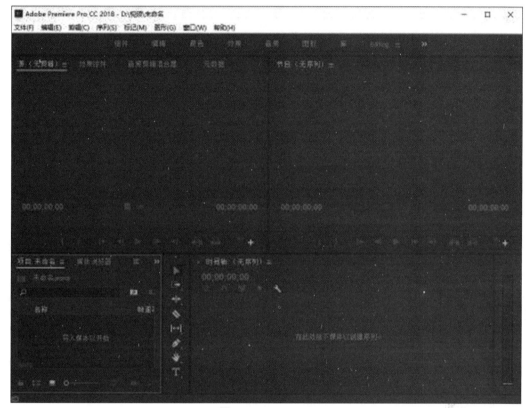

图 1-26　Premiere

Premiere 软件的主界面包括菜单栏、预设软件界面菜单、源预览模块、节目预览模块、媒体素材管理、视频编辑模块。

➢ 菜单栏——包括文件、编辑、剪辑、序列、标记、字幕、窗口、帮助选项，汇总了文件管理、序列管理、保存项目、导出视频、剪辑视频等功能。

➢ 预设软件界面菜单栏——菜单栏下方为预设软件界面菜单栏，包括颜色、音频、效果、Editing 等，单击相应选项可进入对应项的编辑界面，可以对视频进行更方便地专项编辑管理。

➢ 源预览模块——左上角小窗口区域是源素材模块，可在该窗口预览选中的素材。

➢ 节目预览模块——右上角小窗口区域是节目预览模块，可在该窗口实时预览正在编辑的视频效果。

➢ 媒体素材管理——左下角小窗口区域是媒体素材管理，需要编辑的素材都在这里进行管理，双击某一媒体素材可在上述源预览模块中预览，并进行标记。

➢ 视频编辑模块——右下角小窗口区域是视频编辑模块,视频的后期剪辑和简单效果都在这里进行制作,制作效果可在节目预览模块进行实时预览。

编辑界面布局是软件预先设置好的,用户可以根据自己的操作习惯对模块进行自由拖动,形成自己风格的编辑界面布局。

4) 动画编辑软件

3D Studio Max 是 Autodesk 公司开发的基于个人计算机系统的三维动画渲染和制作软件,如图 1-27 所示,其广泛应用于广告、影视、工业设计、建筑设计、三维动画、多媒体制作、游戏以及工程可视化等领域,因功能强大、性价比高、易于操作、对硬件要求不高,在国内拥有较多的用户。

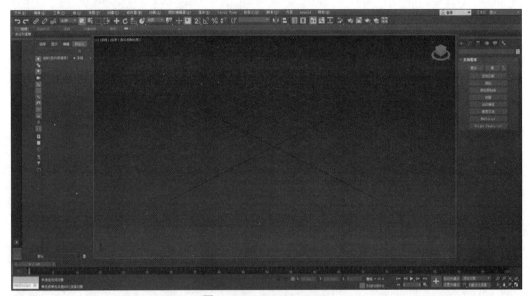

图 1-27 3D Studio Max

3D Studio Max 软件的主界面包括菜单栏、工具栏、视图、状态栏、命令面板区。

➢ 菜单栏——包括文件、编辑、工具、组、视图、创建、修改器、动画、图形编辑器、渲染、Civil View、自定义、脚本、内容、Arnold、帮助选项,汇总了软件的各项编辑操作功能。

➢ 工具栏——菜单栏下方的工具栏,汇聚了对三维动画模型操作的各项功能按钮。

➢ 视图——中间最大的部分是视图界面,可以根据需要选择不同的视图窗口布局。

➢ 状态栏——下方的状态栏主要显示三维动画模型的各项数据,主要包括时间轨迹栏、动画帧、播放栏等。

➢ 命令面板区——右侧是命令面板区,包括创建命令面板、修改命令面板、层级命令面板、显示命令面板、运动命令面板、使用程序面板等。

2. 常用社交软件

网络打破了时间和空间的限制,使得人们可以通过社交软件在任何时间、任何地方与任何人进行聊天,拉近了人与人之间的距离。腾讯公司出品的微信和腾讯 QQ 是国内使用较广泛,用户量较大的两款社交软件,如图 1-28 所示。

(a) (b)

图 1-28 社交软件

(a) 微信；(b) 腾讯 QQ

3. 常用压缩软件

为了提升上传、下载和传输文件的传输速度，需要使用压缩技术对文件进行适当的压缩后再进行网络传输，传至终端后再使用解压技术将文件进行还原。压缩和解压缩的过程就需要用到压缩软件，应用较为广泛的压缩软件有 WinZip 和 WinRAR，如图 1-29 所示。各款压缩软件的操作方法基本一致，区别在于采用的压缩算法不同，压缩效果有所区别。

(a) (b)

图 1-29 压缩软件

(a) WinZip；(b) WinRAR

➢ 压缩——选中需要压缩的文件，单击右键，单击"添加到压缩文件"选项，即进入了压缩文件设置页面，一般选择默认设置，单击"确定"按钮，开始压缩。如需要压缩的文件较为敏感，可以单击"设置密码"按钮，设置解压密码，如图 1-30 所示。

➢ 解压——选中需要解压的文件，单击右键，根据解压后文件的存放位置，选择"解压文件""解压到当前文件夹"或者"解压到与解压文件同名的文件夹"选项，即进行相应的解压操作，得到原始文件。

4. 常用杀毒软件

杀毒软件，也称为反病毒软件，用于消除计算机在与外界交换信息时所感染的电脑病毒、木马和恶意软件等计算机威胁。杀毒软件集成了病毒扫描和清除、实时监控识别可疑操作、自动升级病毒库等功能。国内应用较为广泛的杀毒软件有 360 安全卫士和金山毒霸，此外还有瑞星、卡巴斯基等杀毒软件，如图 1-31 所示。

图 1-30　压缩文件设置页面

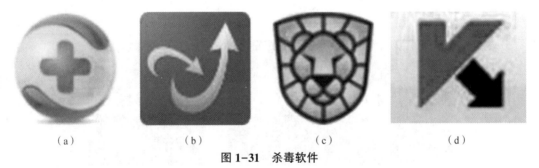

　　（a）　　　　　　（b）　　　　　　（c）　　　　　　（d）

图 1-31　杀毒软件

（a）360安全卫士；（b）金山毒霸；（c）瑞星；（d）卡巴斯基

杀毒软件一般提供了3种查杀病毒的方式，即快速扫描、全盘扫描和指定位置扫描。

任务1.4 认识新一代计算机技术

【任务工单】

任务名称	认识新一代计算机技术				
组　　别		成　员		小组成绩	
学生姓名				个人成绩	
任务情境	小王已经感受到了计算机技术在自己工作方式上的重大影响,他与老同事在聊天中,经常会听到老同事在使用一些云计算、大数据等平台来开展工作,但是他对这些新一代的计算机技术完全没有接触,所以他决定结合现实生活中的各种计算机应用来认识这些新技术。于是,他先了解了大数据、云计算、物联网、5G、区块链、虚拟现实这些新技术的基本概念,并在现实生活中找到这些技术应用的领域和案例					
任务目标	从现实生活中找到大数据、云计算、物联网、5G、区块链、虚拟现实这些新一代计算机技术的应用案例。					
任务要求	(1) 列举现实生活中一种大数据技术应用的案例 (2) 列举现实生活中一种云计算技术应用的案例 (3) 列举现实生活中一种物联网技术应用的案例 (4) 列举现实生活中一种5G技术应用的案例 (5) 列举现实生活中一种区块链技术应用的案例 (6) 列举现实生活中一种虚拟现实技术应用的案例					
知识链接						
计划决策						
任务实施	(1) 请列举现实生活中一种大数据技术应用的案例 (2) 请列举现实生活中一种云计算技术应用的案例					

任务实施	（3）请列举现实生活中一种物联网技术应用的案例 （4）请列举现实生活中一种5G技术应用的案例 （5）请列举现实生活中一种区块链技术应用的案例 （6）请列举现实生活中一种虚拟现实技术应用的案例
检查	
实施总结	
小组评价	
任务点评	

【颗粒化技能点】

1. 最强大脑——大数据

大数据是指一种规模大到在获取、存储、管理、分析方面远远超出了传统数据库软件工具能力范围的数据集合，具有数据规模巨大、数据流转快速、数据类型多样和价值密度低四大特征。

1）大数据应用：个性推荐

通过对海量大数据的挖掘来构建推荐系统，帮助用户从海量信息中高效地获取自己所需的信息，是大数据技术在个性推荐方面的重要应用。推荐系统的主要任务就是联系用户和信息，它一方面帮助用户发现对自己有价值的信息，另一方面让信息能够展现在对它感兴趣的用户面前，从而实现信息消费者和信息生产者的双赢。基于大数据的推荐系统，通过分析用户的历史记录了解用户的喜好，从而主动为用户推荐其感兴趣的信息，满足用户的个性化推荐需求。例如，百度、今日头条、淘宝等应用都会针对用户的浏览历史，将用户感兴趣的内容推送到用户特定终端（电脑、手机）打开的应用中。大数据应用——商品推荐如图 1-32 所示。

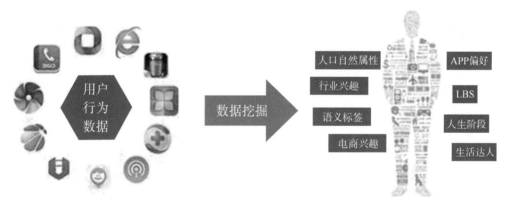

图 1-32　大数据应用——商品推荐

2）大数据应用：决策依据

基于大数据的分析，可以为国家、社会的重大决策提供科学精准的决策依据。例如，在新冠肺炎疫情的防控中，大量的行为轨迹被数据化，这为抗疫期间运用信息化手段进行科学精准防控奠定了基础。2020 年年初，许多人会在手机上收到一条短信提示：可以授权通过中国移动、中国电信等运营商查询过去 15 天和 30 天内途经的省市信息。要证明自己有没有去过疫情严重地区，一条短信就能解决问题。这一服务既可以让用户自证行程，也可以作为社区管理部门、用工单位进行疫情防控管理的参考。这只是大数据在疫情防控中得到有效应用的一个缩影。在这场没有硝烟的抗疫大考中，面对大规模的人员流动，综合运用大数据分析，促进医疗救治、交通管理等不同数据的交叉协同，已经成为抗击疫情的重要支撑。大数据应用——疫情防控如图 1-33 所示。

2. 无限拓展——云计算

云计算就是一种提供资源的网络，使用者可以随时获取"云"上的资源，按需求量使

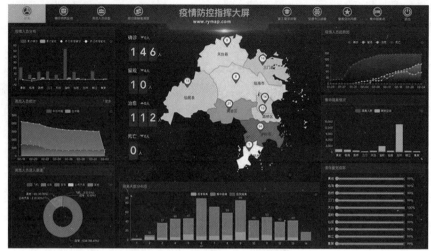

图1-33 大数据应用——疫情防控

用,并且可以看成是无限扩展的,只要按使用量付费就可以,"云"就像自来水厂一样,我们可以随时接水,并且不限量,按照自己家的用水量,付费给自来水厂就可以。云计算不是一种全新的网络技术,而是一种全新的网络应用概念,云计算的核心概念就是以互联网为中心,在网站上提供快速且安全的云计算服务与数据存储,让每一个使用互联网的人都可以使用网络上庞大的计算资源与数据中心。

1)云计算应用:云会议

云会议是云计算的一类重要应用。通过把计算、存储、网络等进行虚拟化,再由云应用根据会议的人员规模,自动划分云服务器提供视频会议所需的软、硬件资源,从而提供便捷易用、高清流畅、安全可靠的云视频会议服务。腾讯会议就是一种典型的云会议系统,视频会议所需资源全部由云端提供和管理,用户可以通过手机、电脑、小程序灵活入会。

2)云计算应用:云存储

云存储是云计算的另一类重要应用,是将储存资源放到云上供人存取的一种新兴方案,使用者可以在任何时间、任何地方,透过任何可联网的装置连接到云上方便地存取数据。百度网盘是百度推出的一项云存储服务,已覆盖主流个人计算机和手机操作系统,包含Web版、Windows版、Mac版、Android版、iPhone版和Windows Phone版。用户可以轻松将自己的文件上传到网盘上,并可跨终端随时随地查看和分享。

3. 万物互联——物联网

物联网即"万物相连的互联网",是互联网基础上延伸和扩展的网络,将各种信息传感设备与互联网结合起来而形成的一个巨大网络,实现在任何时间、任何地点,人、机、物的互联互通。物联网是通过射频识别、红外感应器、全球定位系统、激光扫描器等信息传感设备,按约定的协议,把任何物品与互联网连接,进行信息交换和通信,以实现对物品的智能化识别、定位、跟踪、监控和管理的一种网络。

1)物联网应用:数字家庭

智能家居就是物联网在家庭中的基础应用,随着宽带业务的普及,智能家居产品涉及方方面面。家中无人,可利用手机等产品客户端远程操作智能空调,调节室温,甚至其还可以学习用户的使用习惯，从而实现全自动的温控操作，使用户在炎炎夏日回家就能享受到冰爽带来的惬意；通过客户端实现智能灯泡的开关、调控灯泡的亮度和颜色等等；插座内置Wi-Fi，可实现遥控插座定时通断电流，甚至可以监测设备用电情况，生成用电图表让你对用电情况一目了然，安排资源使用及开支预算；智能体重秤，监测运动效果。智能摄像头、窗户传感器、智能门铃、烟雾探测器、智能报警器等都是家庭不可少的安全监控设备，即使出门在外，也可以在任意时间、地点查看家中任何一角的实时状况。物联网应用——智能家居如图1-34所示。

图1-34 物联网应用——智能家居

2）物流管理：智能物流

智能物流利用条形码、射频识别技术、传感器、全球定位系统等先进的物联网技术通过信息处理和网络通信技术平台广泛应用于物流业运输、仓储、配送、包装、装卸等基本活动环节，实现货物运输过程的自动化运作和高效率优化管理，提高物流行业的服务水平，降低成本，减少自然资源和社会资源消耗。物联网为物流行业将传统物流技术与智能化系统运作管理相结合提供了一个很好的平台，进而能够更好更快地实现智能物流的信息化、智能化、自动化、透明化、系统化。智能物流在实施的过程中强调的是物流过程数据智慧化、网络协同化和决策智慧化。智能物流在功能上要实现6个"正确"，即正确的货物、正确的数量、正确的地点、正确的质量、正确的时间、正确的价格，同时在技术上实现物品识别、地点跟踪、物品溯源、物品监控、实时响应。

4. 高速互联——5G

第五代移动通信技术（5th generation mobile networks 或 5th generation wireless systems、5th-Generation，简称5G或5G技术）是最新一代蜂窝移动通信技术，也是继4G（LTE-A、WiMax）、3G（UMTS、LTE）和2G（GSM）系统之后的延伸。5G的性能目标是高数据速率、减少延迟、节省能源、降低成本、提高系统容量和大规模设备连接。

1）5G应用：智慧安防

5G技术在智慧安防方面有广泛应用。智慧安防不仅凭借传感器、边缘端摄像头等设备实现了智能判断，同时可通过物联网、大数据等技术获取安防领域实时的数据信息，并进行精准的计算。在整个安防环节中，视频监控涉及了数据采集、传输、存储以及最终的控制显示，作为安防系统中最主要的数据传输环节，都需要运用5G技术促使视频监控系统数据传输高效、快速、高质量完成。

2）5G应用：远程治疗

5G有超过4G至少十倍的用户体验速率、仅1 ms的传输时延等性能，为医疗过程的便捷与高效提供了有力支持。医生可以更快地调取图像信息、开展远程会诊和远程手术；三甲医院的医生可以与偏远地区医院的医生进行视频通话，随时就诊断和手术情况进行交流。5G应用——远程治疗如图1-35所示。

图1-35 5G应用——远程治疗

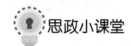 思政小课堂

2019年，利用5G技术，中国在远程医疗领域创造了多项"世界首次"的纪录，标志着5G远程医疗与人工智能应用达到新高度。3月，中国人民解放军总医院成功完成全国首例基于5G的远程人体手术——远在海南的神经外科专家凌至培，通过5G网络传输的高清画面远程操控手术器械，为身在北京的患者实施了帕金森病"脑起搏器"植入手术。6月，北京积水潭医院院长田伟利用5G技术，同时远程操控两台天玑骨科手术机器人，为浙江嘉兴和山东烟台的两名患者实施手术。这也是全球首例骨科手术机器人多中心5G远程手术。同样在6月，四川省人民医院启用5G城市灾难医学救援系统，并首次将5G技术运用于灾难医学救援。未来5G技术与医疗领域的创新将会催生出更多医疗场景。

5. 看得见的信任——区块链

区块链是一个分布式的共享账本和数据库，具有去中心化、不可篡改、全程留痕、可以追溯、集体维护、公开透明等特点。这些特点保证了区块链的"诚实"与"透明"，为区块链创造信任奠定基础。

1）区块链技术应用：数字货币

以区块链技术为基础的数字货币已经成为数字经济时代的发展方向。相比实体货币，数字货币具有易携带存储、低流通成本、使用便利、易于防伪和管理、打破地域限制，能更好整合等特点。比特币依托的底层技术正是区块链技术，其在技术上实现了无须第三方中转或仲裁，交易双方可以直接相互转账的电子现金系统。我国早在2014年就开始了中国人民银行数字货币的研制，我国的数字货币DC/EP采取双层运营体系：中国人民银行不直接向社会公众发放数字货币，而是由中国人民银行把数字货币兑付给各个商业银行或其他合法运营机构，再由这些机构兑换给社会公众供其使用。2019年8月初，中国人民银行召开下半年工作电视会议，会议要求加快推进国家法定数字货币研发步伐。

2）区块链技术应用：电子发票

税链平台即区块链电子发票平台。开具的电子化通用类发票在法律效力、基本用途、基本使用规定上与其他税务部门认可的通用类发票是相同的。开票方和受票方需要纸质发票的，可以自行打印发票的版式文件。税链平台打通了开票方、受票方、税务部门等各方的链接节点，使发票数据全场景流通成为现实，成功破解传统电子发票存在的安全隐患、信息孤岛、真假难验、数据篡改、重复报销、监管难度大等痛点问题，有效降低以票控税的成本，发挥信息管税的作用。通过税链平台，纳税人的身份具有唯一性，区块链发票数据不可篡改，确保了发票数据的真实性、完整性和永久性，纳税人可实现区块链电子发票全程可查、可验、可信、可追溯，切实保护纳税人合法权益；税务部门可实现对纳税人发票申领、流转、报税等全过程全方位监管，解决了凭证电子化带来的信任问题，提升了管理效能，促进了纳税遵从。

任务1.5 遵循计算机道德及保护个人信息安全

【任务工单】

任务名称	遵循计算机道德及保护个人信息安全				
组　　别		成　员		小组成绩	
学生姓名				个人成绩	
任务情境	小王已经能熟练地使用计算机处理各项事务，并通过互联网与世界互联，拓展了自己的视野；同时，他也清楚地认识到人们既可以利用计算机解决各种现实问题，也可以借助计算机从事破坏、偷窃、诈骗和人身攻击等非道德的或违法的行为 小王需要熟悉计算机相关的法律法规和道德准则，做到知法守法，不利用计算机做违反法律法规和道德规范的事情。同时，要掌握保护个人信息、防范网络诈骗的方法，切实保护自己的合法权益不受侵犯				
任务目标	遵循计算机道德及保护个人信息安全				
任务要求	(1) 列出我国与计算机相关的法律法规的名称 (2) 列出使用计算机的道德准则 (3) 列举个人信息保护注意事项 (4) 列举网络诈骗防范措施				
知识链接					
计划决策					
任务实施	(1) 请列出我国与计算机相关的法律法规的名称 (2) 请列出使用计算机的道德准则				

任务实施	（3）请列举个人信息保护的注意事项 （4）请列举网络诈骗防范措施及典型网络诈骗的案例
检　　查	
实施总结	
小组评价	
任务点评	

【颗粒化技能点】

1. 计算机相关法律法规

在我国，与公民直接相关的计算机法律法规有《中华人民共和国网络安全法》《中华人民共和国计算机信息系统安全保护条例》《中华人民共和国计算机信息网络国际联网安全保护管理办法》《计算机软件保护条例》《儿童个人信息网络保护规定》等。

此外，《刑法修正案（九）》《最高人民法院、最高人民检察院关于办理侵犯公民个人信息刑事案件适用法律若干问题的解释》《最高人民法院、最高人民检察院关于非法利用信息网络、帮助信息网络犯罪活动等刑事案件适用法律若干问题的解释》中的相关条款也对利用计算机实施犯罪的行为做出了明确的规定。

2. 计算机使用道德规范

计算机道德协会是一个以道德方式推进计算机技术发展的非营利组织，制定了以下计算机道德10诫。不得使用计算机伤害其他人；不得干预他人的计算机工作；不得窥探他人的计算机文件；不得使用计算机进行盗窃；不得使用计算机提交伪证；不得复制或使用尚未付费的专利软件；在未获授权或没有适当赔偿的前提下，不得使用他人的计算机资源；不得盗用他人的知识成果；应该考虑你所编写的程序或正在设计的系统所造成社会后果；在使用计算机时，应考虑尊重他人。

3. 个人信息安全保护

1）计算机操作安全

在日常生活和工作环境中，保证自己计算机信息安全的最有效办法就是避免第三者在未经授权的情况下使用自己的计算机。具体方法如下。

➢ **设置开机密码**：在系统的"账户信息"中设置账户登录密码，设置成功后，每一次开机启动都会要求输入正确的密码才能进入操作系统操作计算机。

➢ **锁屏**：当短时间暂时离开计算机时，可以按下<Win+L>组合键执行锁屏操作，将计算机页面恢复至登录界面，需要输入正确的密码才能重新进入操作系统。

➢ **屏幕保护密码**：在离开计算机的时间不确定的情况下，可以设置屏幕保护程序。如果在设定的时间内未返回使用计算机，屏幕将会自动锁定，需要输入正确的密码后，计算机才能恢复到屏幕保护之前的状态。

2）上网行为安全

➢ **上网场所的安全**：常见的两个不安全上网环境是网吧和无线上网。网吧是一个公共环境，用户在网吧进行输入密码操作时，可以使用软件自带的软键盘进行操作，降低密码被盗的风险。在无线上网时要避免个人信息泄露，最有效的办法就是避免连接来历不明的无线网络，而是使用运营商提供的4G或5G网络连接互联网。

➢ **访问网站的安全**：用户通过网站浏览信息时，要确保进入的是一个安全的网站，而不是进入仿冒的钓鱼网站。判断的方法有两条，一是常规网址判断，一般一个网址的最后部分是国家域名的代码，如中国大陆为"cn"；倒数第二部分是行业代码，"com"表示营利性商业机构，"net"表示网络服务机构等。二是注意访问协议，不要在以"http：//"开头的网站进行敏感操作，如输入账号密码、银行卡号、真实住址等，而以"https：//"开头的网站，表示该网站采用了加密技术，且进行了企业认证操作。

➢ **社交软件的安全**：在使用即时通信软件聊天时，在对网友的备注中，尽可能不要使用完整的信息提示，尤其不要使用关系描述类的信息。在公共场合或使用别人计算机上网时，在退出聊天后，删除所有的聊天记录。在使用电子邮件时，不要轻易打开来历不明的电子邮件，确认发件人和邮件主题安全后再打开；电子邮件潜在的危险主要有两种：一种是附件，另一种是内容中的链接，在收取附件时，可先将附件保存至本地计算机，使用杀毒软件进行查杀后再打开，对于内容中的链接不要轻易点击，要确认网址安全后，方可访问。

➢ **日常操作的安全**：日常操作的安全包括以下5个方面。

- **密码保护**：使用强密码，密码尽量同时包含大小写字母、数字和特殊符号，并且每个网站使用不同密码，定期修改密码。
- **升级补丁**：及时升级个人计算机系统的补丁，最新的系统安全性永远比旧系统高。
- **定期杀毒**：使用正版杀毒软件定期为个人计算机进行全盘扫描杀毒，清除因不当上网行为而感染的各种病毒。
- **个人资料慎填**：除必须填写真实资料的政府网站，支付宝，银行之类外，都不应给出完整、真实的个人资料，要默认这些网站都是不安全的。
- **无痕模式浏览**：在浏览不确定安全性的网站时，应选择使用浏览器的无痕模式，在无痕模式下浏览器会隐藏所有个人的隐私数据。如无特殊需要，慎重选择保存密码选项。

3）网络诈骗防范措施

常见的网络诈骗类型如下。

➢ **网上购物**：网上购物已成为人们购物的主要方式，最常见的问题是当在成功支付之后，要么根本收不到货，要么收到的货跟网上描述的不一致。

➢ **网络兼职**：利用网络发布兼职招聘信息，以"淘宝刷单返现"为诱饵，引诱受害者在其提供的淘宝店拍下某订单，并承诺受害人付完款后，把订单款和佣金一并打回受害者账户。受害者在完成操作后，不法分子称还要接着下单才能返还订单款，导致受害者上当受骗。

➢ **贷款申请**：不法分子利用提供利息很低的房屋或汽车贷款为诱饵，诱骗受害者提前支付一笔贷款申请费，以申请低息贷款。受害者在支付申请费后，不法分子就失去联系，导致受害者蒙受经济损失。此类骗局以低利率贷款为诱饵，目的在于骗取申请费。

➢ **冒充领导**：不法分子通过盗用公司经理或高层的QQ号，并冒用身份通过QQ联系公司财务人员，以请客户吃饭、出差没带钱等为由，让公司职员给对方银行账户汇款，骗取大量财物。

网络诈骗犯罪日益严重，对于个人来说，需要掌握一定的防范诈骗的基本措施，提高自身防范网络诈骗的能力。具体措施如下。

➢ 不要运行从网上下载后未经杀毒处理的软件。
➢ 不要打开即时通信软件上传送的不明文件。
➢ 不使用非购物平台提供的官方通信软件与卖家进行联系。
➢ 使用安全的网络支付工具。
➢ 涉及借款等事项，要用第二种联系方式进行反复确认，确保消息的真实性。

【拓展练习】

1. 请列举出计算机硬件系统的主要组成部分，并分别说明各部分的作用。

2. 请列举出自己常用的计算机系统软件和应用软件。

3. 请完成下列数制之间的转换。
$(110010101.1101)_2 = ($ $)_{10} = ($ $)_8 = ($ $)_{16}$
$(274.69)_{10} = ($ $)_2 = ($ $)_8 = ($ $)_{16}$
$(8AB.6D)_{16} = ($ $)_2 = ($ $)_8$
$(2754.13)_8 = ($ $)_2 = ($ $)_{10} = ($ $)_{16}$

4. 请列举主机中主要部件的性能指标。

（1）主板

（2）CPU

（3）内存

（4）硬盘

（5）显卡

5. 使用金山打字通，训练中、英文打字速度，并记录打字速度。
中文打字速度：

英文打字速度：

6. 使用杀毒软件对计算机进行全盘杀毒操作，列出操作步骤。

7. 请列举避免他人使用自己的计算机的安全操作。

8. 请列举在网吧上网时应注意的安全事项。

9. 请列举常见的网络诈骗类型。

10. 请列举预防网络诈骗应掌握的基本措施。

项目二　Windows 10 系统的使用

【项目概述】

小王领取了公司为他配发的工作计算机，该计算机安装的就是 Windows 10 操作系统。小王先查看了自己计算机的基本软、硬件配置，并设置了桌面主题、背景图片等个性化的桌面环境。工作一段时间后，对日益繁多、存放混乱的工作文件，按照文件类型进行了整理归类。小王在升职担任小组长后，为协助自己工作的小张和小李创建了用户账号，便于计算机的多用户使用，并对 Windows 系统功能、鼠标、打印机等功能进行了优化设置，以提高工作效率。同时，在工作过程中，小王还会使用 Windows 10 系统的画图工具进行简单的图片处理，利用记事本进行简单的文本编辑，使用截图工具截取屏幕图片，并慢慢掌握分屏、录制屏幕等 Windows 10 系统的使用技巧。

【项目目标】

- 掌握 Windows 10 系统的基本操作。
- 掌握 Windows 10 系统主题、背景等个性化设置的操作方法。
- 掌握资源管理器、管理文件和文件夹的基本操作。
- 掌握控制面板的设置方法及常用小工具和使用技巧。

【技能地图】

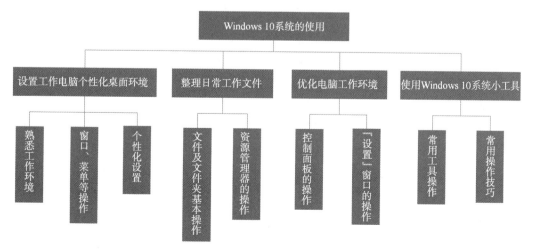

**【思政小课堂】**

加速操作系统自主独立创新 实现国家信息安全自主可控

操作系统国产化是软件国产化的根本保障,是软件行业必须要攻克的阵地。

1. 历史的教训

1969年12月,北京大学牵头攻坚我国最早的操作系统"150机",其目的是改善石油勘探数据计算,提高打井出油率。熬了3年多后,150机清晰嘹亮地唱出了"东方红",宣告了中国第一个自主版权操作系统的诞生。150机为石油勘探带来的第一次数字革命,被铭刻在中华世纪坛的铜制甬道上。

150机诞生20年后,中国开始了商业操作系统的攻坚之路:1989年,COSIX系统项目启动,希望抗衡DOS等系统。但当时的主流思路是系统和硬件交互驱动发展,而国内硬件大幅落后海外,系统研发又跟不上硬件更新,基本是"完成一代、淘汰一代",无法兼容最先进的电子设备。攻坚不成,便有了"曲线救国"的路子。20世纪90年代初,Windows没有中文版,用解构微软DOS的反向工程,开发出了中文DOS;另一批人则围绕Windows系统做支撑,开发了一系列外挂式中文平台。然而1994年4月,微软发布官方汉化版,第一代程序员呕心沥血的百万行汉化代码,连同用户市场,一夜之间化为乌有。

2. 国产操作系统的崛起

核心技术从不是别人赐予的,必须依靠自主创新。2020年召开的中央经济工作会议强调,要增强产业供应链自主可控能力,尽快解决一批"卡脖子"问题。以华为鸿蒙OS、麒麟等操作系统为代表,我国操作系统从跟随、模仿,正加速走向独立创新的发展新阶段。

➤ 优麒麟(UbuntuKylin):该系统针对中国用户定制,预装并通过软件中心提供了大量适合中国用户使用的软件服务。最新的"优麒麟"操作系统已经实现了支持ARM和X86架构的CPU芯片。

➤ 中标麒麟(NeoKylin):该系统是由民用的"中标Linux"操作系统和"银河麒麟"操作系统合并而来,针对X86及龙芯、申威、众志、飞腾等国产CPU平台进行自主开发,率先实现了对X86及国产CPU平台的支持。

➤ 深度Linux:该操作系统在2004年亮相,目前累计下载量达数千万次,曾经在Distrowatch上排名最高的中国Linux操作系统。目前他们正在解决迁移Windows平台软件带来的各种兼容性问题。

➤ 起点操作系统(StartOS):该操作系统在2005年亮相,系统界面精仿Windows主题,并根据国人使用习惯,预装了常用的精品软件。这款系统的优点是界面美观、操作和安装简单。

任务 2.1　设置工作电脑个性化桌面环境

【任务工单】

任务名称	设置工作电脑个性化桌面环境				
组　　别		成　员		小组成绩	
学生姓名				个人成绩	
任务情境	小王领取了公司配发的新电脑，他启动后发现系统安装了 Windows 10 操作系统。为了以后工作方便，他准备先熟悉下 Windows 10 操作系统的桌面、窗口、菜单和对话框等组件的操作，并查看电脑的基本软、硬件配置；再根据自己的个人爱好和使用习惯来配置 Windows 10 系统工作环境，将桌面主题、桌面背景、屏幕保护程序和系统时间设置为自己喜欢的样式				
任务目标	将电脑桌面环境设置为方便自己工作的样式				
任务要求	（1）启动 Windows 10 系统，并查看计算机的操作系统版本和系统配置信息 （2）设置电脑分辨率为 1024×768 （3）设置桌面图标为仅显示此电脑、回收站、网络 （4）将桌面主题设置为"Windows（浅色主题）" （5）将桌面背景图片设置为自己的照片				
知识链接					
计划决策					
任务实施	（1）启动 Windows 10 操作系统，记录计算机的软、硬件环境 操作系统版本： 电脑硬件环境： （2）设置电脑分辨率为 1024×768，并列出具体步骤				

任务实施	（3）设置桌面图标为仅显示此电脑、回收站、网络，并列出具体步骤 （4）将桌面主题设置为"Windows（浅色主题）"，并列出具体步骤 （5）将桌面背景图片设置为自己的照片，并列出具体步骤
检　　查	
实施总结	
小组评价	
任务点评	

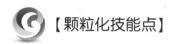【颗粒化技能点】

Windows 10 系统的关机操作

2.1.1 熟悉 Windows 10 系统的工作环境

1. Windows 10 系统的启动和退出

1）Windows 10 系统的启动

步骤 1：启动计算机。计算机安装好 Windows 10 系统后，每次开机启动计算机，Windows 10 系统就会自动加载。

步骤 2：登录 Windows 10 系统。当出现登录提示时，单击相应的账户图标，输入密码确认后，即可完成Windows10 系统的启动。Windows 10 系统登录界面如图 2-1 所示。

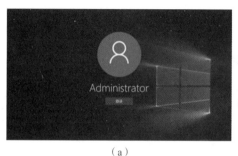 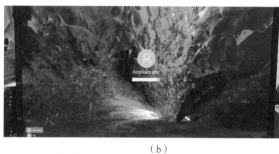

（a） （b）

图 2-1 Windows 10 系统登录界面

（a）账户界面；（b）密码界面

2）Windows 10 系统的关闭

步骤 1：单击任务栏的"开始"按钮，在弹出的"开始"菜单中选择"电源"命令，如图 2-2 所示，打开"电源"菜单。

步骤 2：选择"电源"菜单中的"关机"命令，如图 2-3 所示。

图 2-2 "开始"菜单　　　　　　　　图 2-3 "电源"菜单

技能加油站

也可在 Windows 10 系统桌面状态下，按<Alt+F4>组合键打开"关闭 Windows"对话框，如图 2-4 所示，在下拉列表框中选择"关机"选项并单击"确定"按钮。

3）Windows 10 系统的重启

步骤 1：单击任务栏的"开始"按钮，在弹出的"开始"菜单中选择"电源"命令，如图 2-2 所示，打开"电源"菜单。

步骤 2：选择"电源"菜单中的"重启"命令，如图 2-3 所示。

2. Windows 10 系统的桌面组成

Windows 10 系统启动完成后，就进入 Windows 10 系统的"桌面"。Windows 10 系统的桌面是用户使用 Windows 10 系统的主界面，一般包含桌面图标、开始按钮、任务栏和系统托盘等。

➢ **桌面图标**：Windows 10 系统的桌面图标包括系统图标、文件图标和快捷方式图标。系统图标为"此电脑""回收站"等系统功能图标；文件图标为存储在"桌面"文件夹下的文件图标；快捷方式图标显示为左下角带箭头的图标，通过快捷方式图标可快速打开快捷方式所指向的程序、文件夹、文件。

➢ **开始按钮**：开始按钮位于桌面左下角，单击其可打开"开始"菜单，从而访问电脑中的大部分系统程序和应用程序。

➢ **任务栏**：用于显示和切换当前已打开的应用，还可在任务栏上设置"快速启动栏"，放置程序快捷方式图标，实现程序的快速启动。

➢ **系统托盘**：用于显示系统时间和部分长期驻留在操作系统中的应用（如输入法、QQ等）。

3. 查看 Windows 10 系统版本信息及电脑系统配置

步骤 1：选择 Windows 10 系统桌面上的"此电脑"图标，单击右键，在打开的快捷菜单中选择"属性"选项，打开"系统"对话框。

步骤 2：查看 Windows 10 系统版本。在打开的"系统"对话框，查看"Windows 版本"选项下的信息，即为 Windows 10 系统版本信息，如图 2-5 编号①所示。

步骤 3：查看电脑系统配置信息，在打开的"系统"对话框，查看"系统"选项下的信息，即可查看电脑处理器、内存等的配置信息，如图 2-5 编号②所示。

图 2-4 "关闭 Windows"对话框

图 2-5 "系统"对话框

技能加油站

Windows 操作系统由微软公司（Microsoft）开发，先后发布了 Windows 95、Windows 98、Windows 2000、Windows XP、Windows 7、Windows 8、Windows 10 等多个版本，2015 年 7 月 29 日发布的 Windows 10 是最新版本。

2.1.2 Windows 10 系统的窗口、菜单、对话框的操作

1. 窗口操作

1) 窗口组成

在 Windows 10 系统中,窗口是用户界面最重要的组成部分,是用户与产生该窗口的应用程序之间的可视界面,用户大部分的操作都是基于窗口来实施。在 Windows 10 系统中,用户可以同时打开多个窗口,位于多个窗口最前方或用户当前正在操作的窗口称为激活窗口。Windows 10 系统的窗口分为两类,分别是应用程序窗口和文件夹窗口。

窗口的外观通常为屏幕上一种可见的矩形区域,通常由标题栏、菜单栏、地址栏、工作区、状态栏这 5 部分组成,如图 2-6 所示。

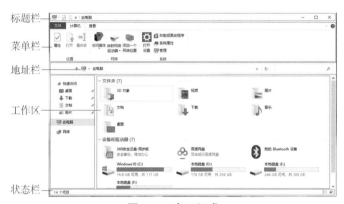

图 2-6 窗口组成

> **标题栏**:位于窗口顶部,用来显示当前应用程序名、文件名等。在标题栏的最右边还有最小化、最大化/还原、关闭这 3 个窗口控制按钮。

> **菜单栏**:位于标题栏下方,用选项卡菜单样式,通过单击文件、计算机等不同的"选项卡"标签,实现菜单选项卡的切换,以选择不同操作的命令按钮。

> **地址栏**:位于菜单栏下方,用于显示当前所操作文件夹的地址;其最左边包含后退、向前、向上 3 个操作按钮,其最右边包含一个搜索框。

> **工作区**:显示和编辑窗口内容的地方。当工作区因内容太多而无法完全显示时,工作区右侧或下方将出现滚动条,拖动滚动条可显示隐藏的内容。

> **状态栏**:位于窗口的最下方,主要是显示当前运作的信息,通过这个部分,可以清楚地了解当前运作的状态、类型等信息。其最右边有列表▤和大缩略图▥两个视图按钮。

2) 窗口的基本操作

> **窗口移动**:在窗口的标题栏上按住左键拖曳,可以移动窗口到屏幕上任何位置。

> **窗口的缩放**:将鼠标指针移动到窗口的四边或角落,其指针形状会变成双向箭头,可以用拖曳的方法调整窗口的高度、宽度或对角(高度及宽度)的大小。

> **窗口的最大化和还原**:单击标题栏右边的最大化按钮▢,可以将窗口最大化,最大化按钮变成还原按钮▣;单击还原按钮,窗口还原为原大小,还原按钮变为最大化按钮。

> **窗口的最小化/还原**:单击标题栏右边的最小化按钮━,可以将窗口最小化为任务栏

上的缩略图图标；单击任务栏上窗口对应的缩略图图标，可将窗口还原为原大小。使用<Alt+Esc>组合键可使当前窗口最小化；使用<Win+D>组合键可使所有窗口最小化，再按一下可还原。

> **窗口的切换**：当 Windows 10 系统同时运行多个窗口时，用户只能将其中一个窗口激活进行操作；通常激活窗口标题栏文字颜色为白色，反之标题栏文字为灰色。窗口的切换一般有 3 种方式，通过单击窗口的任意位置激活窗口、单击任务栏上窗口的缩略图图标、使用<Win+Tab>组合键都可实现窗口切换。

2. 菜单操作

1）窗口菜单操作

Windows 10 系统窗口菜单采用全新的选项卡菜单样式。采用 Windows 10 系统窗口菜单打开"文件夹选项"对话框的操作步骤如下。

步骤 1：单击"此电脑"窗口菜单栏上的"查看"按钮，打开"查看"选项卡子菜单，如图 2-7 所示。

图 2-7　"查看"选项卡子菜单

步骤 2：单击"选项"按钮，打开"文件夹选项"对话框，如图 2-10 所示。

2）"开始"菜单操作

步骤 1：单击任务栏左边的"开始"按钮，或者按键盘上的<Win>键，打开"开始"菜单，如图 2-8 所示。菜单包含命令按钮、程序组和应用图标三部分。

步骤 2：用户选择其上的命令按钮、应用图标和程序组可打开相关应用或执行相关操作。

3）快捷菜单操作

快捷菜单就像可移动的菜单，随着鼠标指针的位置随处出现，可以让用户更方便执行命令。通过快捷菜单打开"此电脑"的操作步骤如下。

步骤 1：在"此电脑"桌面图标上单击右键，打开快捷菜单，如图 2-9 所示。

步骤 2：选择快捷菜单中的"打开"命令，打开"此电脑"窗口。

图 2-8　"开始"菜单

技能加油站

快捷菜单与操作对象有关，操作对象不同，弹出的快捷菜单的选项也有所不同。

3. 对话框操作

对话框是用户与计算机进行人机交互的重要组件。一般，某一菜单命令后有一个省略号"…"，就表示执行该命令时将采用对话框来交互。"文件夹选项"对话框如图 2-10 所示。

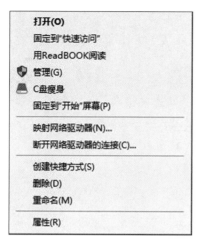

图 2-9 "此电脑"快捷菜单　　　图 2-10 "文件夹选项"对话框

> **命令按钮**：单击此类按钮即可执行特定功能命令。
> **文本框**：将鼠标指针定位到文本框内，可直接输入或编辑文字。
> **下拉列表框**：单击框后三角形按钮，可下拉出多个选项，单击即可选择。
> **单选按钮和复选框**：单选按钮是一组互斥的选项，其标志前面有一个圆环，当圆点变为实心表示该项被选中，否则表示未选中。复选框是一组可同时多选的选项，其标志前面有一个小方框，方框中有"√"表示选中，否则表示未选中。

2.1.3 Windows 10 系统的个性化设置

1. 设置桌面主题

设置桌面主题

桌面主题是 Windows 10 系统不同风格操作界面的整体设置方案,每一种主题的桌面背景、活动窗口的颜色,电脑上自动显示的字体、字号等各有不同。Windows 10 系统安装后默认提供了 4 种主题方案供用户选择使用,用户也可以下载第三方的桌面主题进行设置。

步骤 1:在桌面空白处单击右键,打开桌面快捷菜单,选择其中的"个性化"选项,打开个性化设置窗口,如图 2-11 所示。

步骤 2:选择窗口左边个性化列表中的"主题"选项,然后在右边窗口中找到"更改主题"列表,选择其中的"Windows(浅色主题)",完成桌面主题的设置,如图 2-12 所示。

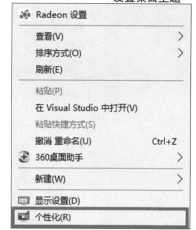

图 2-11 个性化设置窗口

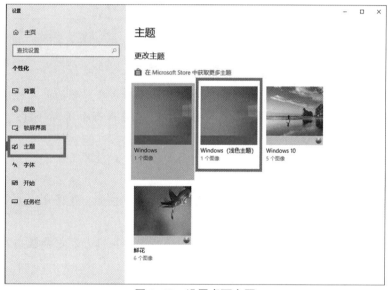

图 2-12 设置桌面主题

2. 设置桌面背景图片

Windows 10 系统的桌面背景有图片、纯色和幻灯片播放 3 种模式。其中,图片模式,幻灯片播放模式允许用户设置多张图片。

设置桌面背景

1) 设置图片模式桌面背景

步骤 1:打开个性化设置窗口,并在窗口左边个性化列表中选择"背景"选项。

步骤 2:在"选择图片"列表中,选择"浏览"按钮,打开图片选择对话框,在计算机中选择要设置为桌面背景的图片。如果用户希望用 Windows 10 系统提供的背景图片作为桌面背景,也可直接单击"选择图片"列表中列举的图片进行设置,如图 2-13 所示。

图 2-13 设置图片模式桌面背景

步骤3：返回背景设置窗口，单击"选择契合度"下的下拉按钮，根据图片与屏幕的大小适配情况选择合适的设置选项。

> **技能加油站**
>
> 　　桌面背景设置的契合度选项有填充、适应、拉伸、居中、平铺和跨区。
> 　　**填充**：先将图片等比缩放，之后按照图片的最小边来适应屏幕的最大边以达到填充屏幕效果，如果图片分辨率和屏幕的比例不一致，图片会有部分显示不了（超出屏幕之外）。
> 　　**适应**：图片也是等比缩放，只不过图片的最大边放大到屏幕最小边时就不再放大，也就是能保持图片比例的同时最大化显示图片。
> 　　**拉伸**：图片不按比例缩放，而是根据屏幕显示分辨率拉伸，让图片占满桌面。
> 　　**居中**：图片处于水平线中间，也就是屏幕中间。
> 　　**平铺**：把图片铺满桌面，如果一张图片不能占满整个桌面，就用几张图片铺满。图标小的话挨个排列，直到排满整个屏幕。
> 　　**跨区**：两个屏幕以上的分开显示。

2）设置幻灯片播放模式桌面背景

步骤1：打开个性化设置的背景设置窗口，在"背景"下拉列表框中选择"幻灯片放映"选项，如图2-14所示。

步骤2：单击"为幻灯片选择相册"的"浏览"按钮，选择轮换图片的存储文件夹。

步骤3：单击"更改图片频率"下拉列表框，选择1 min，设置为每1 min换一个桌面背景图片。设置"无序播放"滑动按钮为"开"，以随机的方式轮换桌面背景图片。

3. 设置锁屏界面

步骤1：打开个性化设置窗口，并在窗口左边个性化列表中选择"锁屏界面"选项，并单击"锁屏界面"设置窗口右边的"背景"下拉框，选择图片选项，如图2-15所示。

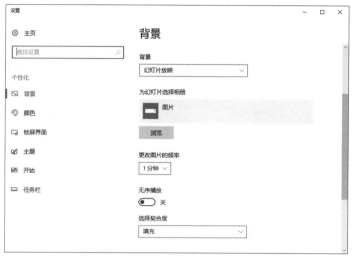

图 2-14 设置幻灯片播放模式桌面背景

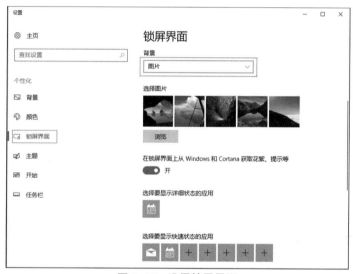

图 2-15 设置锁屏界面

步骤 2：在"选择图片"列表中，选择"浏览"按钮，打开图片选择对话框，在计算机中选择要设置为桌面背景的图片。或直接单击"选择图片"列表中列举的图片进行设置。

4. 设置屏幕保护程序

通过设置屏幕保护程序，使计算机在长时间无人操作时，自动播放动态显示效果的动画或图片，以达到保护屏幕、保护隐私和省电的目的。

步骤 1：打开"锁屏界面"设置窗口，单击窗口右边的"屏幕保护程序设置"按钮，如图 2-16 所示。

步骤 2：在打开的"屏幕保护程序设置"对话框中，单击"屏幕保护程序"选项卡中的下拉列表框，选择"变换线"；并将"等待（W）"文本选择框设置为 5 min。实现计算机在无人操作 5 min 后自动播放"变换线"屏幕保护程序，如图 2-17 所示。

图 2-16 "屏幕保护程序设置"按钮　　　　图 2-17 设置屏幕保护程序

5. 设置桌面图标

步骤 1：打开"主题"设置窗口，单击右边的"桌面图标设置"按钮，如图 2-18 所示。

步骤 2：在打开的"桌面图标设置"对话框中，勾选中"桌面图标"选项卡中的"计算机""回收站""网络"复选框，将计算机、回收站和网络 3 个桌面图标设置为在桌面显示。

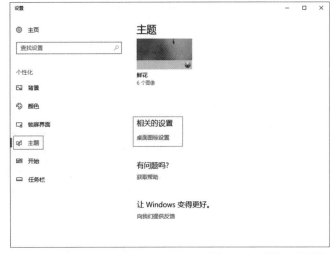

图 2-18 设置桌面图标

任务 2.2　整理日常工作文件

【任务工单】

任务名称	整理日常工作文件				
组　　别		成　　员		小组成绩	
学生姓名				个人成绩	
任务情境	小王工作了一段时间后，发现自己的工作文件存储得非常混乱，给工作带来了极大的不便。为提高工作效率，他准备对工作文件进行整理。他先在 D 盘建立工作文件存储的主文件夹"工作文件"，再按照文件类型，在主文件夹中建立子文件夹，并将所有工作文件按照文件类型存储到不同的子文件夹中。同时，将"工作文件"文件夹及子文件夹均设置为以"详细信息"显示，按"修改时间"的"递增顺序"进行排列，并以"作者"进行分组显示，并将"党员名单"文件设置为隐藏不显示				
任务目标	利用 Windows 资源管理器对工作文件进行整理归类，并查看文件数量及大小				
任务要求	（1）在 D 盘建立工作文件的主文件夹"工作文件"，并为该文件夹设置桌面快捷方式 （2）按照文件类型建立子文件夹，并按文件类型将文件移动到相应文件夹 （3）将"工作文件"文件夹及子文件夹均设置为以"详细信息"显示，按"修改时间"的"递增顺序"进行排列，并以"作者"进行分组显示 （4）查找"党员名单"文件，并将该文件隐藏不显示 （5）查看 D 盘可用空间大小、"工作文件"文件夹的大小及文件数量				
知识链接					
计划决策					
任务实施	（1）在 D 盘建立主文件夹"工作文件"，并为该文件夹设置桌面快捷方式，请列出具体步骤 （2）按照文件类型建立子文件夹，并按文件类型将文件移动到相应文件夹，请列出具体步骤				

任务实施	(3) 将"工作文件"文件夹及子文件夹均设置为以"详细信息"显示,按"修改时间"的"递增顺序"进行排列,并以"作者"进行分组显示,请列出具体步骤 (4) 查找"党员名单"文件,并将该文件隐藏不显示,请列出具体步骤 (5) 查看 D 盘可用空间大小、"工作文件"文件夹的大小及文件数量,请列出具体步骤 D 盘可用空间大小: "工作文件"文件夹的大小: "工作文件"文件夹中文件数量:
检 查	
实施总结	
小组评价	
任务点评	

【颗粒化技能点】

2.2.1 文件及文件夹基本操作

文件是操作系统中用于组织和存储信息的基本单位。一般而言，文件都是有具体内容或用途的，可以是文本文档、图片、程序、软件等。在计算机中，可以有很多不同类型、不同大小的文件，这些文件以系统定义或用户指定的文件名存储在计算机的外存储器中。用户通过文件的存储路径和文件名进行使用，使用方式包括打开（浏览或运行）、移动、复制等。

1. 新建文件及文件夹

在桌面新建 1 个记事本文件，并将其命名为"员工名单"，具体步骤如下。

步骤 1：在桌面空白处单击右键，打开快捷菜单，选择其中的"新建"命令，弹出子菜单，如图 2-19 所示。

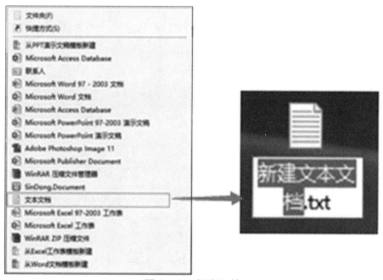

图 2-19　新建文件

步骤 2：单击子菜单中的"文本文档"，在桌面上新建文本文档，其文件名"新建文本文档"为蓝底白字显示，表示文件名处于可修改状态，直接输入"员工名单"，并按 <Enter> 键（或在桌面空白处单击）。

技能加油站

文件或文件夹命名的规则如下。

➢ 在文件名或文件夹名中，最多可以有 255 个字符；其中包含驱动器和完整路径信息，因此用户实际使用的字符数小于 255。

➢ 文件名或文件夹名中不能出现的字符有 \、/、:、*、?、#、"、<、>、|。

➢ 不区分英文字母大小写。

2. 重命名文件及文件夹

将"员工名单"文本文档的文件名修改为"党员员工名单",具体步骤如下。

步骤:对"员工名单.txt"文件单击右键,打开文件快捷菜单,选择其中的"重命名"命令,文件名进入可编辑状态,变为蓝底白字显示,输入"党员员工名单",并按<Enter>键(或在桌面空白处单击)。

> **技能加油站**
>
> 还可通过中速双击执行文件名"重命名"操作,中速双击应比两次单击要快,比执行打开命令的双击速度要慢。

3. 修改文件扩展名

文件扩展名(Filename Extension)也称为文件的后缀名,是操作系统用来标记文件类型的一种机制。如果一个文件没有扩展名,那么操作系统就无法处理这个文件,无法判别到底如何处理该文件。扩展名位于文件名最后一个"."的右边。

将"员工名单"文件的扩展名由".txt"修改为".doc"的具体步骤如下。

步骤1:在"员工名单.txt"文件上单击右键,打开文件快捷菜单,选择其中的"重命名"命令,进入文件名可编辑状态,如图2-20所示。

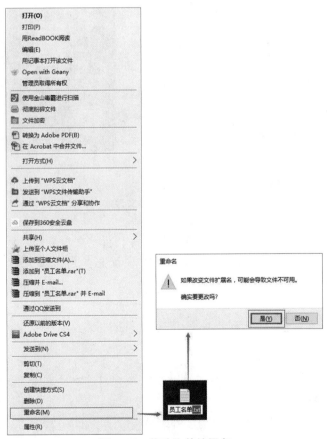

图2-20 修改文件扩展名

步骤 2：移动光标至文件名最后一个"."的右边，按<Del>键，将文件名最后一个"."右边的所有字符删除。

步骤 3：输入".doc"，并按<Enter>键（或在桌面空白处单击）。

> **技能加油站**
>
> 常见文件类型如表 2-1 所示。
>
> 表 2-1 常见文件类型
>
> | 扩展名 | 文件类型 | 扩展名 | 文件类型 | 扩展名 | 文件类型 |
> | --- | --- | --- | --- | --- | --- |
> | ISO | 镜像文件 | RAR | 压缩包 | txt | 记事本 |
> | html | 网页 | zip | 压缩包 | doc/docx | Word 文档 |
> | exe | 可执行文件 | pdf | pdf 文档 | xls/xlsx | Excel 工作表 |
> | rm | 视频文件 | avi | 视频文件 | ppt/pptx | PPt 幻灯片 |
> | tmp | 临时文件 | mdf | 镜像文件 | MID | 数字音乐文件 |

4. 复制及移动文件及文件夹

复制是指将所选文件及文件夹复制一份放置到指定目录，原来的文件及文件夹在原目录被保留；移动是指将所选文件或文件夹移动到指定目录，原来的文件及文件夹在原目录不保留。复制和移动的区别在于原文件是否保留。

操作

将文件"党员名单.doc"复制到桌面"办公文件"文件夹中，并将"办公文件"文件夹移动到 D 盘，具体步骤如下。

步骤 1：在桌面新建文件夹，并将其命名为"办公文件"（操作步骤与"新建文件及文件夹"类似）。

步骤 2：选择桌面上"党员名单.doc"文件，单击右键并选择快捷菜单中的"复制"命令（也可在选中文件后使用<Ctrl+C>组合键）。

步骤 3：双击桌面"办公文件"文件夹，打开文件夹窗口。在窗口空白处单击右键并选择快捷菜单中的"粘贴"命令（也可使用<Ctrl+V>组合键），将文件复制到文件夹中。

步骤 4：选中"办公文件"文件夹并单击右键，选择快捷菜单中的"剪切"命令（也可在选中文件夹后使用<Ctrl+X>组合键）；

步骤 5：双击"此电脑"，打开"此电脑"窗口，再双击磁盘盘符"D"的图标，在打开的"D"盘文件夹窗口空白处单击右键，在弹出的快捷菜单中选择"粘贴"命令。

5. 文件及文件夹的删除与恢复

为了节约磁盘空间或者对文件进行整理，经常会删除一些不必要的文件。在 Windows 10 系统中，被删除的文件并不是直接从磁盘上清除，而是把被删除文件先放到回收站中，若是用户删错了文件，或者感觉被删除的文件还有作用，可以将删除的文件从回收站中恢复。但是，如果对回收站中的文件再次执行删除操作，文件将从磁盘中删除，不可恢复。

操作

将桌面上的"党员员工名单.doc"文件和 D 盘中"办公文件"文件夹删除到回收站，

再将"党员员工名单.doc"文件从磁盘上删除,并将"办公文件"文件夹恢复到 D 盘,其具体步骤如下。

步骤 1:选定 D 盘中"办公文件"文件夹后单击右键,在弹出的快捷菜单中选择"删除"命令(也可直接在选定后按<Del>键)。选定桌面上的"党员员工名单.doc"文件后按<Del>键。

步骤 2:双击桌面"回收站"图标,打开"回收站"窗口,选定"党员员工名单.doc"文件后单击右键,在弹出的快捷菜单中选择"删除"命令。

步骤 3:在"回收站"窗口,选定"办公文件"文件夹后单击右键,在弹出的快捷菜单中选择"还原"命令,"办公文件"文件夹被恢复到 D 盘。

> **技能加油站**
>
> 如果能确定文件及文件夹确实是不必要的,可以直接按住<Shift>键再执行删除命令,文件或文件夹将不会删除到回收站中,而是直接从磁盘中删除。这种删除操作的文件或文件夹将不能恢复,用户务必慎重操作。

6. 选择文件及文件夹

在使用计算机对文件或文件夹进行操作时,首先要选定文件或文件夹。单个对象的选定可直接单击,选择多个对象的方法可以有以下 4 种常用操作。

➢ **选择单个文件或文件夹**:只需要单击该文件或文件夹即可,选定的文件或文件夹将高亮显示,如图 2-21 所示。

➢ **同时选择不连续的多个文件或文件夹**:先按住<Shift>键,然后再逐个单击要选定的文件或文件夹。

➢ **同时选择连续的多个文件或文件夹**:先单击要选定的第一个文件或文件夹,再按住<Shift>键,并单击要选定的最后一个文件或文件夹;或者在第一个文件或文件夹旁按住左键,拖动到最后一个文件或文件夹。

图 2-21 选定文件高亮显示

➢ **选择当前窗口中的所有文件和文件夹**:单击窗口"主页"选项卡"选择"组中的"全部选择"按钮,或者直接按<Ctrl+A>组合键进行全选操作。

> **技能加油站**
>
> 文件及文件夹的复制、移动、删除等操作并不局限于单个对象,可以同时选择多个对象一并操作,操作方法与单个对象的操作方法一致。

7. 设置文件的打开方式

在 Windows 10 系统中,文件有图片、文档、视频等各种不同类型和不同的格式,每种格式所对应的特定运行程序,就是该文件类型的"打开方式"。一种格式文件的运行程序往往有多个,用户可以通过设置文件"打开方式",设置文件被双击情况下默认启动的运行程序。

操作

改变文件的"打开方式"实质是改变当前文件所属文件类型的打开方式,其他属于同一类型文件的打开方式都会发生改变。

在 D 盘"办公文件"文件夹新建记事本文件"入党申请书.txt"和"思想汇报.txt"，并通过设置"入党申请书.txt"的"打开方式"，以"写字板"作为记事本文件（.txt）的默认打开程序，其步骤如下。

步骤 1：在 D 盘"办公文件"文件夹中新建"入党申请书.txt"和"思想汇报.txt"两个记事本文件后，选定"入党申请书.txt"并单击右键，在弹出的快捷菜单中选择"打开方式"→"其他应用程序"，打开更改打开方式对话框，如图 2-22 所示。

步骤 2：选择"其他选项"中的"写字板"选项，并勾选"始终使用此应用打开 .txt 文件"前的复选框，单击"确定"按钮完成设置，写字板程序启动。

步骤 3：设置完成后，可发现"入党申请书.txt"的图标由记事本图标变为写字板图标；通过双击"入党申请书.txt"，启动写字板程序打开文件。再双击"思想汇报.txt"，同样启动写字板程序打开文件。

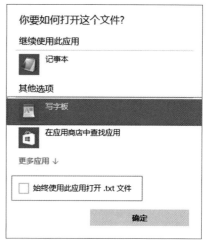

图 2-22　设置文件的打开方式

> **技能加油站**
>
> 还可使用文件"属性"对话框来设置文件打开方式。选择文件"属性"对话框的"常规"选项卡，如图 2-23 所示，单击"打开方式"后的"更改"按钮，即可打开更改打开方式对话框。

8. 查看和设置文件和文件夹的属性

通过查看文件和文件夹的属性与内容，可以获得关于文件和文件夹的相关信息，从而对其进行操作。了解文件和文件夹的属性，可以得到相关的类型、大小和创建时间等信息。

1）查看文件的属性

查看文件"党员员工名单.doc"大小的具体步骤如下。

步骤 1：在文件"党员员工名单.doc"上单击右键，在弹出的快捷菜单中选择"属性"命令，打开"属性"对话框，如图 2-23 所示。

步骤 2：单击"属性"对话框的"常规"选项卡，从中可以看出文件大小为 45 KB。

> **技能加油站**
>
> 文件"属性"对话框包含常规、安全、自定义、详细信息、以前的版本 5 个选项卡。其中，"常规"选项卡中包含了文件类型、打开方式、位置、大小、占用空间、创建时间、修改时间、访问时间和属性等相关信息。通过"文件类型"和"打开方式"可以查看当前文件类型与打开应用之间的关联情况；通过"创建时间""修改时间"和"访问时间"可以查看最近对该文件进行的操作时间；通过"只读"和"隐藏"两个属性复选框，可以设置文件的只读属性和隐藏属性。用户也可切换到其他选项卡，查看关于该文件的更详细的信息。

2) 查看文件夹属性

查看文件夹"办公文件"的大小、文件夹中包含文件的个数。

步骤1：在文件夹"办公文件"上单击右键，在弹出的快捷菜单中选择"属性"命令，打开"属性"对话框，如图2-24所示。

图2-23 文件"属性"对话框

图2-24 文件夹"属性"对话框

步骤2：单击"属性"对话框的"常规"选项卡，从中可以看出文件夹大小为51.3 KB，文件夹中包含11个文件和1个子文件夹。

技能加油站

文件夹"属性"对话框包含常规、共享、安全、以前的版本、自定义5个选项卡。其中，"常规"选项卡中可以查看文件夹的类型、位置、大小、占用空间、包含文件和文件夹的数目、创建时间以及属性等相关信息；"属性"则是该文件夹的所属类别，如"办公文件"文件夹为只读属性的文件夹；"位置"就是文件的存放路径，在Windows 10系统中，盘符用英文字母加英文冒号表示，盘符和子文件夹（文件夹与子文件夹）用反斜杠"\"分隔，如本例的"D:\"。

2.2.2 资源管理器的操作

资源管理器是 Windows 10 操作系统用来管理文件及文件夹的工具程序，用户可以使用它查看计算机中所有资源。特别地，它提供了树形的文件系统结构，可以方便用户对文件及文件夹进行查看及操作。

打开资源管理器操作

1. 打开资源管理器窗口

步骤 1：单击桌面"开始"按钮，在弹出的"开始"菜单中选择"Windows 系统"→"文件资源管理器"，如图 2-25 所示，打开文件资源管理器窗口，如图 2-26 所示。也可单击右键"开始"按钮，在弹出的快捷菜单中选择"文件资源管理器"，如图 2-27 所示，打开文件资源管理器窗口。或者使用<Win+E>组合键打开文件资源管理器窗口。

步骤 2：文件资源管理器窗口左边的导航区包含了"快速访问""此电脑""网络"等分类的导航。其中"快速访问"为用户提供了快速访问桌面、下载、文档等特定文件夹的导航链接；"此电脑"为计算机文件系统的树形导航链接。单击相关链接，可在工作区打开对应的文件夹。

图 2-25 开始菜单打开

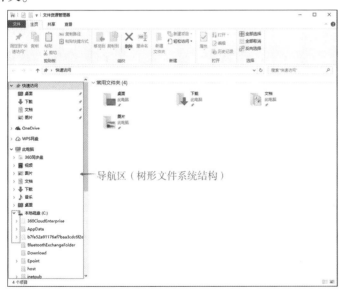

图 2-26 文件资源管理器窗口

图 2-27 快捷菜单打开

技能加油站

"文件资源管理器"导航区文件夹前有向右指向的 ▷ 图标，表示这个文件夹还有子文件夹，单击即可展开文件夹，而文件夹前的图标变为向下指向的 ▽ 图标，再次单击该图标，文件夹收起，图标重新变为向右指向的 ▷ 图标。

2. 改变图标的显示和排序方式

当文件夹中文件日渐增多，就需要设置文件图标的显示和排序方式，使文件在资源管理器中的显示和排列更美观、更符合个人的使用习惯。

改变图标的现实和排序方式

在资源管理器中将 D 盘"办公文件"文件夹中的文件设置为以"详细信息"显示，按"修改时间"的"递增顺序"进行排列，并以"作者"进行分组显示。

步骤 1：在资源管理器导航区单击 D 盘"办公文件"文件夹导航链接，打开"办公文件"文件夹，再单击窗口菜单中的"查看"选项卡，打开"查看"选项卡菜单，如图 2-28 所示。

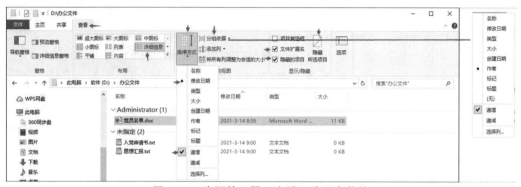

图 2-28　资源管理器"查看"选项卡菜单

步骤 2：单击"布局"中的"详细信息"选项，窗体工作区以详细信息列表的形式显示文件图标，详细信息包括名称、修改时间、类型和大小 4 列。

步骤 3：单击"排序方式"按钮，在下拉的菜单中选择"修改时间"选项和"递增"选项，文件按照修改时间的递增顺序进行重新排列。

步骤 4：单击"分组依据"按钮，在下拉的菜单中选择"作者"选项，文件按作者不同分组显示。

> **技能加油站**
>
> 也可在文件夹空白处单击右键，在弹出的快捷菜单中，选择"查看""排序方式""分组依据"选项，分别设置图标显示方式和文件排列方式，如图 2-29 所示。

图 2-29　快捷菜单设置

3. 设置文件夹选项

对 D 盘"办公文件"文件夹选项进行设置，设置为不显示文件扩展名和不显示隐藏文件；并将文件夹中的"党员名单.doc"文件隐藏。

设置文件夹选项

步骤 1：在资源管理器中打开 D 盘"办公文件"文件夹，再单击窗口菜单中的"查看"选项卡，打开"查看"选项卡菜单，如图 2-29 所示。

步骤 2：取消勾选"文件扩展名"复选框，文件的扩展名被隐藏。

步骤3：选定"党员名单.doc"文件,"查看"选项卡菜单中的"隐藏所选项目"按钮由灰度显示变为明亮显示,单击该按钮将"党员名单.doc"文件显示属性设置为"隐藏",同时文件图标变为灰度显示。

步骤4：取消勾选"隐藏的项目"复选框,设置当前文件夹不显示隐藏文件,"党员名单.doc"文件被隐藏,不再在文件夹中显示。

> **技能加油站**
>
> 重新勾选"文件扩展名"复选框,即可显示文件扩展名。重新勾选"隐藏的项目"复选框,设置当前文件夹显示隐藏文件,即可让隐藏的文件重新显示。选定显示属性为"隐藏"的文件,再单击"隐藏所选项目"按钮,可消除文件的"隐藏"属性。

4. 查找文件或文件夹

在发生找不到某个文件或文件夹的情况时,可借助 Windows 10 系统的搜索功能进行查找。Windows 10 系统将搜索栏集成在资源管理器菜单栏下的右上角,方便随时查找文件。

1)简单搜索

查找"此电脑"中"党员名单.doc"文件。

步骤1：单击资源管理器"搜索框",窗口菜单出现"搜索"选项卡,如图 2-30 所示。

图 2-30 文件搜索

步骤2：单击"搜索"选项卡菜单上"位置"选项中的"此电脑"按钮,将搜索范围定义为"此电脑"(如不进行搜索位置选择,系统默认在当前文件夹的范围内进行搜索)。

步骤3：在搜索框内输入要查找的文件名"党员名单",系统自动开始搜索,搜索结果显示在资源管理器的工作区,系统将以高亮形式显示与搜索关键词匹配的记录。

步骤4：单击"关闭搜索"按钮可退出搜索,返回搜索前文件夹。

> **技能加油站**
>
> 为提高搜索效率,限定搜索的范围和搜索条件非常重要。用户可先确定文件存放的大致位置,再打开该文件夹,然后再进行搜索。用户也可通过"搜索"选项卡菜单中的"优化"选项,设置修改时间、类型、大小、其他属性等搜索限定条件,再进行搜索。

2）模糊搜索

用户往往不能准确地记住要查找文件和文件夹的全部文件名，此时可使用通配符进行模糊搜索，帮助用户找到需要的文件和文件夹。

在 Windows 中可以使用通配符"＊""？"查找文件。其中，"＊"代表一个或多个任意字符，"？"只代表一个字符。如，"＊.＊"表示所有文件和文件夹，"＊.doc"表示扩展名为".doc"的所有文件，"？？名单.doc"表示扩展名为".doc"，文件名为 4 位，且必须是以"名单"为文件名结尾的所有文件。

查找 D 盘"办公文件"文件夹中的记事本（.txt）文件，文件名以"名单"结尾，且文件名为 4 位的文件。其具体步骤如下。

步骤 1：在资源管理器中打开 D 盘"办公文件"文件夹，单击资源管理器的"搜索框"，窗口菜单出现"搜索"选项卡，如图 2-31 所示。

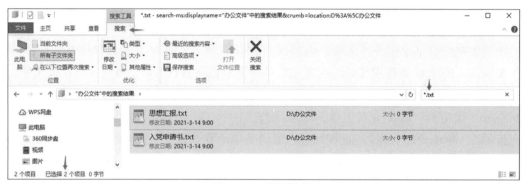

图 2-31 模糊查找

步骤 2：在搜索框内输入要模糊查找的文件名"＊.txt"，系统自动开始搜索，搜索结果显示在资源管理器的工作区，按<Ctrl+A>组合键进行文件全选，从资源管理器状态栏可查看到"已选择 2 个项目"，表明共搜索到当前文件夹中有 2 个记事本（.txt）文件。

步骤 3：在搜索框内输入要模糊查找的文件名"？？名单.doc"进行搜索，搜索结束后按<Ctrl+A>组合键进行文件全选，从资源管理器状态栏可查看到"已选择 1 个项目"，表明共搜索到 1 个符合搜索条件的文件。

5. 磁盘管理

磁盘是计算机最重要的存储设备，用户通常将大部分的操作系统、文件都存储在磁盘中。当前也比较流行使用固态硬盘存储操作系统，用磁盘存储文件，为叙述方便，以下统一称呼为磁盘，其操作是一致的。一般而言，计算机中只有一块硬盘，为便于管理，通常要将硬盘划分为 C 盘、D 盘、E 盘等多个分区，用户可对每个硬盘分区进行重命名、格式化等操作。

磁盘管理

1）查看磁盘分区容量及可用空间大小

查看 D 盘容量和可用空间大小的具体步骤如下。

步骤 1：在资源管理器中打开"此电脑"，选定 D 盘图标后单击鼠标右键，在弹出的快捷菜单中选择"属性"命令，打开磁盘"属性"对话框，如图 2-32 所示。

步骤 2：选择"常规"选项卡，从中可以查看磁盘分区 D 的容量大小为 310 GB，可用空间大小为 204 GB。

技能加油站

单击磁盘"属性"对话框"常规"选项卡上的"磁盘清理"按钮,可以打开"磁盘清理"对话框,根据需要单击选择要"清理的文件",单击"确定"按钮即可进行清理,释放被占用磁盘空间,如图 2-33 所示。

图 2-32 磁盘属性对话框

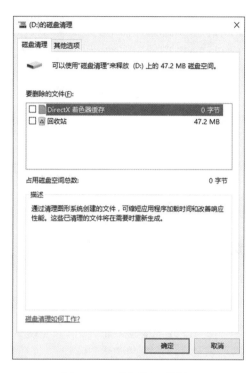

图 2-33 磁盘清理对话框

2)磁盘重命名

磁盘分区的名称通常由两部分构成,分别为盘符和卷标。盘符是磁盘在分区时进行指定的字母编号,如 C、D、E 等,默认情况下 C 盘为系统盘,用于安装操作系统;卷标可以由用户进行自定义、反映其内容的名字。例如,若 D 盘主要用于存放一些工作文件,可将 D 盘取名为"工作磁盘""工作资料"等,用户不进行指定的情况下,其默认名称为"本地磁盘"。

将 D 盘重命名为"工作磁盘"的具体步骤如下。

步骤 1:在资源管理器中打开磁盘 D 的"属性"对话框,选择"常规"选项卡,如图 2-34 所示。

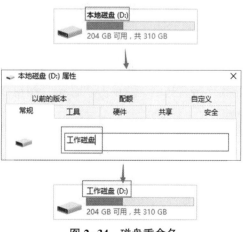

图 2-34 磁盘重命名

步骤 2:在"常规"选项卡的卷标文本框中输入"工作磁盘",并单击"确定"按钮。

磁盘 D 的名称由"本地磁盘（D:）"变为"工作磁盘（D:）"。

3）磁盘格式化

在磁盘第一次使用之前或者要将磁盘上所有文件都删除干净的时候，需要对磁盘进行格式化。磁盘格式化是在物理驱动器的所有数据区上写零的操作过程，磁盘格式化后，其上的文件将全部被删除，所以请用户在执行这个操作前务必要非常慎重，最好能先对有用数据进行备份。

将磁盘 D 进行快速格式化具体步骤如下。

步骤 1：在资源管理器中选定磁盘 D 并单击右键，在弹出的快捷菜单中选择"格式化"命令（如图 2-35 所示）。

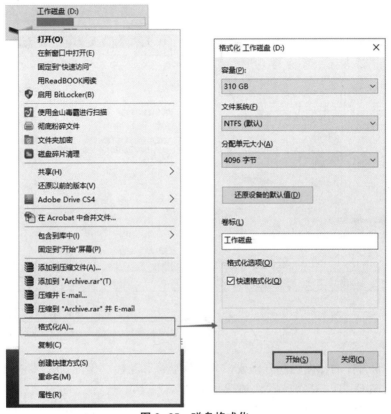

图 2-35　磁盘格式化

步骤 2：在打开的"格式化"对话框中，在卷标文本框中输入"工作磁盘"，勾选"快速格式化"复选框，并单击"开始"按钮，开始进行 D 盘格式化。

> **技能加油站**
>
> 磁盘格式化的时候，可以同时对磁盘文件系统进行设置。文件系统是操作系统用于明确存储设备或分区上的文件的方法和数据结构，即在存储设备上组织文件的方法，常见的有 FAT、NAT32 和 NTFS，Windows 10 默认使用 NTFS 文件系统。

任务 2.3　优化电脑工作环境

【任务工单】

任务名称	优化电脑工作环境				
组　　别		成　　员		小组成绩	
学生姓名				个人成绩	
任务情境	小王因为业绩优异，升职为小组长，公司安排了小张和小李两个实习生协助小王开展工作。小王准备在电脑中为小张和小李新建两个以他们名字命名的用户账号，便于 3 个人同时使用这台电脑；同时，为便于小张工作，为小张优化他的电脑工作环境，设置系统时间与时间服务器同步，设置鼠标双击速度为第 6 挡、移动速度为第 6 挡，鼠标指针方案为"Windows 反转（系统方案）"、显示指针轨迹，滑轮垂直滚动一次切换一个屏幕；并卸载系统中的 QQ 软件，打开系统的"互联网信息服务"功能					
任务目标	设置多个用户并优化电脑工作环境				
任务要求	(1) 为小张和小李新建两个以他们名字命名的用户账号 (2) 切换到小张的用户账号 (3) 设置系统时间与时间服务器同步 (4) 设置鼠标双击速度为第 6 挡、移动速度为第 6 挡，鼠标指针方案为"Windows 反转（系统方案）"、显示指针轨迹，滑轮垂直滚动一次切换一个屏幕 (5) 卸载系统中的 QQ 软件 (6) 打开系统的"互联网信息服务"功能				
知识链接					
计划决策					
任务实施	(1) 为小张和小李新建两个以他们的名字命名的用户账号，列出具体步骤 (2) 切换到小张的用户账号，列出具体步骤				

任务实施	（3）设置系统时间与时间服务器同步，列出具体步骤 （4）设置鼠标双击速度为第6挡、移动速度为第6挡，鼠标指针方案为"Windows反转（系统方案）"、显示指针轨迹，滑轮垂直滚动一次切换一个屏幕，列出具体步骤 （5）卸载系统中的QQ软件，列出具体步骤 （6）打开系统的"互联网信息服务"功能，列出具体步骤
检查	
实施总结	
小组评价	
任务点评	

【颗粒化技能点】

2.3.1 控制面板的操作

控制面板是 Windows 图形用户界面的一部分，它允许用户查看并更改基本的系统设置，如对键盘、鼠标、显示、字体、网络、打印机、日期和实践等配置进行修改。

1. 打开控制面板

打开控制面板，并将控制面板上的图标设置为"小图标"，具体步骤如下。

步骤 1：在桌面"此电脑"图标上单击右键，在弹出的快捷菜单中选择"属性"命令，打开"属性"对话框；再选择属性对话框左上角的"控制面板主页"，可以打开控制面板，如图 2-36 所示。

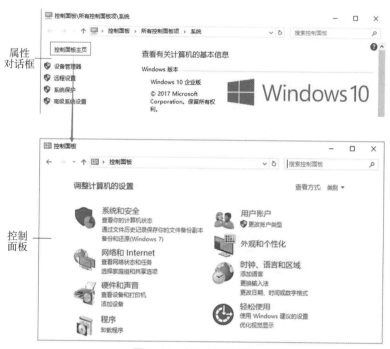

图 2-36　打开控制面板

步骤 2：单击控制面板上"查看方式"下拉列表框，选择"小图标"选项，控制面板上的功能图标以"小图标"的样式进行显示排列，如图 2-37 所示。

> **技能加油站**
>
> 　　控制面板上的功能图标默认以"类别"的查看方式显示排列。"类别"查看方式将功能图标按照功能分类进行分组，单击分组图标可进入下一级面板。对于对 Windows 系统比较熟悉的用户而言，使用"类别"的查看方式可以减少图标数量，提高使用效率。

图 2-37　控制面板的"小图标"查看方式

2. 设置日期时间

将计算机系统日期时间设置为北京时间 2021 年 3 月 10 日 14：30，具体步骤如下。

设置日期时间

步骤 1：打开控制面板，单击面板上面的"日期和时间"功能图标，打开如图 2-38 所示的"日期和时间"对话框。该对话框包括"日期和时间""附加时钟"和"Internet 时间"3 个选项卡。

步骤 2：单击"日期和时间"选项卡上"更改时区"按钮，打开如图 2-39 所示的"时区设置"对话框，从"时区"下拉列表框中选择北京时间所在的时区，并单击"确定"按钮完成设置。

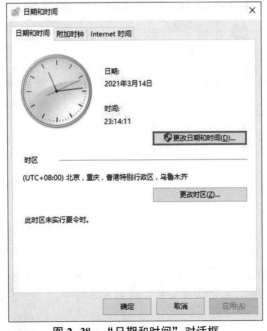

图 2-38　"日期和时间"对话框

图 2-39　"时区设置"对话框

步骤3：单击"日期和时间"选项卡上的"更改日期和时间"按钮，打开如图2-40所示的"日期和时间设置"对话框，用户通过该对话框将日期和时间设置为2021年3月10日14:30后，单击"确定"按钮，桌面任务栏显示的系统时间将变更为用户设置的日期时间。

> **技能加油站**
>
> ➢ 用户在"日期和时间"对话框的"Internet时间"选项卡中，设置计算机的系统时间与Internet时间服务器同步，从服务器获取准确的时间，如图2-41所示；如设置了与Internet时间服务器同步，上例中用户设置的时间在同步周期后将被服务器时间改写。
>
> ➢ 用户在"日期和时间"对话框的"附加时钟"选项卡中，可以设置显示多个其他时区的日期时间，如图2-42所示，设置附加显示斐济的日期时间，单击"确定"按钮后，再单击桌面系统时间，在弹出的日期时间面板上增加了"斐济时间"的显示，如图2-43所示。

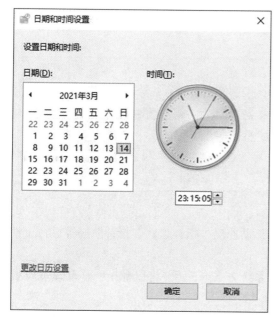

图2-40 "日期和时间设置"对话框

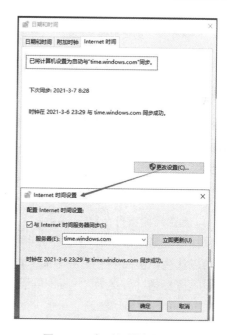

图2-41 与时间服务器同步

3. 设置鼠标

1）设置鼠标键

在某些情况下，如用左手使用鼠标的情况下，就需要调整鼠标左键和右键的功能。用户可以通过设置鼠标键来进行操作。

为配合个人使用习惯，将鼠标左、右键功能互换，并将双击速度调整到第8挡。

设置鼠标

步骤1：单击控制面板上的"鼠标"功能图标，"鼠标属性"对话框，如图2-44所示。该对话框包括鼠标键、指针、指针选项、滑轮和硬件5个选项卡。

步骤2：选择"鼠标键"选项卡，勾选"切换主要和次要的按钮"复选框，鼠标左、右键功能即刻被切换。

步骤3：使用鼠标右键拖动"双击速度"中"速度"滑块至第8个刻度点，同时可通过双击右侧的文件夹图标来测试设置的双击速度，再单击"确定"按钮完成设置。

图 2-42　更改时区　　　　图 2-43　显示斐济日期时间　　　　图 2-44　"鼠标属性"对话框

> **技能加油站**
>
> 　　若选中"启用单击锁定"复选框，则移动项目时不用一直按住鼠标键即可操作。该选项被选中后，其右侧"设置"按钮由灰度显示转为正常显示，单击后可打开"单击锁定设置"对话框，如图2-45所示，在这个对话框上可调整实现单击锁定需要按鼠标键或轨迹按钮的时间。

2）设置鼠标指针

鼠标是电脑最常用的外置之一，对鼠标移动速度、指针形状、指针轨迹等进行个性化设置，可以让用户更高效、更舒心的工作。

设置鼠标指针方案为"Windows 黑色（系统方案）"，并将鼠标指针移动速度设置为第8挡，并显示指针移动轨迹。

步骤1：从控制面板打开"鼠标"属性对话框，选择"指针"选项卡，如图2-46所示。该选项卡上包括了鼠标指针设置"方案"、鼠标指针"自定义"和"启用指针阴影"复选框。

步骤2：单击"方案"下拉列表框，从中选择"Windows 黑色（系统方案）"，并从右侧的图片框和下边"自定义"下拉列表框中可以预览各种鼠标操作指针的显示样式。

步骤3：切换到"指针选项"选项卡，将"移动"选项框的小滑块移动到第8个刻度，勾选"可见性"选项框中"显示指针轨迹"复选框，如图2-47所示，单击"确定"按钮完成设置。

> **技能加油站**
>
> 　　鼠标指针方案是各种鼠标操作状态下指针的显示方案。如有需要，用户也可从"自定义"下拉列表框中对单个鼠标状态进行个性化设置。

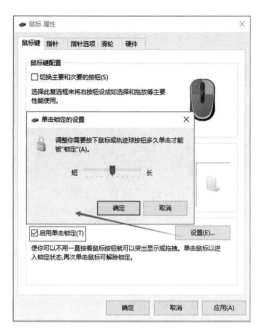

图 2-45 "单击锁定设置"对话框　　　图 2-46 设置鼠标指针方案

3）设置鼠标滑轮

为便于浏览网页，设置鼠标滑轮垂直滚动一次切换一个屏幕，具体步骤如下。

步骤 1：从控制面板打开"鼠标"属性对话框，选择"滑轮"选项卡，如图 2-48 所示。

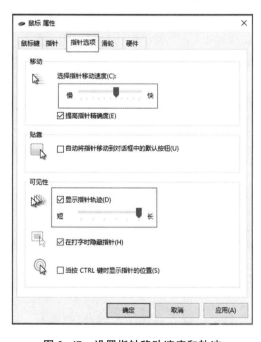
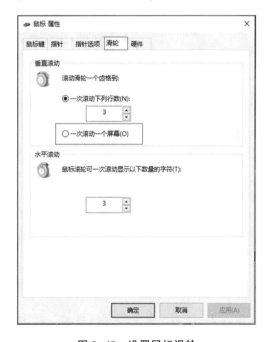

图 2-47 设置指针移动速度和轨迹　　　图 2-48 设置鼠标滑轮

步骤 2：单击"垂直滚动"选项框中"一次滚动一个屏幕"单选按钮，并单击"确定"按钮完成设置。

> **技能加油站**
>
> "水平滚动"设置针对的是具有水平滚动滑轮的四键鼠标。

4. 创建和管理用户账户

Windows 10 系统为多用户操作系统，允许创建多个用户账号，以便多人使用一台计算机。Windows 10 系统为每个用户账号提供独立的工作环境，包括独立的桌面、鼠标设置、网络连接等，这样能有效地保证同一台计算机多个用户之间互不干扰。并通过要求用户账号使用账号密码进行登录、为用户账号赋予不同权限，实现了对计算机资源共享使用的分级管理。

1）创建新账户

在 Windows 10 系统中创建一个"小王"账户，密码为"jsjjc"，具体步骤如下。

步骤1：打开控制面板，切换到"小图标"分类模式，单击"用户账户"功能图标，打开"用户账户"窗口，单击"管理其他账户"文字链接，在打开的"管理账户"窗口中单击"在电脑设置中添加新用户"文字链接，并在打开的"家庭和其他人员"窗口中单击"将其他人添加到这台电脑"选项，如图 2-49 所示。

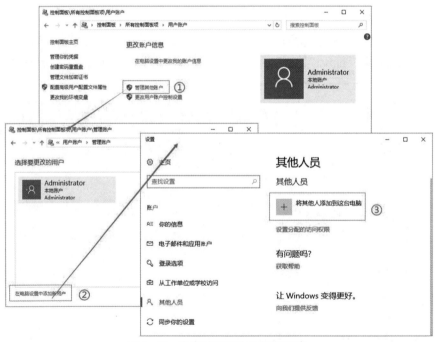

图 2-49 在电脑设置中添加新用户

步骤2：进入"此人将如何登录"界面，这里单击"我没有这个人的登录信息"文字链接，进入"创建账户"界面，单击"添加一个没有 Microsoft 账户的用户"链接，如图 2-50 所示。

步骤3：进入"为这台电脑创建用户"窗口，输入新账户"小王"，密码"jsjjc"和提示语，如图 2-51 所示。

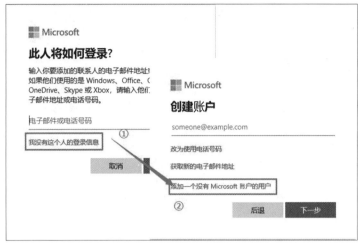

图 2-50　添加一个没有 Microsoft 账户的用户

图 2-51　输入账户名、密码和提示语

步骤 4：单击"下一步"按钮，返回"家庭和其他用户"窗口，即可看到新添加的用户显示在"其他用户"区域下，如图 2-52 所示。这样就为系统创建了带密码的"小王"账户。

2）切换账户

Windows 允许不用关闭程序就能在多个用户间切换。例如，某一用户正在玩游戏，而另一个用户需要打印文档，就不用关闭游戏，直接使用切换账户功能切换到后者账户进行文档打印即可，打印完成后，再切换回前者账户，还可以接着进行游戏。

由 Administrator 账户切换到小王账户的具体步骤如下。

步骤 1：利用 Administrator 登录到 Windows 10 系统。

步骤 2：打开开始菜单，单击其左侧命令按钮中的"用户"按钮，在弹出的子菜单中选择"小王"账户，如图 2-53 所示。

图 2-52　显示创建的用户账户

图 2-53　切换账户

步骤 3：进入用户登录界面，当前登录用户为"小王"，输入密码后进行登录，将由 Administrator 账户切换到小王账户。

2.3.2 "设置"窗口的操作

在 Windows 10 系统中，单击 Windows 控制面板链接后将不再打开经典控制面板，取而代之的将是"设置"窗口。

1. 打开"设置"面板

步骤：打开"开始"菜单，单击菜单左下角的"管理"按钮，如图 2-54 所示，打开"设置"窗口。或者在"此电脑"窗口中，单击菜单栏"计算机"选项卡中的"打开设置"按钮，也可以打开"设置"窗口。

打开设置面板和
删除腾讯 QQ 软件

图 2-54　打开"设置"窗口

2. 卸载或更改程序

计算机中可以安装很多应用程序，在某些时候，用户会删除一些不常用的应用程序，节省磁盘的存储空间。

删除计算机中的腾讯 QQ 应用程序的具体步骤如下。

步骤 1：打开"设置"窗口，单击窗口中的"应用"按钮，打开"应用和功能"设置窗口，如图 2-55 所示。

步骤 2：拖动窗口右侧滚动条，找到"应用和功能"栏目下的应用搜索框，输入"qq"并按<Enter>键，搜索结果列举在搜索框下方。

步骤 3：单击搜索结果中的"腾讯 QQ"列表项，其下方出现"修改"及"卸载"按钮，单击"卸载"按钮即可启动卸载程序。

技能加油站

删除应用程序不能仅仅只是删除该程序的存储文件夹，因为该程序还会有许多配置信息遗留在 Windows 10 系统的各类配置文件中，形成很多配置碎片，这将影响操作系统的运行速度和系统安全。因此，应该使用卸载程序进行应用程序的卸载。

---

3. 打开或关闭 Windows 功能

打开 Windows 10 系统"互联网信息服务"功能的具体步骤如下。

步骤 1：打开"设置"窗口，单击窗口中的"应用"按钮，打开"应用和功能"设置窗口。

图 2-55 卸载应用程序

步骤 2：拖动窗口右侧滚动条，找到"程序和功能"文字链接并单击，在弹出的"程序和功能"窗口中，单击"启用或关闭 Windows 功能"文字链接，打开"Windows 功能"对话框，勾选"Internet Information Services"复选框并单击"确定"按钮，即可打开该功能，如图 2-56 所示。

图 2-56 打开 Windows 功能

技能加油站

关闭 Windows 功能的操作与打开 Windows 功能的操作基本一致,只是在对"Windows 功能"对话框操作时,打开功能是勾选功能项,关闭功能是取消功能项的勾选。

4. 安装打印机和传真

安装打印机驱动程序前应先将设备与计算机主机连接,然后进行驱动程序的安装。当安装其他外部计算机设备时也可参考安装打印机驱动程序的方法进行。

连接 HP MFP M227fdw 打印机并安装该打印机驱动程序的具体步骤如下。

步骤 1:将打印机数据线的 USB 接口(不同的打印机有不同类型的接口,可参见打印机使用说明书)插入主机箱的 USB 插口中,另一端与打印机接口相连,如图 2-57 所示,然后接通打印机的电源。

(a)　　　　　　　　　　　　　　　　(b)

图 2-57　连接数据线

(a)连接主机;(b)连接打印机

步骤 2:打开"控制面板"窗口,单击"查看设备和打印机"文字链接,打开"设备和打印机"窗口,如图 2-58 所示。

步骤 3:单击"添加打印机"按钮,系统自动识别连接到这台计算机的打印机,在"选择要添加到这台电脑的设备或打印机"列表中选择要添加的打印机,然后单击"下一步"按钮,系统开始安装驱动程序,并显示安装进度。

步骤 4:安装完毕,进入如图 2-59 所示的界面。单击"打印测试页"按钮,可测试打印机驱动程序安装是否完好。单击"完成"按钮,完成打印机驱动程序的安装。

步骤 5:此时,在"控制面板"的"设备和打印机"窗口可看到添加的打印机。

步骤 6:单击右键打印机,在弹出的快捷菜单中将该打印机设置为默认的打印机。

图 2-58 打开"设备和打印机"窗口

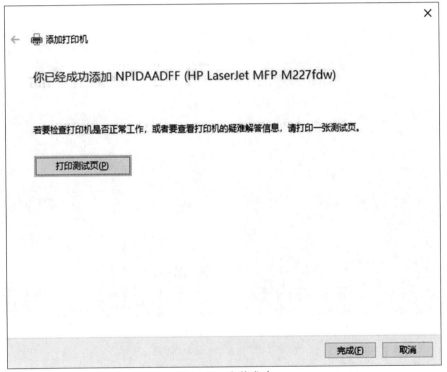

图 2-59 安装成功

任务 2.4 使用 Windows 10 系统的小工具

【任务工单】

任务名称	使用 Windows 10 系统的小工具				
组　　别		成　　员		小组成绩	
学生姓名				个人成绩	
任务情境	小王接到公司经理安排的一项工作，要制作一个庆祝建党 100 周年的海报。小王决定使用 Windows 自带的小工具来完成这项工作，首先用记事本编辑好《沁园春·长沙》的文字，使用画图工具制作 "中国梦" 的图形，再将《沁园春·长沙》的文字复制到 "中国梦" 的图形中，完成海报制作。在制作的时候，小王还将自己的制作过程用步骤记录器自动生成了制作教程，用来对实习生小张和小李进行培训。 　　工作了一段时间后，在工作过程中，小王还会使用 Windows 10 系统的画图工具进行简单的图片处理，利用记事本进行简单的文本编辑，使用截图工具截取屏幕图片，并慢慢掌握分屏、录制屏幕等 Windows 10 系统的使用小技巧				
任务目标	使用 Windows 系统自带的小工具制作庆祝建党 100 周年的海报，并将制作过程记录为制作教程				
任务要求	（1）用记事本编辑好《沁园春·长沙》的文字，将标题居中，字体设置为 "华文行楷" "小二号" （2）应用 Windows 10 系统的画图工具，制作 "中国梦" 文字图形 （3）将窗口分屏放置记事本及画图工具，将记事本的文字粘贴到画图工具中 （4）使用步骤记录器录制海报制作过程，并保存为教程文件				
知识链接					
计划决策					
任务实施	（1）打开 "步骤记录器" 工具，并启动录制，请列出具体步骤 （2）用记事本编辑好《沁园春·长沙》的文字，将标题居中，字体设置为 "华文行楷" "小二号"，请列出具体步骤				

任务实施	（3）应用 Windows 10 系统的画图工具，制作"中国梦"文字图形，请列出具体步骤 （4）将窗口分屏放置记事本及画图工具，将记事本的文字粘贴到画图工具中，请列出具体步骤 （5）结束"步骤记录器"的录制，并保存为教程文件，请列出具体步骤
检　　查	
实施总结	
小组评价	
任务点评	

2.4.1 常用小工具操作

1. 画图工具

画图是一个简单的图像绘画程序,是 Windows 操作系统的预装软件之一。"画图"程序是一个位图编辑器,可以对各种位图格式的图画进行编辑,用户可以自己绘制图画,也可以对扫描的图片进行编辑修改,在编辑完成后,可以以 BMP、JPG、GIF 等格式存档,用户还可以发送到桌面或其他文档中。

画图工具

利用 Windows 10 系统的画图工具制作"中国梦"文字图形。

步骤 1:打开开始菜单,选择"Windows 附件"→"画图",如图 2-60 所示,打开画图应用程序窗口。

步骤 2:选择"主页"选项卡菜单"工具"中的文字按钮,并在"颜色"框中选择红色后,将光标移动到画布的中心偏下,单击出现文字输入框后输入文字"中国梦"。

步骤 3:选择"主页"选项卡菜单"形状"中的云形后,将光标移动到文字"中国梦"的右上角,按住左键进行拖曳,绘制一个云形图形,如图 2-61 所示。

图 2-60 打开"画图"程序

图 2-61 制作"中国梦"文字图形

步骤 4:选择"文件"菜单中的"保存"命令,在弹出的保存对话框中选择保存地址和保存文件名后将制作的文字图形保存在计算机中。

2. 计算器

Windows 系统自带计算器,其功能已经非常完整,包含标准、科学、程序员 3 种模式,不同的模式针对不同人群计算的需要。除了 3 种模式之外,

计算器

还有"换算器",可以进行各种单位的换算。

使用 Windows 10 系统计算器将十进制数"100"换算成二进制、八进制及十六进制,具体步骤如下。

步骤 1:在开始菜单中选择应用列表中的"计算器",打开计算器应用程序,如图 2-62 所示。

步骤 2:"计算器"程序默认打开的是其"标准"模式,单击"计算器"窗口左上角"打开导航"按钮,在弹出的导航中选择"程序员"选项,如图 2-63 所示。

图 2-62 打开计算器程序

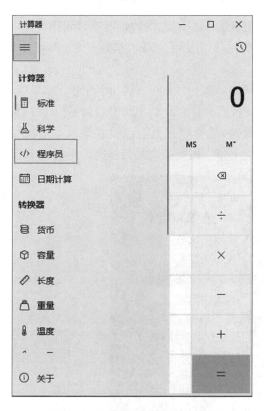

图 2-63 转换为"程序员"模式

步骤 3:在打开的"程序员"模式计算器中直接输入十进制数 100,即可直接换算成二进制、八进制及十六进制,如图 2-64 所示。

3. 记事本

Windows 10 系统提供"记事本"作为简易文本编辑应用程序。"记事本"是一个用于编辑纯文本文件的编辑器,除了可以设置字体格式外,基本不具备其他的格式处理能力。但是因为记事本的功能简单,运行速度快,产生的文件占用空间小,所以在对格式要求不高的情况下,"记事本"是一种很实用的文本编辑工具。

用 Windows 10 系统的"记事本"工具,输入《沁园春·长沙》,并将标题居中,字体设置为"华文行楷""小二号",其具体步骤如下。

步骤 1:打开开始菜单,单击应用列表中的"Windows 附件"菜单项展开下一级菜单,并单击其中的"记事本"菜单,如图 2-65 所示。

项目二 Windows 10 系统的使用

图 2-64 使用计算机进行进制转化

图 2-65 打开"记事本"程序

步骤 2："记事本"应用程序启动，并默认打开一个无标题文档，将光标移动到窗口编辑区，输入《沁园春·长沙》的文字，按<Space>键将标题居中，单击"格式"菜单中的"字体"命令，将字体设置为"华文行楷""小二号"，如图 2-66 所示。

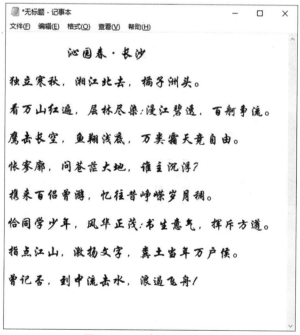

图 2-66 记事本字体设置

步骤3：选择"文件"菜单中的"保存"命令，在弹出的保存对话框中选择保存地址和保存文件名后将文档保存在计算机中。

4. 截图工具

Windows 10 系统自带截图工具，有任意格式截图、矩形截图、窗口截图、全屏幕截图4种截图模式。

使用 Windows 10 系统"截图工具"对 www.jxjtxy.edu.cn 的主页进行截屏的具体步骤如下。

截图工具

步骤1：选择开始菜单"Windows 附件"子菜单的"截图工具"菜单项。

步骤2：在打开的截图工具窗口中，选择"模式"菜单中的"矩形截图"模式。并在浏览器中打开 www.jxjtxy.edu.cn 的主页。

步骤3：将光标移动到浏览器最左上角，按住左键拖曳到浏览器右下角，松开鼠标后完成截图，截图内容显示在截图工具中，如图 2-67 所示，用户还可以使用截图工具提供的图片工具对图片进行简单编辑。

图 2-67 利用"截图工具"截图

> **技能加油站**
>
> 也可在选择截图工具"窗口截图"模式后，直接单击浏览器窗口。同时，使用 <Print Screen> 键可以全屏截图，使用 <Alt+Print Screen> 组合键可截取当前活动窗口的图片。

2.4.2 常用操作小技巧

1. 窗口分屏操作

在某些时候，用户能同时对多个窗口进行操作，如两个文档的比对、同时关注多个应用的显示等，这个时候就需要自动窗口分屏。Windows 10 系统对窗口分屏有很好的支持，允许用户在屏幕区域放置多个窗口，即当你需要将一个窗口快速缩放至屏幕1/2尺寸时，只需将它直接拖曳到屏幕两边即可。

使用窗口分屏，将记事本中的《沁园春·长沙》文字复制到画图工具的"中国梦"文字图形中的具体步骤如下。

步骤1：在画图工具中打开"中国梦"文字图形，记事本中打开《沁园春·长沙》的文档的具体步骤如下。

步骤2：单击按住画图工具标题栏不放，拖曳窗口到电脑屏幕的左边（直到光标碰触屏幕左边线为止），当光标出现光圈、窗口出现半透明的左边半屏幕排列虚化效果后，放开左键。

步骤3：画图工具窗口居左边半屏幕排列，右边半屏幕出现了当前其他窗口的缩略图，如图2-68所示。单击其中的记事本工具，完成窗口分屏操作，其中，画图工具窗口显示在左半屏、记事本窗口显示在右半屏。

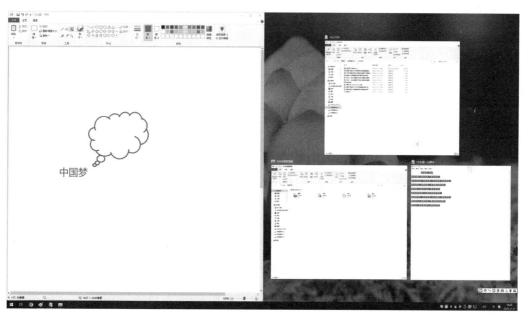

图 2-68 窗口分屏

步骤4：光标移动到记事本窗口中，按<Ctrl+A>组合键选中全部文字，按<Ctrl+C>组合键进行复制；再将光标移动到画图工具中，选择"主页"选项卡菜单"工具"中的文字按钮 **A**，在"颜色"框中选择红色，并单击画布后，使用<Ctrl+V>组合键进行粘贴，如图2-69所示。

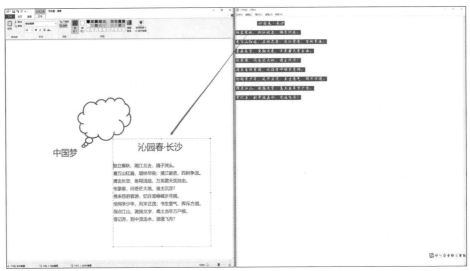

图 2-69　窗口分屏后的操作

> **技能加油站**
>
> Windows 10 系统的窗口分屏支持快捷键操作方式，用户除了用鼠标拖放应用窗口到不同的屏幕边缘位置，来实现分屏显示，系统还支持键盘快捷键的操作方式。
>
> ➢ 同时按住<Win + ←/→>组合键可以使当前窗口缩至一半窗口显示，也可调动左右位置。
>
> ➢ 在上一步的基础上，同时按住<Win + ↑/↓>组合键，能实现右上角四分一窗口显示。

2. 制作操作步骤记录

在 Windows 10 系统中有一个步骤记录器工具，可以自动记录所有的操作内容自动生成的图片及操作说明。

记录上述的操作步骤，形成操作记录文件，具体步骤如下。

步骤 1：打开"开始"菜单，单击"Windows 附件"中"步骤记录器"，如图 2-70 所示。

步骤 2：打开"步骤记录器"窗口，单击"开始记录"按钮，然后按照上例的操作步骤完成制作《沁园春·长沙》文字图形，"步骤记录器"将自动记录操作步骤。当记录完毕后，单击"停止记录"按钮，记录操作过程结束，自动生成图文并茂的操作过程记录文件，并显示在"步骤记录器"窗口中，如图 2-71 所示。

步骤 3：单击"保存"按钮，将步骤记录保存为操作记录文件。

> **技能加油站**
>
> 按下<Win+R>组合键，打开"运行"对话框，在"打开"文本框中输入"psr.exe"并按<Enter>键，可打开"步骤记录器"程序。

项目二　Windows 10 系统的使用

图 2-70　打开步骤记录器

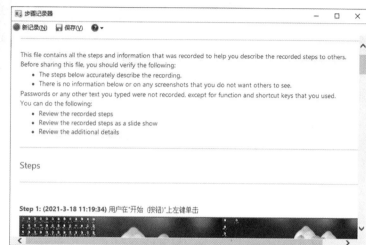

图 2-71　操作记录文件

3. Windows 10 系统虚拟桌面

在 Windows 10 系统中每个虚拟桌面都可以当成一个独立的工作空间，在各个虚拟桌面中可以开启不同的程序，可以不用担心窗口桌面的混乱。这样可以让工作变得有序起来。

步骤 1：在 Windows 10 的操作系统桌面中，单击右键 Windows 10 系统的任务栏，确认"显示'任务视图'按钮"已经被勾选，如图 2-72 所示。

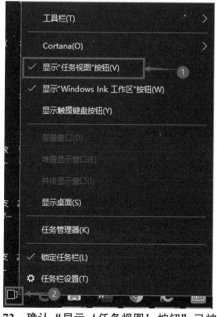

图 2-72　确认"显示'任务视图'按钮"已被勾选

步骤 2：单击该"任务视图"图标 ，单击"新建桌面"新建"桌面 2""桌面 3"，单击"任务视图"图标，并单击"桌面 1""桌面 2""桌面 3"缩略图，即可切换虚拟桌面，如图 2-73 所示。

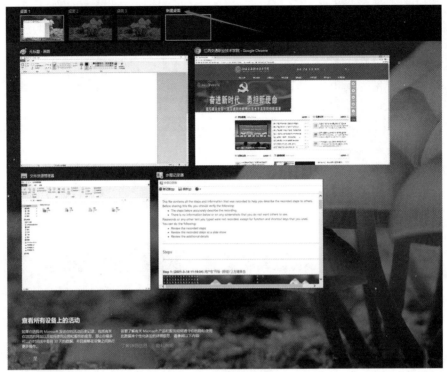

图 2-73　新建桌面

步骤 3：在"桌面 2"中打开画图工具，并编辑"中国梦"文字图形；在"桌面 3"中打开记事本，输入《沁园春·长沙》的文字，发现每个桌面上显示的活动窗口都不一样。

步骤 4：如果需要关闭虚拟桌面，只需单击"任务视图"选择需要关闭的虚拟桌面窗口的 ⊠ 关闭虚拟桌面。

> **技能加油站**
>
> 　　我们也可以使用快捷键来简化相关的操作，新建虚拟桌面（按<Win+Ctrl+D>组合键）、切换虚拟桌面（按<Win+Ctrl+左/右方向键>组合键）、关闭虚拟桌面（切换到要关闭的虚拟桌面并按<Win+Ctrl+F4>组合键）、打开切换桌面/任务缩略图窗口（按<Win+Tab>组合键）。

4. 一键恢复误关闭的网页

随着多页面浏览器的流行，我们经常会在桌面上打开一大堆网页窗口，一不留神会把原本需要的页面也给关了。Windows 10 系统早就给我们内置好了一个非常好用的<Ctrl+Shift+T>组合键，当你发现那个很有用的网页被自己误关闭之后，使用该组合键，就能恢复关闭的网页。

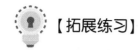【拓展练习】

1. 启动 Windows 10 系统，为自己新建一个工作账号"worker"，登录该账号后，设置电脑工作环境。

（1）查看计算机名和工作组。

（2）设置电脑分辨率为 1280×960。

（3）设置桌面图标为仅显示计算机、控制面板、网络。

（4）将桌面主题设置为"鲜花"。

（5）将桌面背景图片设置为"建党 100 周年"图片。

（6）取消系统时间与时间服务器同步，并将系统时间调快 1 天 1 小时。

（7）设置鼠标双击速度为第 9 挡、移动速度为第 9 挡，鼠标指针方案为"Windows 反转（系统方案）"、滑轮一次垂直滚动 4 行，并取消显示指针轨迹。

（8）卸载系统中的 QQ，并关闭系统的"互联网信息服务"功能。

请列出具体的操作步骤。

2. 制作"庆祝建党 100 周年"文字图形。

（1）打开记事本，输入一个党史小故事，并结合当前我国操作系统的现状，撰写简短的心得体会，并保存为"党史故事.txt"文件。

（2）打开画图工具，制作一幅庆祝建党 100 周年的图形，并保存为"庆祝建党 100 周年图形.jpg"文件。

（3）将记事本中的文字粘贴到画图工具制作的图形中，制作"庆祝建党 100 周年"文字图形，并保存为"庆祝建党 100 周年文字图形.jpg"。

（4）将以上制作过程记录下来形成操作教程文件，并保存为"制作教程.zip"文件。

请列出具体的操作步骤。

3. 整理制作"庆祝建党 100 周年"主题文字图形的文件。

（1）在 D 盘建立"庆祝建党 100 周年"文件夹，并为该文件夹设置桌面快捷方式。

（2）将"党史故事.txt""庆祝建党 100 周年图形.jpg""庆祝建党 100 周年文字图形.jpg" 3 个文件移动到"庆祝建党 100 周年"文件夹中。

（3）在"庆祝建党 100 周年"文件夹中新建子文件夹"过程文件备份"，并将"党史故事.txt""庆祝建党 100 周年图形.jpg" 2 个文件移入子文件夹。

（4）将子文件夹"过程文件备份"隐藏起来。

请列出具体的操作步骤。

项目三 Word 2016 的使用

【项目概述】

公司为隆重庆祝党的百年华诞,准备开展"喜迎中国共产党建党 100 周年"优秀作品征集活动,且由小王组织。小王为了更好地完成本项目,利用 Word 2016 来进行优秀作品征集活动的通知制作、附件报名表格的设计、投稿作品的排版、获奖证书的制作与打印和作品集的排版。

【项目目标】

➢ 熟悉 Word 2016 的基本概念,Word 2016 的基本功能、运行环境、启动和退出。
➢ 掌握文档的创建、打开、输入、保存、关闭等基本操作。
➢ 掌握文本的选定、插入与删除、复制与移动、查找与替换等基本编辑技术。
➢ 掌握字体格式设置、文本效果修饰、段落格式设置、文档页面设置、文档背景设置、调整页面布局等基本排版技术。
➢ 掌握文档的分栏、分页和分节操作,应用文档样式和主题,文档页眉、页脚的设置,文档内容引用操作,文档的审阅和修订。
➢ 掌握表格的创建、修改和修饰,表格中数据的输入与编辑,数据的排序和计算。
➢ 掌握利用邮件合并功能批量制作和处理文档。

【技能地图】

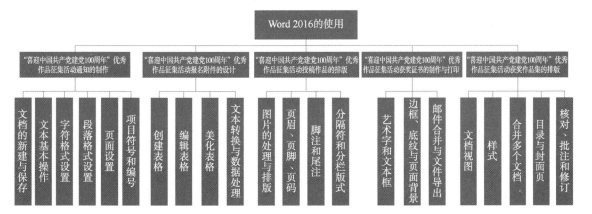

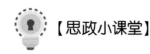【思政小课堂】

奋斗百年路　开启新征程

2021年是中国共产党成立100周年。100年风雨兼程，说不尽的坎坷沧桑；100年风云巨变，道不完的伟业辉煌！如今我们的祖国在党的领导下，如一条巨龙傲然屹立在世界的东方。展开百年波澜壮阔画卷，为人民利益不懈奋斗是鲜明底色；回望艰辛创业历程，栉风沐雨、披荆斩棘，初心历久弥坚。

在中国共产党梦想起航的浙江嘉兴南湖，习近平总书记告诫全党："只有不忘初心、牢记使命、永远奋斗，才能让中国共产党永远年轻。"回望过去，一个政党的成长和一个民族的振兴紧密相连。为了改变人民群众受压迫受欺凌的状况，中国共产党人前仆后继、浴血奋战；为了改变人民群众一贫如洗的状况，中国共产党人在新中国的广阔天地忘我劳动、艰苦创业；为了让人民群众的日子一天天好起来，中国共产党人开拓奋进、锐意创新。中国共产党始终与人民心心相印、与人民同甘共苦、与人民团结奋斗。

井冈山的红米饭，滋养了革命的星星之火；人民的手推车，推出了淮海战役的胜利；小岗村的手印，见证了党和人民的艰辛探索；深圳从小渔村发展成为国际大都市，是人民干出来的；率先控制新冠肺炎疫情、率先复工复产、率先实现经济正增长，靠的是坚固的人民防线……

100年来，中国共产党为人民美好生活而奋斗的脚步从未停歇。从"人民日益增长的物质文化需要"到"人民日益增长的美好生活需要"，伴随经济社会发展，我们党科学分析人民诉求，着眼于人的全面发展、社会全面进步，适时提出更好满足人民需要的奋斗目标。我们党以共同富裕为目标，努力让发展成果转化为人民群众的获得感、幸福感、安全感，转化为人民群众看得见、摸得着的实惠。100年来，中国共产党敢为人先、坚定执着，用心为人民勾勒出美好愿景，用行动践行对祖国和人民的承诺。这一路，脚踏实地，究其原因是中国共产党清醒地认识到，只有想干事、能干事、干成事，才能成为一个合格的政党，才能实现自身的价值，才能为人民群众谋更多福祉。

2021年是中国共产党成立100周年，也是我国"十四五"规划开局之年。站在"两个一百年"奋斗目标的历史交汇点上，既要充满信心，也要居安思危。要胸怀中华民族伟大复兴战略全局和世界百年未有之大变局，牢牢把握"国之大者"，锚定党中央擘画的宏伟蓝图，观大势、谋全局、抓大事，坚持底线思维，保持战略定力，勇于担当作为。

征途漫漫，唯有奋斗。我们通过奋斗，披荆斩棘，走过了万水千山，我们还要继续奋斗，勇往直前，创造更加灿烂的辉煌。

任务 3.1 "喜迎中国共产党建党 100 周年"优秀作品征集活动通知的制作

【任务工单】

任务名称	"喜迎中国共产党建党 100 周年"优秀作品征集活动通知的制作				
组　　别		成　员		小组成绩	
学生姓名				个人成绩	
任务情境	公司为隆重庆祝党的百年华诞，准备开展"喜迎中国共产党建党 100 周年"优秀作品征集活动，且由小王组织。小王决定利用 Word 2016 草拟通知，先创建空白文档，并以"'喜迎中国共产党建党 100 周年'优秀作品征集活动的通知.docx"为文件名保存在 D 盘"工作文件夹"中。再输入通知的所有文本内容，完成字符格式和段落格式的设置、页面设置后进行打印				
任务目标	制作"喜迎中国共产党建党 100 周年"优秀作品征集活动通知				
任务要求	（1）启动 Word 2016 应用软件，进入 Word 2016 工作环境 （2）创建空白文档，并将其保存为"'喜迎中国共产党建党 100 周年'优秀作品征集活动通知.docx" （3）在文档中输入文字 （4）对文档进行字体格式设置 （5）对文档进行段落格式设置 （6）设置文档所用纸张为 A4 纸、纵向，页边距为常规				
知识链接					
计划决策					
任务实施	（1）启动 Word 2016 软件，进入 Word 2016 工作环境，列出具体步骤 （2）创建并保存"'喜迎中国共产党建党 100 周年'优秀作品征集活动通知.docx"，列出具体步骤				

任务实施	(3) 输入通知内容（一、二、三和1、2、3均为编号），列出具体步骤 (4) 标题字体设置为宋体、小二、加粗，自定义颜色为 R12、G102、B173，字符间距加宽 1.5 磅，列出具体步骤 (5) 正文字体设置为中文仿宋、西文 Arial、四号，字体颜色为自动，列出具体步骤 (6) 标题段落设置为段前段后各 0.5 行、居中，列出具体步骤 (7) 正文段落设置为首行缩进 2 字符、1.5 倍行距，列出具体步骤 (8) 页面设置为纵向、A4 纸、页边距常规、装订线靠左 1 cm，列出具体步骤
检 查	
实施总结	
小组评价	
任务点评	

【颗粒化技能点】

3.1.1 Word 2016 的工作界面

Word 2016 启动

1. Word 2016 的工作界面

启动 Word 2016 后，即可进入其工作界面。Word 2016 的工作界面如图 3-1 所示。该界面主要由标题栏、功能区、文档编辑区和状态栏组成。下面将简要介绍各个组成部分的含义及使用方法。

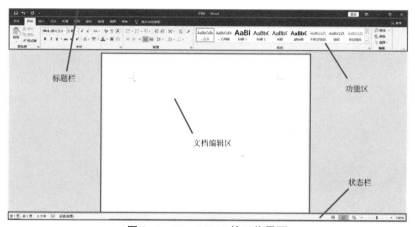

图 3-1 Word 2016 的工作界面

1）标题栏

标题栏位于窗口的最上方，从左到右依次为快速访问工具栏 ■ ■ ○、当前正在编辑的文档名称和程序名称 文档1 - Word 、功能区显示选项按钮 ■ 和窗口控制按钮 ─ □ ×。其中，快速访问工具栏用于显示常用的工具按钮，默认显示的按钮有"保存""撤销"和"恢复"，还可以根据用户要求自定义快速工具按钮，单击这些按钮就可执行相应的操作。窗口控制按钮从左至右依次为"最小化"按钮、"最大化/还原"按钮和"关闭"按钮，单击这些按钮就可执行相应的操作。

2）功能区

功能区位于标题栏的下方，默认由"文件""开始""插入""设计""布局""引用""邮件""审阅""视图"和"帮助"10 个选项卡组成，单击某个选项卡可将其展开。此外，当在文档中选中表格、图片、艺术字或文本框等对象时，功能区中会显示与所选对象相关的选项卡。例如，在文档中选中表格后，功能区中就会显示"表格工具/设计、布局"选项卡。

显示或隐藏功能区

每个选项卡由多个组组成。例如，"开始"选项卡由"剪贴板""字体""段落""样式"和"编辑"5 个组组成，每个组中有大量的命令按钮和图示。有些组的右下角有一个"功能扩展"按钮 ☑，将鼠标指向该按钮时可预览相应的对话框或窗格，单击该按钮可打开对应的对话框或窗格。

3) 文档编辑区

文档编辑区位于窗口中央,默认显示白色,是编辑和制作文档的工作区域,该区域会显示文档的当前效果。当文档内容超出窗口的显示范围时,编辑区右侧和底端会分别显示垂直与水平滚动条,拖动滚动条中的滚动块,或单击滚动条两端的三角按钮,编辑区中显示的内容会随之滚动,从而可查看其他未显示出来的内容。

4) 状态栏

位于窗口底端,用于显示当前文档的页码、字数、语法检查、语言等状态信息。状态栏的右侧有"视图切换"按钮和"显示比例调节"工具。其中"视图切换"按钮提供阅读视图、页面视图和 Web 版式 3 种视图,可切换至任一视图模式来查看当前文档。

3.1.2 Word 文档的新建与保存

制作《喜迎中国共产党建党 100 周年优秀作品征集活动的通知》，必须要创建一个文档作为文本、图片的载体。

1. 新建空白文档

新建空白文档主要有以下 3 种方法。

方法 1：启动 Word 2016，在 Word 初始界面单击"空白文档"图标。

方法 2：启动 Word 2016 后，单击"文件"功能区的"新建"选项卡，选择"空白文档"图标。

方法 3：单击"快速访问工具栏"的"新建空白文档"按钮或使用<Ctrl+N>组合键。

2. 使用模板创建文档

使用 Word 2016 中的模板创建获奖证书文档的步骤如下。

步骤 1：单击"文件"功能区，在 Word 2016 的初始界面，单击"空白文档"右侧的其他模板文档。

步骤 2：若已有的模板不符合要求，可单击右下角的"更多模板"，或单击左侧的"新建"选项卡，单击页面下方的各类模板图标或通过搜索联机模板找到模板文档，在弹出的对话框中单击"创建"按钮，系统会自动进行下载并打开，如图 3-2 所示。

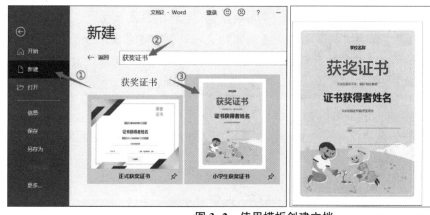

图 3-2 使用模板创建文档

3. 保存文档

用户正在使用或修改的文档一般保存在计算机的内存中，如果不保存到外存储器中，就不能被再次使用，因此应养成及时保存文档的好习惯。保存 Word 文档时其默认的文件扩展名为 .docx。在 Word 2016，保存的文档主要有 3 种形式：未保存过的文档、已保存过的文档、需要更改名称、格式或存放路径的文档。

将新建文档以文件名"喜迎中国共产党建党 100 周年作品征集通知.docx"保存在 D 盘"Word 文档资料"文件夹下的具体步骤如下。

步骤 1：单击"快速访问工具栏"上的"保存"按钮，或单击"文件"功能区的"保存"或"另存为"命令，或使用<Ctrl+S>组合键，打开"另存为"对话框。

步骤 2：单击"浏览"按钮，在弹出的"另存为"对话框中，设置文件名、文件类型和存放路径后单击"保存"按钮，如图 3-3 所示。

图 3-3 文件保存

> **技能加油站**
>
> 第 1 次保存新建文档时,无论单击"保存"按钮或执行"另存为"命令,都将打开"另存为"界面。对于之前已经设置过文件名、文件类型和保存地址的文档,修改后还以原文件名保存在原地址,称之为更新保存。使用快捷键"Ctrl+S"或单击"保存"按钮都可以完成更新保存。更名保存文档是指将当前编辑的文档以新文件名或新地址保存,原文件和新文件作为两个独立的文件分别保存。更名保存需要打开"另存为"对话框,重新确定文件的名称、文件类型和存放路径后,单击"保存"按钮。

4. 设置文档自动保存时间间隔

Word 默认每 10 分钟自动保存一次文档,如果希望调整自动保存的时间间隔,可对其进行个性化设置。

将文档自动保存时间间隔修改为 15 分钟的具体步骤如下。

步骤 1:打开"Word 选项"对话框,"保存"选项卡界面。

步骤 2:在"保存文档"栏中,"保存自动恢复信息时间间隔"复选框设置为勾选状态,设置自动保存的时间间隔,例如调整为"15",然后单击"确定"按钮。

5. 保护文档

Word 2016 提供了文档保护方法,其中较实用的有两种:一种是通过密码来保护文档,另一种是通过限制修改文档的格式来保护文档。

1) 创建和取消打开文档密码

创建打开文件密码为"123",随后取消打开文件密码。

步骤 1:打开要加密的文档,在"文件"功能区"信息"选项下,单击"保护文档"按钮,在弹出菜单中选择"用密码进行加密"命令,如图 3-4 所示。

创建和取消打开文档密码

步骤 2:在"加密文档"对话框的"密码"文本框中输入密码"123",单击"确定"后再次输入相同密码,最后单击"确定"关闭对话框。

步骤 3:返回并保存文档即可完成对文档打开密码的设置。再次打开该文件时需要输入

项目三　Word 2016 的使用

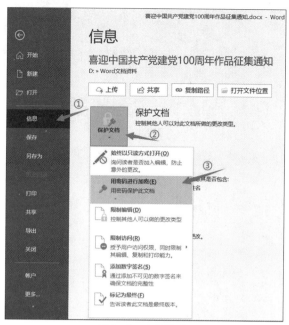

图 3-4　文档加密

密码进行验证。

步骤 4：取消文档打开密码，只需再次打开加密文档对话框，并清除"密码"文本框中的内容即可。

2）创建和取消修改文档密码

创建修改文件密码为"123456"，随后取消修改文件密码。

步骤 1：打开要加密的文档，在窗口选择"限制编辑"命令，也可以单击"审阅"功能区的"保护"组内的"限制编辑"按钮，出现"限制编辑"对话框。

创建和取消修改文档密码

步骤 2：可在对话框对文档进行格式化限制、编辑限制，设置完成后单击"是，启动强制保护"按钮，在弹出的对话框中输入修改密码"123456"，即可进入限制编辑状态。

步骤 3：若要退出限制编辑状态，可重新打开"限制编辑"对话框，单击其下方的"停止保护"按钮，在弹出的对话框内输入修改文档密码"123456"，文档返回正常编辑状态。

【思政小课堂】

在全党开展党史学习教育，就是要教育引导全党以史为镜、以史明志，了解党团结带领人民为中华民族做出的伟大贡献和根本成就，认清当代中国所处的历史方位，增强历史自觉，把苦难辉煌的过去、日新月异的现在、光明宏大的未来贯通起来，在乱云飞渡中把牢正确方向，在风险挑战面前砥砺胆识，激发为实现中华民族伟大复兴而奋斗的信心和动力，风雨无阻，坚毅前行，开创属于我们这一代人的历史伟业。

——习近平总书记 2021 年 2 月 20 日在党史学习教育动员大会上的讲话

3.1.3 字符输入

1. 定位插入点

文本的输入非常简便，只要会使用键盘打字，就可以在文档的编辑区域输入文本内容。文本输入的位置是由插入点控制的，在编辑区中不停闪烁的垂直光标"｜"就是插入点。在有文本的文档中确定插入点，有以下 3 种方法。

方法 1：鼠标指针指向需要插入字符的位置，鼠标光标呈"｜"形状时单击。

方法 2：单击键盘上的光标移动键（↑、↓、→或←），插入点将向相应的方向移动。

方法 3：单击键盘上的<Home>或<End>键，光标插入点移动至当前行的行首或行末。

2. 输入特殊符号

如要插入键盘上没有的符号或特殊字符，可以在"插入"功能区"符号"组选择"符号"命令。

输入特殊符号

在文档中插入符号"☑"的具体步骤如下。

步骤 1：单击"插入"选项卡中"符号"组的"符号"图标，在弹出的下拉列表中单击"其他符号"命令。

步骤 2：在显示的"符号"对话框中选择"符号"选项卡，在"字体"下拉列表框中选择所需要的字体为"Wingdings 2"，选择符号"☑"并单击"插入"按钮。选择"特殊字符"选项卡，可以插入特殊字符、查看相应的快捷键，用户可以直接使用快捷键进行特殊字符的插入。

步骤 3：单击"关闭"按钮即可关闭"符号"对话框，可以看到指定的符号已经插入文本指定位置。

技能加油站

在插入点位置单击右键，在弹出的快捷菜单中选择"插入"符号命令，即可打开"符号"对话框，常用的符号基本存在于"Wingdings""Wingdings 2"和"Wingdings 3"字体集中。

---

3. 文本输入的插入与改写

字符输入有改写和插入两种方式。改写方式下，用户输入的内容将会逐字替代原有字符；插入方式下，则将用户输入的内容插入，原有内容后移。改写和插入方式的调整方法有以下两种。

方法 1：单击右键状态栏，在弹出的快捷菜单中选中"改写"命令，此时状态栏上会显示当前字符输入的状态，通过单击该状态即可实现插入与改写的转换。

方法 2：在 Word 2016 工作界面单击"文件"选项卡，单击"选项"命令，在打开的"Word 选项"对话框中切换到"高级"选项卡，勾选"用 Insert 键控制改写模式"，设置完成后单击"确定"按钮保存并退出后，即可通过键盘上的<Insert>键实现插入与改写的转换。

4. 自动更正

文档中输入中文时，经常会遇到一些使用频率高、输入复杂的文字、图形或符号，此时可以使用自动更正功能来自动替换词语，提高输入效率。同时，"自动更正"功能还能自动检测并更正键入错误、误拼的单词、语法错误和错误的大小写。

将"迎百年"自动更正为"喜迎中国共产党建党 100 周年"的具体步骤如下。

步骤 1：在 Word 2016 工作界面单击"文件"选项卡，在左侧窗格中单击"选项"命令。

步骤 2：在"Word 选项"对话框中，切换到"校对"选项卡，单击"自动更正选项"按钮。

步骤 3："Word 选项"对话框中单击"自动更正选项"按钮，出现"自动更正"对话框。在"替换"文本框内输入"迎百年"，在"替换为"文本框内输入"喜迎中国共产党建党 100 周年"，单击"添加按钮"即可。用户还可根据需求勾选或清除相关命令选项前的复选框。

> **技能加油站**
>
> 如果内置"自动更正"词条列表中不包含所需的更正项，则可添加或编辑"自动更正"词条。若需用"自动更正"词条更正拼写错误，Word 2016 提供了在拼写检查过程中快速添加此类词条的方法。
>
> 如果要修改或删除"自动更正"词条，在所示的对话框的"替换"框内输入要修改或删除的词条，也可以在"替换"框下方的列表中选择要修改或删除的词条。

5. 输入数学公式

在编辑数学类的专业文档时经常要输入数学公式，如果直接输入难度较大，也较容易出错。Word 2016 内置了多种公式样式，可以方便地进行数学公式的录入。

输入数学公式

输入数学公式 $\int \dfrac{\mathrm{d}x}{\sqrt{x^2 \pm a^2}} = \ln(x + \sqrt{x^2 \pm a^2}) + C$，其具体步骤如下。

步骤 1：单击"插入"选项卡中"符号"组的"公式"图标，在弹出列表中单击"插入新公式"命令。

步骤 2：此时编辑区域内会显示一个公式的文本框，同时功能区切换至"公式工具/设计"选项卡。单击"结构"组中"积分"下的子类型▢，并在虚线框内插入分式结构，在上虚线框内输入"dx"，在下虚线框内依次插入根式结构、上下标结构等，并在相关虚线框内输入字符或从"符号"组中选择符号进行插入，直至公式全部编辑完成。

> **技能加油站**
>
> 公式输入完成后，用户不仅可以对公式进行修改，还可根据需要对公式所在的文本框进行边框和底纹的编辑。

3.1.4 文本基本操作

文本的基本操作包括选定、删除、复制、剪切、粘贴、查找和替换文本等内容。

1. 选定文本

在对文档中的文本进行编辑前，必须先选定编辑对象，以下是常用的选定文本的方法。

方法 1：用鼠标拖动方法选取文本。将鼠标指针移到要选定文本的开始位置处，按住左键不放，拖动鼠标到要选定文本的结束位置处，使要选定的内容突出显示（即带底色显示），然后松开左键。

方法 2：使用 Word 文本选择区选定文本。将指针移到 Word 文本的左侧空白区域，直到指针变成"↗"箭头，然后向下或向上拖动鼠标，就会有多行文字被选定。

方法 3：使用"开始"功能区"编辑"组中的"选择/全选"命令选定整篇文档内容。

方法 4：使用组合键可以实现快速选定不同范围的文本，如表 3-1 所示。

表 3-1　选定文本的组合键及功能

快捷键	功能
\<Ctrl+A\>	选择整篇文档
\<Shift+↑/↓\>	向上/向下选中一行
\<Shift+←/→\>	向左/向右选中一个字符
\<Shift+Home/End\>	从插入点到行首/行尾
\<Ctrl+Shift+↑/↓\>	从插入点到段落开头/段落结尾
\<Ctrl+Shift+←/→\>	从插入点到英文单词（字词）词首/词尾
\<Ctrl+Shift+Home/End\>	选择光标所在处至文档开始处/结束处的文本

方法 5：使用\<F8\>键进行扩展选定。先将插入点定位在要选定文本的起点，按\<F8\>键进入扩展选定状态。使用鼠标或键盘将插入点定位到要选定文本的选定文本的结束位置处。选定所需文本后，可以用\<Esc\>键取消"扩展"状态，也可以直接对选定文本进行其他操作，命令执行完毕后，扩展选定状态自动被取消。

> **技能加油站**
>
> 　　还可以通过多次按\<F8\>键实现文本选定。第 1 次按，进入扩展选定状态；第 2 次按选定一个字词，第 3 次按选定一句话，第 4 次按选定一段，第 5 次按选定整篇文档内容。

2. 删除文本

删除错误的文本内容是文档编辑过程中的常用操作。删除文本可以选定要删除的文本，然后按\<Delete\>键进行大块文本的删除，也可以按\<Backspace\>键删除光标左侧的文本，或按\<Delete\>键删除光标右侧的字符。

3. 复制、剪切文本

"复制"是将选中的文本复制一份放入剪贴板中，单击"粘贴"按钮后，原位置和目标位置上各有一份相同的文本。"剪切"是指把选中的文本放入剪切板中，单击"粘贴"按钮后，目标位置会出现一份相同的文本，原位置的文本会被系统自动删除。

复制、剪切操作可以通过使用右键快捷菜单、"开始"选项卡"剪贴板"组内的相关命令按钮和组合键等方法来实现。其中复制的组合键为<Ctrl+C>，剪切的组合键为<Ctrl+X>，右键快捷菜单如图 3-5 所示，剪切板如图 3-6 所示。

图 3-5 右键快捷菜单

图 3-6 剪贴板

4. 粘贴文本

复制、剪切操作完成后，就可以进行粘贴操作了。用户可以根据需求通过使用右键快捷菜单、"开始"选项卡"剪贴板"组内的粘贴命令按钮、剪贴板和<Ctrl+V>组合键等方法来实现。其中粘贴选项有保留源格式、合并格式、图片、只保留文本 4 种形式。"保留源格式"选项：使内容保持原文档中的字体、颜色及线条等格式不变；"合并格式"选项：使粘贴内容（包含图片、表格等非文本元素）的格式与目标文本一致；"图片"选项：使粘贴内容以图片的形式粘贴到目标文档中；"只保留文本"选项：会放弃所有的非文本元素（图片、表格等）只粘贴文本内容，文本格式与目标文本一致。

> **技能加油站**
>
> "剪贴板"窗格内可放置最多 24 个粘贴对象，如果需要对之前复制或剪切的多个不同内容进行粘贴，可以单击"开始"选项卡"剪贴板"组的右下角扩展按钮，打开"剪贴板"窗格进行重复粘贴操作。

5. 查找文本

Word 2016 增加了一种"集中查找、动态显示"的查找文本方法，并将这种方法集成到了导航窗格中。使用<Ctrl+F>组合键或单击"开始"选项卡"编辑"组中的查找命令即可打开导航窗格，然后在搜索框中输入需要查找的文本，搜索框下方即会显示查找的结果数，同时会在文档中以黄色底纹突出显示所有符合条件的文本。

如果我们需要指定查找范围或逐个处理查找到的结果，可以使用"查找"命令下的"高级查找"。单击"高级查找"命令会弹出"查找和替换"对话框。在"查找"选项卡下，"阅读突出显示"可以突出显示全文中符合查找条件的文本；"在以下项中查找"可以指定查找的范围；单击"查找下一处"按钮，系统就会从当前光标处开始向下查找第一个结果。

6. 替换文本

编辑文档时经常需要执行一串文字的统一替换，这类操作若由系统自动完成的话，既快又不会出错，具体方法如下。

替换文本

在所示对话框中，单击"替换"选项卡，或通过"开始"功能区的"替换"命令打开"查找和替换"对话框的"替换"选项卡，如图 3-7 所示。在对话框内将查找内容输入"查找内容"文本框内，将用于替换的字符串输入"替换为"文本框内，可通过"替换"或"全部替换"按钮来实现逐个替换和一次全部替换。

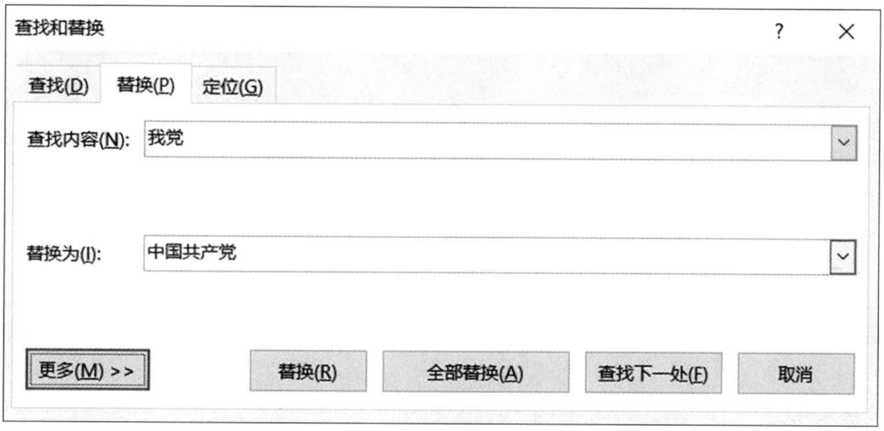

图 3-7 "查找和替换"对话框

对于有特殊要求的替换，可以单击"更多"命令按钮来设置。在"更多"命令按钮下有搜索选项和替换选项，如图 3-8 所示。对于搜索选项，可以设置使用通配符、区分大小写等。对于替换选项，可以通过设置替换格式来指定查找的文本和替换为文本的格式，还可以通过特殊格式按钮，对特殊格式进行查找和替换。例如，在查找框内输入"^p^p"或单击"特殊格式"按钮里的"段落标记"两次，在"替换为"框内输入"^p"即可快速地删除多余的空行。

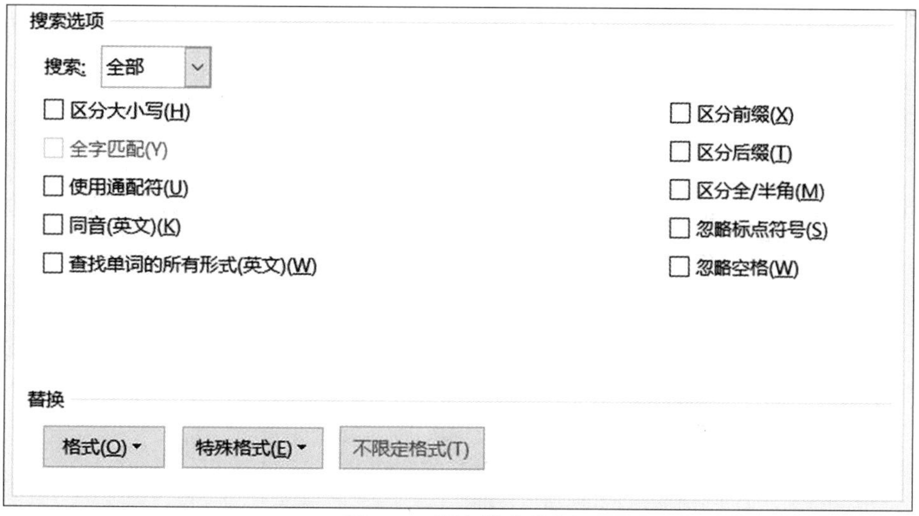

图 3-8 更多搜索选项

3.1.5 字符格式设置

字符是指字母、空格、标点符号、数字和符号,字符格式就是字符的外观,如字体、字号、颜色、字符的粗细与正斜等。字符是文档最基本的组成部分,设置字符格式既可以提高文档的美观性,又可以增强内容的可读性。因此,输入文本后通常会对字符进行格式设置。

1. 字体设置

在 Word 2016 中,预设基本中文字体有等线、仿宋、黑体、楷体、隶书、宋体、幼圆等文字的字体类型。打开"开始"功能区"字体"功能组中"字体"下拉列表,可以看到字体列表分为"主题字体""最近使用的字体"和"所有字体"3 部分。其中"主题字体"是指当前文档使用的主题中定义的中英文字体类型;"最近使用的字体"是指最近曾经使用过的字体;"所有字体"表示在 Word 文档中所有可用的字体。

如果希望在文档中使用字体列表中没有的字体,那么需要先在 Windows 操作系统中安装要使用的字体,安装后才能让 Word 识别这些新字体。具体的安装方法有以下两种。

方法 1:下载字体文件后,单击右键字体文件,在弹出菜单中选择"安装"命令,安装完成后就可以在 Word 2016 的字体里找到并使用。

方法 2:若 Windows 操作系统安装在 C 盘,将下载的字体文件复制到"C:\Windows\Fonts"文件夹中即可。

2. 字号设置

在 Word 中将改变文字大小的操作称为设置字号。在 Word 2016 中,字号分为中文字号与磅值两种形式,中文字号有初号、小初、一号、小一、二号、小二等,其中初号字最大。磅值是直接用数字来表示字号,四号字的磅值为 14。如果预设的磅值不能满足要求,可以直接在字号框中输入字符的磅值。

> **技能加油站**
>
> 字符的磅值范围为 1~1 638 磅,可在字号栏内直接输入数字。为了使字体大小改变更具直观性,可以使用<Ctrl+]>组合键逐磅增大字号,使用<Ctrl+[>组合键逐磅减小字号。

3. 字形设置

Word 2016 对于字形有常规、倾斜、加粗和倾斜加粗 4 种。可在"字体"对话框中选择,也可以通过"字体"组上的按钮进行设置。各种字形效果对比如图 3-9 所示。

党的百年华诞　　党的百年华诞　　党的百年华诞　　党的百年华诞
　　常规　　　　　　加粗　　　　　　倾斜　　　　　倾斜加粗

图 3-9 字形效果对比

4. 字符颜色设置

对于黑白打印的文档而言,设置字体颜色意义不大。但对于在电脑中浏览和保存的文档而言,字符颜色的不同会让文档更吸引人的注意。Word 2016 字体颜色列表中包括以下 5 个部分。

➢ 自动:文字颜色将动态地与页面背景相匹配,当页面的背景为白色时文字颜色为黑色，反之，当背景为黑色时文字颜色就变为白色。

➢ 主题颜色：如果选择主题颜色中的任意一种颜色，当文档的主题颜色发生改变时，文字颜色也会发生改变。

➢ 标准色：文字颜色固定，不会随页面背景颜色或主题颜色的改变而发生变化。

➢ 其他颜色：文字颜色固定，颜色可以通过标准色盘进行选择，也可以通过 RGB 模式和 HSL 模式进行自定义。

➢ 渐变：将文字颜色设置为渐变效果。

5. 使用"字体"功能组设置字符格式

使用"字体"功能组中的命令按钮，可快速设置字符格式，如图 3-10 所示。添加字符效果后，对应的命令按钮将被添加深色底纹，再次单击该按钮即可取消该效果。

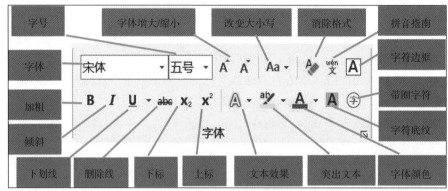

图 3-10 "字体"功能组

6. 使用"字体"对话框设置字符格式

在"开始"功能区中，单击"字体"功能组右下角的功能扩展按钮，即可弹出"字体"对话框。在"字体"对话框中可以对字符格式进行集中设置，设置完成后单击"确定"按钮即可。若文本内容既有中文又有西文字符，可以分别进行设置，Word 2016 会自动识别并分别进行字体设置。例如，为通知的正文部分中文设置为"宋体"，西文设置为"Arial 字体"，如图 3-11 所示。

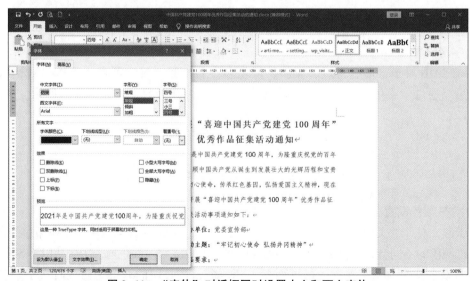

图 3-11 "字体"对话框同时设置中文和西文字体

"字体"对话框不仅可以用来设置字符的格式，还可用来改变字符的默认格式。如果要改变字符的默认格式，可以通过"字体"对话框来实现，其操作步骤如下。

步骤1：在"字体"对话框中，完成默认字符格式的设置。单击"设为默认值"，在弹出的对话框中设定默认格式的有效范围。

步骤2：单击"确定"按钮，使默认格式生效。一旦默认格式生效，指定范围内的未经设置过字符格式的文本均会按新的默认格式显示。

7. 使用浮动工具栏设置字符格式

选中需要设置格式的文本后，会自动显示浮动工具栏，如图 3-12 所示。通过浮动工具栏上的按钮，可以快速进行字符格式设置。

图 3-12　字体浮动工具栏

8. 设置字符间距

字符间距是指各字符间的距离，通过调整字符间距可使文字排列得更紧凑或者疏散。为字符设置合适的间距，能让文档的版面更加协调、美观。设置字符间距的操作步骤如下。

选中要调整字符间距的文本，单击"字体"组中的"功能扩展"按钮，打开"字体"对话框，切换到"高级"选项卡，在"间距"下拉菜单中选择间距类型，如"加宽"，然后在右侧的"磅值"微调框中设置间距大小，设置完成后单击"确定"按钮，将标题分别设置为"紧缩 1.5 磅""标准间距"和"加宽 1.5 磅"，效果如图 3-13 所示。

```
紧缩1.5磅："喜迎中国共产党建党100周年"
标准间距："喜迎中国共产党建党 100 周年"
加宽1.5磅："喜迎中国共产党建党 100 周年"
```

图 3-13　字符间距效果

技能加油站

"字体"对话框中"高级"选项卡中的"字符间距"组中还包括"缩放"和"位置"两个选项，其中"缩放"用于更改文本宽度，而"位置"用于调整文本的垂直位置，字符上移为"提升"或下移为"降低"。

---

9. 创建首字下沉和悬挂

首字下沉和悬挂都是一种将一段文字的首个字符放大，以突出显示该段文本的开始。它在小报、杂志上常常用到。创建首字下沉和悬挂的步骤如下。

步骤1：将插入点置于需要首字下沉的段落中，该段落必须包含文字。

步骤2：在"插入"功能区中，单击"文本"按钮组中的"首字下沉"，在下拉列表中选择"下沉"或"悬挂"命令，效果如图 3-14 所示。

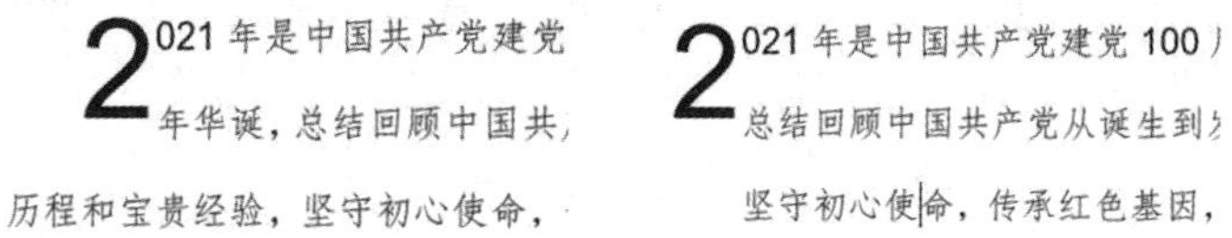

2021 年是中国共产党建党
年华诞，总结回顾中国共，
历程和宝贵经验，坚守初心使命，

2021 年是中国共产党建党 100 J
总结回顾中国共产党从诞生到﹥
坚守初心使命，传承红色基因，

图 3-14 首字下沉和悬挂效果

【思政小课堂】

　　我们要从红色基因中汲取强大的信仰力量，增强"四个意识"、坚定"四个自信"、做到"两个维护"，自觉做共产主义远大理想和中国特色社会主义共同理想的坚定信仰者和忠实实践者，真正成为百折不挠、终生不悔的马克思主义战士。

——习近平 2019 年 5 月 22 日在江西考察时的讲话

3.1.6 段落格式设置

段落格式是指控制段落外观的格式设置。合理的设置段落格式，可以使文档结构清晰、层次分明，有利于更好地阅读文档。段落格式包括缩进、对齐、行间距、段间距和分页等。

1. 段落标记

在输入文本的过程中，当光标到达右边界时会自动换行（不用按<Enter>键）。若要结束当前段并另起一段输入文字时，应按<Enter>键。每按一次<Enter>键将产生一个段落结束标记"↵"，段落标记是 Word 2016 排版的主要依据，该标记不会被打印出来。

Word 文档将有关该段落的所有格式设置均保存在该段落标记上，在移动或复制一个段落时，若要保留该段落的格式，一定要将该段落标记同时复制，反之就不要复制段落标记。

> **技能加油站**
>
> 单击<Shift+Enter>组合键或单击"布局"功能区"页面设置"功能组中"分隔符"下拉列表中的"自动换行符"命令，或者使用快捷键<Shift+Enter>，将会产生一个手动换行符"↓"，该标记符可以使文本换行输入，但被分割的文字仍然是一个段落。

2. 段落格式设置

1）使用"段落"功能组设置段落格式

使用"段落"功能组中的命令按钮，可快速设置段落格式，如图 3-15 所示。添加段落格式效果后，对应的命令按钮将被添加深色底纹，再次单击该按钮即可取消该效果。对于单一段落的格式设置只需将光标定位在该段落内即可，如果一次性对多个段落进行格式设置，则需对其进行选定。

图 3-15 段落功能组

2）使用"段落"对话框设置段落格式

在"开始"功能区中，单击"段落"功能组右下角的功能扩展按钮，即可弹出"段落"对话框。在"段落"对话框中可以对段落格式进行集中设置，设置完成后单击"确定"按钮即可。

3）使用右键快捷菜单设置段落格式

选中需要设置格式的段落并单击右键，在弹出的快捷菜单中找到"段落…"，可打开"段落"对话框。

➢ 段落对齐方式：对齐方式是指段落在文档中的相对位置，段落的对齐方式有左对齐、居中、右对齐、两端对齐和分散对齐 5 种。段落对齐效果如图 3-16 所示。默认情况下，段落的对齐方式为两端对齐。从表面上看，"左对齐"与"两

段落对齐方式

端对齐"两种对齐方式没有什么区别，但当行尾输入较长的英文单词而被迫换行时，若使用"左对齐"方式，文字会按照不满页宽的方式进行排列；若使用"两端对齐"方式，文字间的距离将被拉开，从而自动填满页面。

```
左对齐：作品请发送至邮箱123@jxjtxy.edu.cn，并注明"喜迎中国共产党建党100周年"优秀作品征集。
两端对齐：作品请发送至邮箱123@jxjtxy.edu.cn，并注明"喜迎中国共产党建党100周年"优秀作品征集。
居中对齐：作品请发送至邮箱123@jxjtxy.edu.cn，并注明"喜迎中国共产党建党100周年"优秀作品征集。
右对齐：作品请发送至邮箱123@jxjtxy.edu.cn，并注明"喜迎中国共产党建党100周年"优秀作品征集。
分散对齐：作品请发送至邮箱123@jxjtxy.edu.cn，并注明"喜迎中国共产党建党100周年"优秀作品征集。
```

图 3-16 段落对齐效果

> 段落缩进：为了增强文档的层次感，提高可阅读性，可对段落设置合适的缩进。段落的缩进方式有左缩进、右缩进、首行缩进和悬挂缩进 4 种，4 种缩进方式不仅可以通过"段落"对话框进行精确设置，还可以通过拖动标尺上的小按钮进行粗略调整。段落缩进效果如图 3-17 所示。

段落缩进设置

```
左缩进2字符：作品请发送至邮箱123@jxjtxy.edu.cn，并注明"喜迎中国共产党建党100周年"优秀作品征集。
右缩进2字符：请发送至邮箱123@jxjtxy.edu.cn，并注明"喜迎中国共产党建党100周年"优秀作品征集。
首行缩进2字符：作品请发送至邮箱123@jxjtxy.edu.cn，并注明"喜迎中国共产党建党100周年"优秀作品征集。
悬挂缩进2字符：作品请发送至邮箱123@jxjtxy.edu.cn，并注明"喜迎中国共产党建党100周年"优秀作品征集。
```

图 3-17 段落缩进效果

> 段间距和行距：段间距是指相邻两个段落之间的距离；行距是指段落中行与行之间的距离。

3. 格式刷的使用

"开始"功能区下"剪贴板"组中的"格式刷"按钮 格式刷，可以将文档中已经存在的字体格式或段落格式快速地复制到其他文本对象上。

1）复制字符格式

选定已设置好格式的文本，但不要选中段落标记，单击"格式刷"按钮，当鼠标指针旁有一把刷子时，拖动鼠标选择要引用已有格式的文本。

2）复制段落格式

将鼠标定位到已定义段落格式的段落，并确保没有字符被选中，单击"格式刷"按钮，当鼠标指针旁有一把刷子时，拖动鼠标选择要套用已有格式的段落。

技能加油站

若是双击"格式刷"，则可一直重复相关操作，直至完成各处格式的复制后，按 <Esc> 键或再次单击"格式刷"按钮。

3.1.7 页面设置

页面设置

创建文档时，常以 Normal 模板中设置的页面格式为默认格式。页面设置就是对这些默认参数的修改。为了真实反映文档的实际页面效果，在进行打印文档之前，必须先对页面效果进行设置。
"页面设置"组在"布局"功能区内，其主要功能包括设置页边距、纸张大小和纸张方向等，如图 3-18 所示。

图 3-18　页面设置功能组

1. 设置页边距

页边距是页面的边缘到文字之间的距离。通常将页眉、页脚和页码等文字或图形放置在页边距区域中。通过设置页边距，可以使文档的文字与页面边缘保持合适的距离。

为文档设置上下左右页边距均为 1.5 cm 的步骤如下。

步骤 1：打开"页面布局"功能区，单击"页面设置"组中的"页边距"按钮。

步骤 2：在下拉列表中选择一个预设的页边距。如果列表中预设的页边距均不满足要求，可以单击"自定义边距"，打开"页面设置"对话框中的"页边距"选项卡，将上下左右页边距修改为 1.5 cm，完成后单击"确定"按钮即可完成页边距的设置，如图 3-35 所示。

> **技能加油站**
>
> 对于页边距的设置，还可以通过单击"页面设置"组中的"功能扩展"按钮打开"页面设置"对话框进行设置，或者通过鼠标拖动标尺上的白黑分界线来调整左右边距。

2. 设置纸张方向

除了设置页边距和装订线以外，还可以为文档设置纸张的方向。打开"页面设置"对话框中的"页边距"选项卡，在"纸张方向"栏中选择"纵向"或"横向"按钮，或单击"布局"功能区的"页面设置"组中的"纸张方向"按钮，在弹出的下拉列表中选择纸张方向。

3. 设置纸张大小

设置不同的纸张大小可以得到不同的打印效果，Word 2016 默认的纸张大小是 A4。为文档设置纸张大小的操作步骤为如下。

步骤 1：打开"布局"功能区，单击"页面设置"组中的"纸张大小"按钮，在弹出的下拉列表中选择一个预设的纸型。

步骤 2：如果列表中预设的纸型均不满足要求，可以单击"其他纸张大小"，打开"页面设置"对话框的"纸张"选项卡，按需求完成纸张大小的设置。

> **技能加油站**
>
> 常用的复印纸张大小及尺寸如下：
> A3：297 mm×420 mm；A4：210 mm×297 mm；B4：250 mm×353 mm；B5：176 mm×250 mm。

3.1.8 项目符号和编号

当处理文档时，在文档的段落或标题前加入适当的项目符号和编号，不但可以美化文档，还可以使文档层次清楚、条理清晰，便于阅读。Word 2016 可以快速地给列表添加项目符号或编号，从而使文档更易于阅读和理解。也可以创建多级列表（即具有多个缩进层次），既包含数字也包含项目符号的列表。多级列表对于提纲以及法律和技术性的文档很有用。在已编号的列表中添加、删除或重排列表项目时，编号和多级列表会进行自动更新。

1. 设置项目符号

为文本设置项目符号"●"的具体步骤如下。

步骤 1：选中要添加项目符号的列表项（一个或多个 Word 段落）。

步骤 2：单击"开始"功能区"段落"功能组中"项目符号"按钮旁的下拉列表按钮"▼"，出现项目符号下拉列表，从中选择一种预设的项目符号单击，即可将指定的项目符号应用到所选段落，如图 3-19 所示。

步骤 3：若预设的项目符号不满足需求，可以单击"定义新项目符号…"命令，打开"定义新项目符号"对话框，通过"符号…""图片…"和"字体…"库找到合适的符号，从而进行个性化的项目符号设置，如图 3-20 所示。

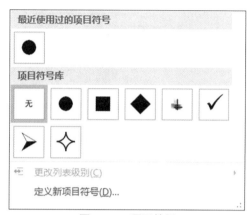

图 3-19 项目符号

> **技能加油站**
>
> 在 Word 文档中运用项目符号后，按<Enter>键后，会自动在新的一行继续添加项目符号，如果不需要这个项目符号，可以再次按<Enter>键取消本行的项目符号。

2. 设置自动编号

为文本设置自动编号"1."的步骤如下。

步骤 1：选中要添加编号的列表项（一个或多个 Word 段落）。

步骤 2：单击"开始"功能区"段落"功能组中"编号"按钮旁的下拉列表按钮▼，出现编号下拉列表，从中选择一种预设的编号，即可将指定的编号应用到所选段落。

设置自动编号

步骤 3：若预设的编号不满足需求，可以单击"定义新编号格式…"命令，打开"定义新编号格式"对话框，从中进行个性化的编号格式设置，如图 3-21 所示。

> **技能加油站**
>
> 在一组自动编号的序号中，若我们需要在中间某序号处重新开始编号，应在该位置上单击右键，在弹出的快捷菜单中选择"重新开始于1"命令。

 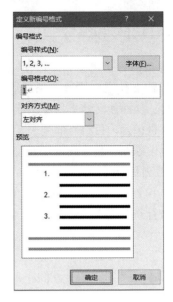

图 3-20　"定义新项目符号"对话框　　　图 3-21　"定义新编号格式"对话框

"喜迎中国共产党建党 100 周年"优秀作品征集活动通知，完成效果如图 3-22 所示。

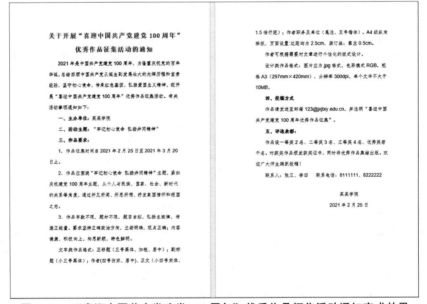

图 3-22　"喜迎中国共产党建党 100 周年"优秀作品征集活动通知完成效果

任务 3.2 "喜迎中国共产党建党 100 周年"优秀作品征集活动报名附件的设计

【任务工单】

任务名称	"喜迎中国共产党建党 100 周年"优秀作品征集活动报名附件的设计				
组　　别		成　　员		小组成绩	
学生姓名				个人成绩	
任务情境	小王已经完成了优秀作品征集活动通知的拟稿和排版，他决定再用 Word 制作一张报名表作为通知附件，收集作者及作品的相关信息。于是，他先创建空白文档，并以"'喜迎中国共产党建党 100 周年'优秀作品征集活动附件.docx"的文件名保存在 D 盘"工作文件夹"中，再在文档中插入表格并进行合并和拆分，然后在表格中输入文本并排版，最后对整个表格进行格式设置				
任务目标	设计并制作"喜迎中国共产党建党 100 周年"优秀作品征集活动报名附件				
任务要求	（1）创建空白文档，并将其保存为"'喜迎中国共产党建党 100 周年'优秀作品征集活动附件.docx" （2）创建 4 列 11 行的表格 （3）按样表对表格内单元格进行合并、拆分 （4）输入文本内容 （5）设置表格内文本对齐方式 （6）设置文字方向 （7）调整表格行高、列宽 （8）设置表格内框线和外框线 （9）设置单元格底纹				
知识链接					
计划决策					
任务实施	（1）创建并保存"喜迎中国共产党建党 100 周年优秀作品征集活动附件.docx"，并创建 4 列 11 行表格，并列出具体步骤 （2）对表格内的单元格进行合并、拆分（身份证号码后为 18 格；作品类别后改为 2 行 1 列；创建说明后单元格合并，作者声明单元格合并），并列出具体步骤				

任务实施	(3) 输入文本内容，并列出具体步骤 (4) 设置表格内文本对齐方式（作者声明为左对齐，其余单元格文本水平居中），并列出具体步骤 (5) 设置文字方向（创建说明为竖排），并列出具体步骤 (6) 调整表格行高、列宽（创建说明行高为 3.5 cm，作者说明行高为 5 cm，其余各行平均分布，列宽自行调整），并列出具体步骤 (7) 设置表格内框线和外框线（外框线为 1.5 磅双线；内框线为 1.5 磅单线；作品类别后为 0.5 磅虚线），并列出具体步骤 (8) 设置单元格底纹（作品相关单元格底纹图案：样式 20%，白色背景 1，深色 25%；作者信息单元格底纹：橙色，个性 2，淡色 60%；指导教师信息单元格底纹：自定义 RGB 颜色如 R226，G239，B217），并列出具体步骤
检　　查	
实施总结	
小组评价	
任务点评	

【颗粒化技能点】

3.2.1 创建表格

表格既是一种可视化交流模式，又是一种组织整理数据的手段。Word 2016 中的表格由多个单元格（表格中的一个小格称为一个单元格）按行、列的方式组成。表头一般指表格的第一行，指明表格每一列的内容和意义。

1. 利用"插入表格"工具创建表格

使用"插入"功能区"表格"功能组中的"表格"按钮，可以快速插入简单表格，具体操作步骤如下。

步骤 1：新建空白文档"喜迎中国共产党建党 100 周年优秀作品征集活动通知附件 .docx"，将插入点定位到标题下一行。

步骤 2：单击"表格"按钮，在弹出的表格模型上移动鼠标至 4×8 表格位置上，左击鼠标即可将表格插入文本区的插入点处，如图 3-23 所示。

图 3-23　创建表格

2. 利用"表格"按钮中的"插入表格…"命令创建表格

使用"插入表格"工具只能创建行列规则，且为 10 列 8 行以内的表格，如果需要插入更多行列的表格，可以使用"插入表格…"命令来完成。具体操作步骤如下。

步骤 1：将插入点定位到要创建表格的文本区位置。

步骤 2：打开"表格"下拉列表，单击"插入表格…"命令，在弹出的"插入表格"对话框中输入指定的"行数"和"列数"，单击"确定"按钮。

3. 绘制表格

在 Word 2016 中，绘制表格不仅可以用于新表格的制作，还可以对原有表格进一步修改，最后绘制出较为复杂的表格。例如，利用"绘制表格"按钮可以画横线、竖线和斜线；利用"橡皮擦"按钮可以删除多余的线条。具体操作步骤如下。

步骤 1：打开"表格"下拉列表，单击"绘制表格"按钮，或打开"开始"功能区

“段落”功能组中的“边框” ⊞ ▾下拉列表，单击“绘制表格”按钮，此时鼠标变为铅笔形状。

步骤 2：在需要绘制表格的地方拖动鼠标绘制出表格的外框，继续使用鼠标绘制表格的行线、列线、斜线等，完成表格绘制后按<Esc>键退出表格绘制模式。

4. 利用“快速表格命令”新建自动套用格式的表格

使用“快速表格命令”，可创建与内置样式相同的表格，具体操作步骤如下。

利用快速表格命令创建表格

步骤 1：将插入点定位到要创建表格的文本区位置。

步骤 2：打开“表格”下拉列表，将鼠标移动至“快速表”命令的下一级子菜单中，单击所需的表格格式即可完成表格的创建。

技能加油站

将自制的表格保存到“快速表格库…”中，今后可作为模板直接调用该表格。

请使用上述方法中的一种，绘制出如图 3-24 所示表格的基本结构。

附件1

“喜迎中国共产党建党100周年”

优秀作品征集活动参赛报名表

<table>
<tr><td>作品名称</td><td></td><td>发表情况</td><td>□已发表□未发表</td></tr>
<tr><td>作者姓名</td><td></td><td>职称</td><td></td></tr>
<tr><td>联系电话</td><td></td><td>邮箱</td><td></td></tr>
<tr><td>身份证号码</td><td colspan="3"></td></tr>
<tr><td>作者所在单位</td><td colspan="3"></td></tr>
<tr><td rowspan="2">作品类别</td><td colspan="3">□文字类作品</td></tr>
<tr><td colspan="3">□设计类作品</td></tr>
<tr><td>证书邮寄地址</td><td></td><td>邮政编码</td><td></td></tr>
<tr><td>指导教师姓名</td><td></td><td>职称</td><td></td></tr>
<tr><td>指导教师邮箱</td><td></td><td>指导教师
联系电话</td><td></td></tr>
<tr><td>创意说明</td><td colspan="3"></td></tr>
<tr><td colspan="4">作者声明：
1.保证对参赛作品拥有充分、完全、排他的知识产权,不侵犯任何他人的专利权、著作权、商标权及其他知识产权:如发生侵权行为:与主办单位、协办单位和承办单位无关。
2.本人同意主办单位对参赛作品进行公布、宣传、展览。
作者签名：
年 月 日</td></tr>
</table>

注意事项：

1、作品销号由组委会统一填写,无需填写。

2、如为多名作者合作完成,请在作者姓名一栏写上所有作者姓名。

图 3-24 “喜迎中国共产党建党 100 周年”优秀作品征集活动报名附件

3.2.2 编辑表格

表格创建完成后，还可以对表格的结构进行编辑，如插入或删除行/列、插入或删除单元格、调整行高/列宽、合并或拆分单元格、表格的拆分等。

1. 插入单元格

插入单元格的方法有以下两种。

方法 1：将光标定位到要插入新单元格的周围（可以选择连续的多个单元格），单击"表格工具—布局"功能区"行和列"功能组中右下角的功能扩展按钮，在弹出的"插入单元格"对话框中选择插入方式，单击"确定"按钮。

方法 2：将光标定位到要插入新单元格的周围单击右键，在弹出的快捷菜单中选择"插入"级联菜单中的"插入单元格…"命令，在弹出的"插入单元格"对话框中选择插入方式，单击"确定"按钮。

2. 插入行/列

插入行的方法主要有以下 4 种。

方法 1：将光标移至第一列边框线时，行与行之间会出现按钮"+"，单击即可快速插入行。

方法 2：将光标定位到要插入行的周围，单击"表格工具—布局"功能区"行和列"功能组中"在上方插入"或"在下方插入"命令即可在指定位置上插入一行。

方法 3：将光标定位到上一行行尾外的段落标记处，按<Enter>键，即可在下方插入一行。

方法 4：将光标定位到要插入行的周围单击右键，在弹出的快捷菜单中选择"插入"级联菜单中的"在上方插入行"或"在下方插入行"命令即可。

> **技能加油站**
>
> 插入列可以参照插入行的方法 1、方法 2 或方法 4 进行操作。若要一次性插入多行/列，可以先选中多行/列，再使用方法 1、方法 2 或方法 4 插入行即可。

3. 删除单元格

删除单元格的方法有以下 3 种。

方法 1：选中要删除的单元格，单击"表格工具—布局"功能区"行和列"功能组中"删除"按钮，在弹出的下拉列表中选择"删除单元格…"命令，在弹出的"删除单元格"对话框中选择删除方式，单击"确定"按钮。

方法 2：选中要删除的单元格单击右键，在弹出的快捷菜单中选择"删除单元格…"命令，在弹出的"删除单元格"对话框中选择删除方式，单击"确定"按钮。

方法 3：选中要删除的单元格，按<Backspace>键，在弹出的"删除单元格"对话框中选择删除方式，单击"确定"按钮。

4. 删除行/列

删除行的方法有以下 4 种。

方法 1：选中要删除的行，单击"表格工具—布局"功能区"行和列"功能组中"删除"按钮，在弹出的下拉列表中选择"删除行"命令。

方法 2：选中要删除的行单击右键，在弹出的快捷菜单中选择"删除行…"命令，在弹出的"删除行"对话框中选择删除方式，单击"确定"按钮。

方法 3：选中要删除的行（包括行尾的段落标记）单击右键，在弹出的快捷菜单中选择"删除行"命令。

方法 4：选中要删除的行（包括行尾的段落标记），按<Backspace>键即可删除行。

删除列的操作与删除行的操作方法类似。

5. 删除表格/表格内容

上述所有删除单元格、行或列的操作均会将表结构和内容一起删除。若只删除表格的内容，不改变表格结构，则只需选定要删除内容的单元格或行列，按<Delete>键。

6. 单元格的拆分/合并

1）拆分单元格

拆分单元格的方法有以下两种。

方法 1：将光标定位到需要拆分的一个单元格中，然后单击右键选择"拆分单元格"选项，在弹出的"拆分单元格"中输入要拆分的"行数"或"列数"。

方法 2：将光标定位到需要拆分的一个单元格中，或选择要同时拆分的多个单元格，单击"表格工具—布局"功能区"合并"功能组中的"拆分单元格"命令，在弹出的"拆分单元格"对话框中输入要拆分的"行数"或"列数"。

> **技能加油站**
>
> 若选择多个单元格后并勾选"拆分单元格"对话框中的"拆分前合并单元格"复选框，表示先将多个单元格合并为1个单元格再进行拆分；不勾选表示选中的每个单元格均按要求进行拆分。

2）合并单元格

合并单元格的操作方法有以下 3 种。

方法 1：选中需要合并的单元格单击右键，在快捷菜单中选择"合并单元格"。

方法 2：选中需要合并的单元格，单击"表格工具—布局"功能区"合并"功能组中的"合并单元格"命令。

方法 3：利用"拆分单元格"对话框中的"拆分前合并单元格"命令也可完成。

> **技能加油站**
>
> 若需要在表格上方插入文本，可单击"拆分表格"按钮来实现。

7. 表格文本输入

单击单元格就可以在表格中输入文字。如果要移到下一个单元格，则可按<Tab>键切换，或者按<↑，↓，→，←>键移动。

3.2.3 美化表格

1. 更改单元格边距

文档插入表格后，在单元格内输入文本时，文本与单元格间的距离就是单元格的边距，默认情况下单元格上、下的边距为 0 cm，左、右边距为 0.19 cm，用户也可以自定义单元格边距，具体操作方法有以下 3 种。

方法 1：将光标定位到需要修改的单元格内，单击"表格工具—布局"功能区"对齐方式"组中的"单元格边距"按钮，在弹出的"表格选项"对话框中进行单元格边距设置。

方法 2：将光标定位到表格中的任意位置，单击"表格工具—布局"功能区"表"功能组中的"属性"按钮，在弹出的"表格属性"对话框中单击"单元格"选项卡下的"选项"命令，在弹出的"单元格选项"对话框中进行单元格边距设置。

方法 3：使用快捷菜单中的"表格属性"命令也可完成设置。

2. 表格与文本对齐方式

表格在页面中居中对齐的操作步骤如下。

步骤 1：选中整个表格（可单击表格左上角的全选按钮 ⊞），使用"开始"功能区"段落"功能组中的"居中对齐"按钮即可完成表格的居中。

文本在表格中的对齐方式有九种，如图 3-25 所示，可根据实际情况选择合适的对齐方式。设置文本在表格中居中对齐的操作步骤如下。

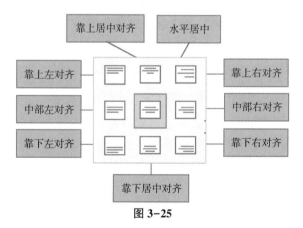

图 3-25

步骤 2：选中要调整文本对齐方式的单元格。

步骤 3：单击"表格工具—布局"功能区"对齐方式"功能组中的"水平居中"按钮。

3. 设置表格内的文本方向

表格内的文本方向包括横向和纵向，可根据需要使用 Word 中的文字方向功能进行调整。选中调整文本方向的单元格后，单击"表格工具—布局"功能区"对齐方式"功能组中的"文字方向"按钮，文本方向就会由横向更改为纵向。

4. 调整表格

在 Word 中使用表格经常需要针对性调整其行高与列宽，有时也需要对某个单元格单独调整宽度。

1）调整表格大小

调整表格大小的方法有以下 3 种。

方法 1：将鼠标悬停在表格上，可以看到表格右下角有一个调整按钮，鼠标拖动调整按钮可以改变表格的总体宽度与高度。

方法 2：通过"表格工具—布局"功能区"单元格大小"功能组中的"自动调整"命令来调整表格大小。"自动调整"命令下拉列表有 3 个选项，分别是"根据内容自动调整表格""根据窗口自动调整表格"和"固定列宽"。

方法 3：选中整张表格（可单击表格左上角的全选按钮⊞），打开"表格属性"对话框，通过对整张表格的行高和列宽进行指定，可以调整表格的大小。其中，表格宽度有两种尺寸规格：厘米与百分比。百分比是表格与页面大小的百分比。例如，50%代表表格总体宽度为页面的一半。

2）调整单元格宽度

调整单元格宽度的方法有以下两种。

方法 1：选中需要调整的单元格，在"表格工具—布局"功能区"单元格大小"功能组中的宽度文本框中输入合适的数值。

方法 2：选定需要调整的单元格，单击并拖动单元格边框线调整单元格宽度。

3）调整表格行高列宽

调整表格行高/列宽的方法有以下 4 种。

方法 1：通过鼠标拖动边框线进行调整。

方法 2：通过"表格属性"对话框中的行、列选项卡进行调整。

方法 3："表格工具—布局"功能区"单元格大小"功能组中的高度可调整行高。

方法 4：通过"表格工具—布局"功能区"单元格大小"功能组中的"分布行"/"分布列"来对表格中选定的行/列之间进行平均分配，使得每行高度/每列宽度相同。

> **技能加油站**
>
> 单元格和整个表格不能单独调整高度，只能调整宽度。表格高度是通过对每一行高度的调整来调整。

5. 使用表格样式美化表格

Word 2016 预设了三大类共计 120 种表格样式，可以直接应用预设的表格样式，快速美化表格如图 3-26 所示。使用表格样式的具体操作步骤如下。

步骤 1：将光标定位到表格中的任意位置，打开"表格工具—设计"功能区"表格样式"功能组的"表格样式"下拉列表，在弹出的下拉列表中选择需要的表格样式。

步骤 2：单击右键预设的表格样式，不仅可以选择应用当前表格样式的方式为"应用并清除格式"或者"应用并保留格式"，还可以对表格样式进行修改、删除、添加到快速访问工具栏等操作。

> **技能加油站**
>
> 将鼠标在表格格式上停留，可直接预览预设应用效果。

1）创建表格样式

创建表格样式的步骤如下。

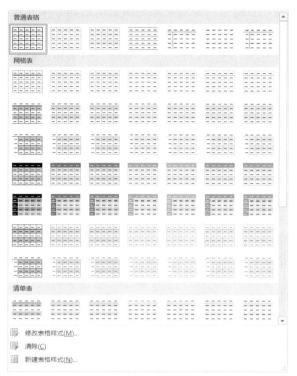

图 3-26 预设的表格样式

步骤 1：选中表格，单击"表格工具—设计"功能区"表格样式"功能组的"新建表格样式…"命令。

步骤 2：在弹出的"根据格式化创建新样式"对话框中，分别设置所有的属性和格式，设置完成后单击"确定"按钮。

步骤 3：返回即可看到在样式库中添加了自定义的样式。

2) 修改表格样式

如果对预设的表格样式不满意，可以单击右键该样式，在快捷菜单中选择"修改表格样式"，在弹出的"修改样式"对话框中对其属性和格式进行修改后保存即可。

3) 取消表格样式

需要清除表格样式时，打开表格样式下拉列表，单击"普通表格—网格型"按钮回到基础的表格样式；单击"清除"按钮，即可将表格的边框、底纹等所有格式清除。

> **技能加油站**
>
> 查看无边框线的表格，可单击"表格工具—设计"功能区"边框"功能组中的"查看网格线"命令。

6. 设置表格边框样式

在 Word 2016 中，可以直接为表格应用预设的边框样式，还可以根据实际需求自定义边框样式。

1) 使用主题表格边框样式

主题边框是指 Word 2016 中预设的边框样式，它会根据"设计"功能区的"主题"不同而呈现不同的颜色。使用主题边框样式美化表格边框的具体操作步骤如下。

步骤1：单击"表格工具—设计"功能区"边框"功能组中的"边框样式"按钮，在弹出的下拉列表中选择合适的边框样式，如选择"双实线，1/2pt"样式。

使用主题表格边框样式设置表格边框

步骤2：单击"边框"组中"笔划粗细"右侧的三角按钮，在弹出的下拉列表中选择合适的笔画粗细，如设置笔画粗细为"1.5磅"。

步骤3：应用边框样式。此时鼠标指针呈画笔形状，将鼠标指针移至表格中，然后在需要应用边框样式的边框上拖动鼠标，将附件表的外框线应用该样式。

2) 自定义表格边框样式

若预设的表格边框样式不满足需求，可通过自定义边框来设置边框的样式、颜色和宽度。自定义表格边框的具体操作步骤如下。

步骤1：将光标定位在表格中的任意位置，单击"表格工具—设计"功能区"边框"功能组中"边框"按钮，在弹出的下拉列表中单击"边框和底纹…"命令。

步骤2：在弹出的"边框和底纹"对话框中，单击"自定义"设置后，通过设置并勾选不同的边框样式，从而得到一个自定义的样式，绘制后可看到调整后的表格效果。

3) 边框取样器的使用

利用"表格工具—设计"功能区"边框"功能组中"边框样式"下拉列表中的"边框取样器"命令可以复制指定的边框样式，再将其应用于其他表格边框，具体操作步骤如下。

使用边框取样器设置表格边框

步骤1：单击"边框取样器"，当鼠标指针呈吸管状时，将其移至指定边框处，单击复制该边框样式。

步骤2：系统立即启动"边框刷"按钮，可通过单击或拖动鼠标完成边框样式的复制，完成后再次单击"边框刷"按钮或<Esc>键取消。

7. 表格/单元格底纹

设置表格的底纹主要是对表格的背景进行填充，填充时可以选择适当的颜色，还可以选择一些图案进行填充。添加底纹的具体操作步骤如下。

步骤1：选中需要添加底纹的表格或单元格，单击"表格工具—设计"功能区"边框"功能组中"边框"按钮下拉列表中的"边框和底纹"命令。

步骤2：在弹出的"边框和底纹"对话框中单击"底纹"选项卡，在对话框中对相关参数进行设置。

8. 表格的跨页操作

对于跨页的长表格，可以通过勾选"表格属性"对话框"页"选项卡中的"允许跨页断行"和"在各页顶端以标题行形式重复出现"复选框，或者单击"表格工具—布局"功能区"数据"功能组中的"重复标题行"命令，来实现对跨页表格的数据操作。

9. 表格的拆分

将一个表格拆分成两个独立的表格，具体操作步骤如下。

步骤1：单击拟作为第二个表格首行的任意位置。

步骤2：单击"表格工具—布局"功能区"合并"功能组的"拆分表格"按钮命令。

3.2.4 文本转换与数据处理

1. 文本转换成表格

文字与表格之间的相互转换，是 Office 一大特色，它主要在 Word 中使用。

在将文字转换成表格前，应先在文字之间添加分隔符，以便在转换时将文字依次放在不同的单元格中。Word 2016 的分隔符有段落标记、逗号、空格、制表符或其他自定义的符号。将文本转换成表格的具体操作步骤如下。

步骤 1：输入并选定图 3-27 所示的文本。

```
学号，姓名，计算机，程序设计，数据库
20210201，李冈，91，84，89
20210208，王东明，80，89，82
20210211，张晓东，91，73，62
20210214，吴心萍，78，85，86
20210216，高光峰，62，76，80
20210217，李丽茜，66，82，69
20210229，刘佳，91，62，86
```

图 3-27 文本数据

步骤 2：单击"插入"功能区"表格"功能组中"表格"按钮，在弹出的下拉列表中选择"文本转换成表格…"命令，出现"将文字转换成表格"对话框。

步骤 3：此时，Word 已经判断出该文字区域中有几行几列，文字之间的分隔符是什么，如果认为 Word 判断的不符合要求，可以重新设置，再单击"确定"按钮，即可将文字转换成表格，如图 3-28 所示。

学号	姓名	计算机	程序设计	数据库
20210201	李冈	91	84	89
20210208	王东明	80	89	82
20210211	张晓东	91	73	62
20210214	吴心萍	78	85	86
20210216	高光峰	62	76	80
20210217	李丽茜	66	82	69
20210229	刘佳	91	62	86

图 3-28 将文字转换成表格的效果

2. 表格转换成文本

表格转换成文本

在 Word 2016 中，同样可以将表格转换成文本，转换的步骤如下。

步骤 1：选定要转换成文本的表格，单击"表格工具—布局"功能区"数据"功能组中的"转换为文本"按钮，弹出"表格转换成文本"对话框。

步骤 2：在对话框中，确定表格之间的分隔符后（Word 会自动进行判断），单击"确定"按钮，便完成了将表格转换成文本。

3. 表格中数据计算

在 Word 2016 中，可以对表格中的数据通过公式或函数来进行计算，可用于 Word 表格计算的函数有 ABS、AND、AVERAGE、COUNT、DEFINED、FALSE、IF、INT、MAX、MIN、MOD、NOT、OR、PRODUCT、ROUND、SIGN、SUM、TRUE 这 18 种类型。

表格数据计算

对 3.2.4 中的表格数据进行求平均值和最大值的计算的具体步骤如下。

步骤 1：打开表格所在的文档，并将光标定位到"F2"单元格，单击"表格工具—布局"功能区"数据"功能组中的"*fx* 公式"按钮，打开"公式"对话框，并输入公式"=SUM（LEFT）"，单击"确定"按钮。

步骤 2：将计算结果复制并粘贴到其余要计算的单元格内，按<F9>键进行更新域操作，即可快速得到所有结果。按照相同的方法，使用公式"=AVERAGE（ABOVE）"计算出每门课程的平均分，如图 3-29 所示。

学号	姓名	计算机	程序设计	数据库	总成绩
20210201	李冈	91	84	89	264
20210208	王东明	80	89	82	251
20210211	张晓东	91	73	62	226
20210214	吴心萍	78	85	86	249
20210216	高光峰	62	76	80	218
20210217	李丽茜	66	82	69	217
20210229	刘佳	91	62	86	239
课程平均分		79.86	78.71	79.14	

图 3-29 使用公式后的效果

技能加油站

公式也可以引用单元格名称，如在"F2"单元格内输入"=SUM（C2：E2）"，但是其他单元格数据不能通过复制更新域的方式得到结果。因此，公式最好使用方位词进行数据引用。

当 Word 2016 应用公式或函数计算时，必须指定计算的范围，而计算的范围是通过对表格引用来指定的。表格引用可以使用方位词，即在函数公式的括号内输入引用方向，可以是 ABOVE（引用上方）、BELOW（引用下方）、LEFT（引用左侧）和 RIGHT（引用右侧）。还可以使用 Excel 中列字母+行号来表示单元格名称的命名法，如"=AVERAGE（A1，C3：C5）"表示计算以"C3"为左上角"C5"为右下角的矩形区域数据的"A1"的平均值。

4. 对表格数据进行排序

当表格中的内容过多、显得混乱时，可以将数据按照某些依据进行排序。在进行排序时，可以对排序的关键字、排序的类型进行设置。将表格数据按计算机成绩降序、姓名拼音升序的方式排列，具体操作步骤如下。

步骤 1：选择要进行排序的数据（A1：F8），单击"表格工具—布局"功能区"数据"

功能组中的"排序"按钮,弹出"排序"对话框。

步骤 2:在弹出的对话框中依次设置列表为"有标题行",主要关键字为计算机、数字、降序;次要关键字为姓名、拼音、升序。完成后单击"确定"按钮即可看到排序后的结果,如图 3-30 所示。

学号	姓名	计算机	程序设计	数据库	总成绩
20210201	李冈	91	84	89	264
20210229	刘佳	91	62	86	239
20210211	张晓东	91	73	62	226
20210208	王东明	80	89	82	251
20210214	吴心萍	78	85	86	249
20210217	李丽茜	66	82	69	217
20210216	高光峰	62	76	80	218
课程平均分		79.86	78.71	79.14	

图 3-30　数据排序后的结果

【思政小课堂】

当代中国青年是与新时代同向同行、共同前进的一代,生逢盛世,肩负重任。广大青年要爱国爱民,从党史学习中激发信仰、获得启发、汲取力量,不断坚定"四个自信",不断增强做中国人的志气、骨气、底气,树立为祖国为人民永久奋斗、赤诚奉献的坚定理想。

——习近平 2021 年 4 月 19 日在清华大学考察时的讲话

任务 3.3 "喜迎中国共产党建党 100 周年"优秀作品征集活动投稿作品的排版

【任务工单】

任务名称	"喜迎中国共产党建党 100 周年"优秀作品征集活动投稿作品的排版				
组　　别		成　　员		小组成绩	
学生姓名				个人成绩	
任务情境	小王已经收到了很多"喜迎中国共产党建党 100 周年"优秀作品,他发现其中有一篇名字为《弘扬跨越时空的井冈山精神》的投稿文章排版比较乱,他决定对这篇文章重新排版。于是,他使用 Word 打开这篇文档,为文档插入《井冈山会师》的图片,并对图片版式进行设置;然后,他还为文档添加了页眉页脚、设置了页码;最后为文档进行了分栏				
任务目标	完成对文章《弘扬跨越时空的井冈山精神》的排版				
任务要求	（1）启动 Word 2016,进入 Word 2016 工作环境 （2）打开文档"弘扬跨越时空的井冈山精神.docx" （3）为文档插入图片:油画《井冈山会师》（何孔德 作）.jpg （4）为图片进行版式设置 （5）为文档添加页眉、页脚 （6）为文档设置页码 （7）为文档进行分栏排版				
知识链接					
计划决策					
任务实施	（1）打开文档"弘扬跨越时空的井冈山精神.docx",列出具体步骤 （2）将标题设置为二号红色空心黑体,发光为 8 磅、金色、主题色 4;居中,段前段后间距 0.5 行,列出具体步骤				

任务实施	（3）设置脚注。作者姓名设为仿宋、四号、居中。为作者姓名添加脚注：江西省南昌市人。脚注编号格式为①。列出具体步骤 （4）设置页眉和页码。设置页眉为"喜迎中国共产党建党100周年"优秀作品，格式为居中、五号楷体、奇偶页相同。列出具体步骤 （5）设置页码。页面底端为默认格式3，列出具体步骤 （6）设置图片样式。图片样式为金属框架，放在第二段文字后，嵌入型，居中。列出具体步骤 （7）设置正文第3段至结尾。格式为平等两栏排版，栏间距3字符，加分隔线。列出具体步骤
检 查	
实施总结	
小组评价	
任务点评	

【颗粒化技能点】

3.3.1 图片的处理与排版

为了让 Word 文档实现图文并茂的效果，需要在文档中插入与文字相符的图片，这样既可以提升文字的说服力，还便于他人理解文字内容，更可以让枯燥的文档更美观。Word 2016可以为图片设置精美的艺术效果。Word 2016 支持 .bmp、.jpeg、.png 和 .gif 等十余种格式的图片。

1. 插入图片

Word 2016 可以插入来自存储设置的图片、联机图片和屏幕截图。

在"弘扬跨越时空的井冈山精神 .docx"文档中插入图片"井冈山雕塑 .jpg"的具体步骤如下。

插入图片

步骤 1：将光标定位到需要插入图片的位置，单击"插入"功能区"插图"功能组中的"图片"按钮，在弹出的下拉列表中选择"此设备…"或"联机图片…"命令。

步骤 2：找到图片"井冈山雕塑 .jpg"后，双击图片即可插入文档当前位置。

> **技能加油站**
>
> 插入"联机图片"时，可以使用搜索引擎搜索网络上的图片或者查找之前存储在 OneDrive 云存储服务器中的图片。

2. 调整图片

选中文档中的图片后，主功能区会出现"图片工具—格式"功能区，如图 3-31 所示。其中"调整"功能组可以对图片进行删除背景、校正、颜色、压缩图片、重置图片、更改图片和艺术效果的设置。

图 3-31 "图片工具—格式"功能区

将文档中的图片"井冈山雕塑 .jpg"更换为"井冈山会师 .jpg"的方法有如下两种。

方法 1：删除图片"井冈山雕塑 .jpg"，再插入新图片"井冈山会师 .jpg"。

方法 2：选中"井冈山雕塑 .jpg"并单击"更改图片"命令，找到图片"井冈山会师 .jpg"双击，插入后的图片会保留原图片的所有特性，包括图片位置、大小、效果、样式等。

3. 图片的美化

图片的美化是指通过调整图片的形状、边框、阴影、光效和三维等效果，进一步增强图片的视觉效果。

Word 2016 中预设了 22 种不同的艺术效果样式，如铅笔灰度、胶片颗粒、玻璃等。单击"艺术效果"下拉菜单中的预设效果可以快速对图片进行设置，还可以通过单击"艺术效果"下拉列表中的"艺术效果选项…"命令,在弹出的"设置图片格式"窗格中,对"艺术效果"选项下的透明度和缩放参数进行调整。

通过预设的图片样式可以快速地对图片进行设置,若预设的图片样式不能满足编辑需求,还可以自定义图片边框和效果。自定义图片效果的操作步骤如下。

步骤1:双击要调整的图片。

步骤2:单击"图片样式"功能组中的"图片效果"命令,在弹出的下拉菜单中,可以对图片进行"预设""阴影""映像""发光""柔化边缘""棱台"和"三维旋转"效果的设置。其中,"棱台"和"三维旋转"都属于三维效果,"棱台"主要对立体和边框效果进行处理,而"三维旋转"则突出立体旋转效果。

4. 设置图片大小

设置图片大小有以下3种方法。

方法1:选中图片后,直接使用鼠标拖动图片的控制点来调整图片的大小。手工调整较为方便、直观,也更加灵活,既可以使高度和宽度成比例变化(拖动四个角上的控制点),也可以仅调整高度(拖动上下边中间的控制点),或仅调整宽度(拖动左右边中间的控制点),不足之处是精确度不够。

方法2:选中图片后,单击"图片工具—格式"功能区"大小"功能组中的"高度"和"宽度"后的文本框,可以通过输入数值来精确设置图片的尺寸;

方法3:单击右键该图片,在弹出菜单中选择"大小和位置"命令,在打开的"布局"对话框中,可以指定图片的高度和宽度,或者按比例缩放图片。

技能加油站

若调整图片大小时希望始终保持图片不变形,则需在调整前勾选"锁定纵横比"复选框。

---

5. 图片的裁剪

裁剪图片是对图片的边缘进行修剪,在Word 2016中裁剪图片主要有裁剪、裁剪为形状、纵横比裁剪、填充裁剪和适合裁剪5种方法。

其中裁剪是指仅对图书的四周进行裁剪,裁剪后的图片纵横比会自动进行调整,填充裁剪可使图片在保持纵横比的同时将原有图片填充至整个区域,其余区域将被裁剪掉;适合裁剪可使图片在保持纵横比的同时将原有图片全部显示在区域内。

➢ **适合裁剪**:图片经过裁剪或纵横比裁剪后,单击"适合"按钮,可以使图片在保持纵横比的同时将原有图片全部显示在区域内。

6. 图片的排列方式

一张好的图片,应该与文档配合,取得良好的效果。利用"图片工具—格式"功能区"排列"功能组中的命令,可以设置图片的位置、环绕文字、对齐方式和组合等。

位置用于设置图片在文档中与文字的环绕位置。环绕文字有嵌入型、四周型、紧密型、穿越型、上下型、衬于文字上方和衬于文字下方等。组合命令用于将多张图片组合成一张图片。由于嵌入型图片不能被选定和随意移动,因此在进行图片组合之前,应先设置图片的"环绕文字"方式改为非嵌入型。

3.3.2 页眉、页脚、页码

为了使文档的整体显示效果更具专业水准，文档创建完成后，通常还需要为文档添加页眉、页脚、页码等。Word 2016 将页面顶部区域称为页眉、底部区域称为页脚。通常一部装帧完整的书的页眉内都含有章节名或页码等内容。而页脚也常用来存放页码、提示等信息。在文档中可自始至终用同一个页眉和页脚，也可在文档的不同部分用不同的页眉和页脚。

1. 设置页眉和页脚

例：在"弘扬跨越时空的井冈山精神.docx"文档中插入页用："喜迎中国共产党建党 100 周年"优秀作品。

步骤 1：单击"插入"功能区"页眉和页脚"组中的"页眉"按钮，在弹出的下拉列表中选择预设的"空白"型页眉。

插入页眉

步骤 2：在"页眉"部分出现一个"在此处键入"文本框，单击文本框并输入内容："喜迎中国共产党建党 100 周年"优秀作品。

步骤 3：单击"页眉和页脚工具—设计"功能区中的"关闭页眉和页脚"命令，或者双击文档编辑区域即可退出页眉和页脚的设置。

若需要设置页眉、页脚为首页不同或奇偶页不同，只需在"选项"功能组中勾选相应命令前的复选框，然后分别对其进行页眉、页脚的设置。

若要为文档的前后两部分设置不同的页眉、页脚，则应该在前部分的结尾处插入一个"分节符"，此时页眉和页脚区域右上角的"与上一节相同"的标志已经取消，则可以设置不同的页眉、页脚。

2. 编辑页眉和页脚

若要修改已插入的页眉或页脚，可双击页眉或页脚位置，或者单击"插入"功能区"页眉和页脚"组中的"页眉"/"页脚"按钮，在弹出的下拉列表中选择"编辑页眉"/"编辑页眉"命令。在完成修改操作后退出页眉和页脚编辑状态即可。

3. 删除页眉或页脚

若要删除页眉或页脚，可单击"页眉和页脚"组中的"页眉"/"页脚"按钮，在弹出的下拉列表中选择"删除页眉"/"删除页脚"命令。

> **技能加油站**
>
> 删除页眉或页脚后留有一条下划线，若要删除该下划线，可选中下划线处的段落标记，单击"开始"功能区"段落"功能组中的"边框"按钮，选择"无边框"选项。

4. 插入和设置页码

页码不是文档的正文内容，而是页眉和页脚中常有的项目。"页码"按钮在"插入"功能区"页眉和页脚"组中。

若要插入预设格式的页码，用鼠标指向菜单上部的页码位置选项，随后会弹出对应的预设页码格式选项，单击其中一项就可将指定格式的页码插入指定位置。删除页码既可以像删除字符一样，也可以单击"页码"按钮，选择下拉列表中的"删除页码"命令。

若预设的页码不合要求，则可以单击"设置页码格式"，打开"页码格式"对话框来进行设置。编号格式为选择页码的基本格式；包含章节号为在页码中引用章节编号；页码编号为页码的编码方式和起始编号。

技能加油站

用户可以按照需要对插入的页码进行字体格式设置。

3.3.3 脚注和尾注

脚注和尾注是对文本的补充说明。脚注和尾注由注释引用标记和其对应的注释文本组成。脚注的注释文本一般位于当前页面的底部，可以作为文档某处内容的注释；尾注的注释文本一般位于文档的末尾，用于列出引文的出处等。在同一个文档中，可同时包含脚注和尾注。

1. 插入脚注/尾注

插入脚注和尾注的操作步骤相似。

给文章作者插入脚注："江西省南昌市人"的具体步骤如下。

步骤1：将光标定位到作者姓名后。

步骤2：单击"引用"功能区"脚注"组中的"插入脚注"按钮。

插入脚注

步骤3：在脚注注释区输入注释内容"江西省南昌市人"，完成后单击文档编辑区即可。

2. 自定义脚注/尾注样式

如果对默认的脚注、尾注样式不满意，可以自定义脚注或尾注样式，具体步骤如下。

步骤1：单击"引用"功能区"脚注"组右下角的功能扩展按钮，打开"脚注和尾注"对话框。

步骤2：确定脚注/尾注的位置。脚注的位置可在页面底端或文字下方；尾注的位置可在文档结尾或节的结尾；

步骤3：需要改变注释引用标记的编号格式，可在"编号格式"下拉列表中选择其他编号格式。若要自定义注释引用标记，可以在"自定义标记"文本框中输入标记符号，也可以单击"符号"按钮选择特殊符号作为标记符号。

注释引用标记的"起始编号"通常是"1"，如果要改变，可调整编号的起始数字。"编号"提供了可以选用的编号方式，尾注有连续、每节重新编号两种，脚注有编号、每节重新编号和每页重新编号3种，可以根据需要选择编号方式。

3. 脚注/尾注的查看

查看脚注/尾注的方法有以下3种。

方法1：将鼠标指向文档中的注释引用标记，注释文本将出现在标记上。

方法2：双击注释引用标记，光标将直接移到注释区，即可以查看该注释。

方法3：选择"引用"功能区"脚注"功能组的"显示备注"按钮来查看注释。如果文档中同时含有脚注和尾注，选择相应的选项后单击"确定"按钮即可查看相应的注释；如果文档只含有脚注或者尾注，将直接转到相应的注释区。

技能加油站

若要快速定位脚注/尾注，可以通过"引用"功能区"脚注"功能组中的"显示备注"或"下一条脚注"/"下一条尾注"命令来实现。

【思政小课堂】

我们党的百年历史，就是一部践行党的初心使命的历史，就是一部党与人民心连心、同呼吸、共命运的历史。历史充分证明，江山就是人民，人民就是江山，人心向背关系党的生死存亡。赢得人民信任，得到人民支持，党就能够克服任何困难，就能够无往而不胜。

——习近平2021年2月20日在党史学习教育动员大会上的讲话

3.3.4 分隔符与分栏版式

1. 分隔符

Word 2016 将分页符、分节符、换行符和分栏符统称为分隔符。

1) 插入分页符

分页符是一种符号，显示在上一页结束以及下一页开始的位置。编辑一个长文档时，Word 会根据页边距和纸张的设置在适当的位置自动分页，当用户修改文本时，Word 会根据需要自动调整分页。这种由程序插入文档中的分页符称为自动分页符，在 Word 2016 的草稿视图下，它在屏幕上显示为一条水平虚线。

若要在某个特定位置强制分页，可插入"手动分页符"，这样可以确定需要的文本从新的一页开始。插入"手动分页符"的方法有以下 3 种。

方法 1：将光标定位到要插入"分页符"的位置，按<Ctrl+Enter>组合键。

方法 2：将光标定位到要插入"分页符"的位置，单击"插入"功能区"页面"功能组中的"分页"按钮。

方法 3：将光标定位到要插入"分页符"的位置，单击"布局"功能区"页面设置"功能组中"分隔符"下拉列表中的"分页符"命令。

2) 插入分节符

节是文档的一部分。插入分节符之前，Word 将整篇文档视为一节。在需要改变行号、分栏数或页面页脚、页边距等特性时，需要创建新的节。分节符起着分隔前后文本格式的作用，插入分节符的具体操作步骤如下。

步骤 1：将光标定位到新节的开始位置。

步骤 2：打开"布局"功能区"页面设置"功能组中"分隔符"下拉列表。

步骤 3：在"分节符类型"中，选择以下任意一种后，单击"确定"按钮。其中，下一页：插入一个下一页分节符并分页，新节从下一页开始。连续：插入一个连续分节符，新节从同一页开始。偶数页：插入一个偶数页分节符，新节从下一个偶数页开始。奇数页：插入一个分节符，新节从下一个奇数页开始。

3) 插入分栏符

对文档（或某些段落）进行分栏后，Word 文档会在适当的位置自动分栏，若希望某一文本内容从下一栏开始，可通过插入分栏符来实现。将光标定位到新栏的开始位置，单击"布局"功能区"页面设置"功能组中"分隔符"下拉列表的"分栏符"命令。

4) 删除分隔符

在页面视图下，单击"开始"功能区"段落"功能组中的"显示/隐藏编辑标记"按钮，可显示隐藏的分隔符。选中需要删除的分隔符，按<Delete>键即可删除。注意：删除分隔符的同时，分隔符起的作用也会随之消失；另外，若删除了某个分节符，其前面的文本将会与后面的节合并，并使用后者的格式设置。

2. 分栏版式

分栏是报纸、杂志中常见的一种版面编排手段，它会使文档版面美观、易读。

将文章第 3 段至结束部分内容分成两栏，栏宽相等并加分隔线的具体步骤如下。

分栏

步骤1：选中需要分栏的内容，选择"布局"功能区"页面设置"功能组中的"栏"按钮下拉列表中的分栏类型选择"两栏"。

步骤2：因要设置分隔线，所以选择"更多栏"命令，在弹出的对话框中勾选"分隔线"。在栏对话框中还能设置每栏的栏宽、栏间距等。

> **技能加油站**
>
> 若想让每栏的内容均分，则应该在已分栏文本的结尾处插入一个连续的分节符；或者分栏前选择文本时，不选择最后的段落标记（若自动选中可以按<Shift+←>组合键取消选择），然后进行分栏。

排版后的文档如图 3-32 所示。

图 3-32　投稿作品排版效果

任务 3.4　"喜迎中国共产党建党 100 周年"优秀作品征集活动获奖证书的制作与打印

【任务工单】

任务名称	"喜迎中国共产党建党 100 周年"优秀作品征集活动获奖证书的制作与打印				
组　　别		成　员		小组成绩	
学生姓名				个人成绩	
任务情境	优秀作品征集活动已经完成作品评审，公司安排小王为获奖作品准备获奖证书，小王决定使用 Word 制作获奖证书的模板并实现证书的打印。他首先创建空白文档，并以"'喜迎中国共产党建党 100 周年'优秀作品获奖证书模板.docx"的文件名保存在 D 盘"工作文件夹"中；然后通过页面设置、插入艺术字、设置页面背景、输入文字等一系列操作完成获奖证书模板的制作；最后，再通过邮件合并功能，完成获奖证书制作，并进行打印和文件输出				
任务目标	制作并打印"喜迎中国共产党建党 100 周年"优秀作品征集活动获奖证书				
任务要求	（1）启动 Word 2016，进入 Word 2016 工作环境 （2）创建空白文档，并将其保存为"'喜迎中国共产党建党 100 周年'优秀作品获奖证书模板.docx" （3）对文档进行页面设置 （4）插入艺术字 （5）设置艺术字效果 （6）对文档进行页面背景设置 （7）在文档中输入文字，并进行字体格式、段落格式设置 （8）邮件合并 （9）打印与文件导出				
知识链接					
计划决策					
任务实施	（1）新建并打开文档"'喜迎中国共产党建党 100 周年'优秀作品获奖证书模板.docx"，列出具体步骤 （2）对文档进行页面设置，设置纸张为 16K 横向，页边距均为 3 cm。列出具体步骤				

任务实施	（3）插入艺术字"获奖证书"（渐变填充：金色，主题色4，边框：金色，主题色4），列出具体步骤 （4）为文档添加页面边框和底纹，列出具体步骤 （5）邮件合并，列出具体步骤 （6）将合并后的文件导出为PDF格式，列出具体步骤
检　　查	
实施总结	
小组评价	
任务点评	

【颗粒化技能点】

插入艺术字

3.4.1 艺术字与文本框

1. 插入艺术字

利用 Word 2016 的艺术字功能，可以将文字进行一些艺术化的处理和修饰。艺术字是一种富于创意性、美观性和修饰性的特殊文本，可以为文本增添艺术效果。

为文本插入"获奖证书"艺术字的具体步骤如下。

步骤 1：新建并打开文档"'喜迎中国共产党建党 100 周年'优秀作品获奖证书模板.docx"，设置纸张为 16K 横向，页边距均为 3cm。单击"插入"功能区"文本"功能组中的"艺术字"按钮，弹出"艺术字样式"下拉菜单，单击需要的艺术字格式（渐变填充：金色，主题色 4，边框：金色，主题色 4），在弹出的艺术字文本框中输入"获奖证书"以替换"请在此放置您的文字"，如图 3-33 所示。

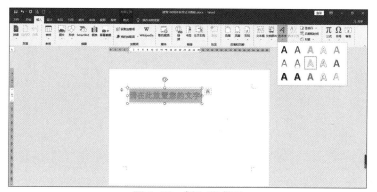

图 3-33　插入艺术字

步骤 2：使用"开始"功能区字体组的按钮，可以对艺术字进行字体格式设置。将"获奖证书"艺术字的字体格式设置为华文新魏、60 磅，字符间距加宽 3 磅，如图 3-34 所示。

图 3-34　艺术字的字体格式设置

> **技能加油站**
>
> 艺术字样式会随着文档的主题变化而变化，本书为默认 Office 主题。

3.4.2 边框、底纹与页面背景

为了修饰或突出文档中的内容，可对文档内的字符、段落、页面添加边框或底纹效果。

1. 用预设边框设置字符/段落边框

使用预设边框设置字符或段落边框的步骤如下。

步骤1：在文档中选中要设置边框的字符或段落，单击"开始"功能区"段落"组中的"边框"图标旁的▼按钮。

步骤2：菜单的上部是预设的边框，单击其中的选项，可以将所选边框应用于所选字符或段落。若选中的是字符，则无论选择何种边框线，结果都一样；若选中的是一个段落，则该段落作为一个整体可以设置不同的边框线，但不能设置内部线条；若选中的是多个段落，则以所选段落为整体设置边框线，可以设置内部线条。若选中的段落之间左、右缩进设置不同，则需要分别进行边框设置。

2. 自定义字符/段落边框

若预设的边框线型不满足需求，则可通过自定义边框来设置边框的线型、阴影、三维效果等。自定义字符/段落边框的具体操作步骤如下。

步骤1：在文档中选中要设置边框的字符或段落，在设置字符/段落边框菜单内，单击"边框和底纹…"命令，出现"边框和底纹"对话框。

步骤2：在"边框"选项卡下，完成对字符和段落边框的设置。首先选择所需的边框类型、再选择边框线条的样式、颜色和宽度，最后选定效果应用的范围。设置过程中可通过"预览"区域查看效果。

步骤3：若要对段落设置不同的边框类型，可先按上述步骤完成一部分边框的设置后，单击"自定义"按钮后，选择不同的样式、颜色或宽度，通过"预览"区域的4个边框按钮对指定边框进行调整。

> **技能加油站**
>
> 当边框设置应用于段落时，可通过"选项…"按钮打开"边框和底纹"对话框，调整边框与正文的间距。

4. 页面背景

在制作一些有特殊用途的文档时，为了使文档更生动、实用，常常需要对文档的页面进行设置，如设置颜色、底纹及添加边框、水印等。

1）设置页面边框

设置页面边框的步骤如下。

设置页面边框和页面背景

步骤1：单击"设计"功能区"页面背景"功能组中的"页面边框"按钮，或单击"开始"功能区"段落"功能组中的"边框"按钮下拉列表中选择"边框和底纹"命令，在弹出的"边框和底纹"对话框中选择"页面边框"选项卡。

步骤2：在"页面边框"选项卡下，首先设置所需的页面边框类型、再选择线条的样式、颜色和宽度，最后选定效果应用的范围。设置过程中可通过"预览"区域查看效果。

步骤3：若需要设置艺术型边框，则选择"艺术型"下拉列表内的图案、设置宽度即可。打开文档"喜迎中国共产党建党100周年"优秀作品获奖证书模板.docx，为文档设置艺术型页面边框，宽度为30磅，设置后效果。

3）添加水印

为文档添加水印，既可以增加一个标记，又不影响文档的阅读。水印分为文字水印和图片水印两类。文字水印多用于说明文件的属性，如一些重要文档中都带有类似"机密文件"字样的水印。图片水印大多用于修饰文档，如一些杂志的页面背景通常为一些淡化后的图片。对文档添加水印的具体操作步骤如下。

步骤1：单击"设计"功能区"页面背景"功能组中的"水印"按钮，在下拉列表中选择其中一种预设的水印效果。

步骤2：若预设水印效果无法满足需求，可单击"自定义水印"命令，在弹出的"水印"对话框中设置图片水印或文字水印效果。例如，为文档"'中国共产党建党100周年'优秀作品获奖证书模板.docx"添加图片水印，取消"冲蚀"设置，效果与图3-65所示相同。

步骤3：如果要删除水印，单击"水印"下拉列表中的"删除水印"命令即可。

【思政小课堂】

我们党的一百年，是矢志践行初心使命的一百年，是筚路蓝缕奠基立业的一百年，是创造辉煌开辟未来的一百年。回望过往的奋斗路，眺望前方的奋进路，必须把党的历史学习好、总结好，把党的成功经验传承好、发扬好。在全党开展党史学习教育，是牢记初心使命、推进中华民族伟大复兴历史伟业的必然要求，是坚定信仰信念、在新时代坚持和发展中国特色社会主义的必然要求，是推进党的自我革命、永葆党的生机活力的必然要求。

——习近平2021年2月20日在党史学习教育动员大会上的讲话

3.4.3 文件打印

1. 文档打印

在文档正式打印之前,先要进行打印预览。如果对预览效果不满意,可以重新设置文档,从而避免纸张和时间的浪费。

邮件合并

1)打印预览

打印预览的操作方法有以下两种。

方法 1:单击"文件"功能区的"打印"选项卡,即可进入文档的"打印"设置界面。在窗口右侧查看文档效果,"设置"区域可直接修改页面设置,如果文档内容需要修改,可单击左上角的"返回"按钮或按<Esc>键,返回文档的编辑状态,如图 3-35 所示。

方法 2:单击"快速访问工具栏"上的"打印预览与打印"按钮,进入打印预览状态。

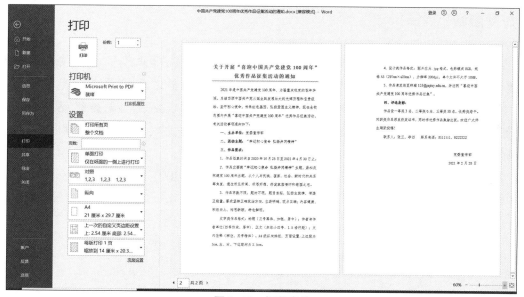

图 3-35 打印窗格

2)打印文档

在正式打印文档前,应准备好打印机。进入文档的"打印"设置界面,选择打印机名称、设置打印的范围、份数和缩放打印等,单击"打印"按钮,打印输出文档。

其中,"设置"功能组下"打印所有页—整个文档"按钮的下拉列表中有一项为"自定义打印范围"命令,选定后可以在"页数"字段中输入特定页码或页码范围。"页数"框内分别输入"1,3,5—8"表示打印文档中的第 1 页、第 3 页、第 5 至 8 页共 6 页。若文档中设置了分节,则可以用 S 表示节,用 P 表示页码。例如,输入 P1S2—P6S2 表示打印第 2 节的第 1 至 6 页。

在设置选项的最下方,有一个"每版打印 1 页"的命令,是指在默认情况下,打印机按页面设置的纸张大小,每张纸只打印一页内容。该命令下的"缩放纸张大小"可对打印内容进行整体缩放,同时通过"每版打印 2 页"的设置可以指定在一张纸上打印 2 页内容。

2. 文件导出

可携带文档格式（Portable Document Format，PDF），是 Adobe 公司开发的一种便携式文件格式。PDF 文件格式可以将文字、字型、格式、颜色及独立于设备和分辨率的图形图像等封装在一个文件中，无论在哪种打印机上都可保证精确的颜色和准确的打印效果。另外，用 PDF 制作的电子书具有纸质书的质感和阅读效果，可以逼真地展现纸书的原貌，而显示大小可任意调节，给读者提供了个性化的阅读方式。

将文件导出为 PDF 格式的操作方法有以下两种。

方法 1：打开需要保存的文档，单击"文件"功能区中的"导出"命令，在导出窗格单击"创建 PDF/XPS 文档"命令，在右边窗格中单击"创建 PDF/XPS"按钮，在打开的窗口中确认文件名后单击"发布"按钮。

方法 2：打开需要保存的文档，使用"另存为"命令，将文档的保存类型指定为"PDF"格式。

【思政小课堂】

中国共产党立志于中华民族千秋伟业，百年恰是风华正茂！我们要认真回顾走过的路，不能忘记来时的路，继续走好前行的路，坚定理想信念，牢记初心使命，植根人民群众，始终保持蓬勃朝气、昂扬斗志。只要我们党始终站在时代潮流最前列、站在攻坚克难最前沿、站在最广大人民之中，就必将永远立于不败之地！

——习近平 2021 年 2 月 10 日在 2021 年春节团拜会上的讲话

任务 3.5 "喜迎中国共产党建党 100 周年"优秀作品征集活动获奖作品集的排版

【任务工单】

任务名称	"喜迎中国共产党建党 100 周年"优秀作品征集活动获奖作品集的排版				
组　　别		成　　员		小组成绩	
学生姓名				个人成绩	
任务情境	"喜迎中国共产党建党 100 周年"优秀作品征集活动已到收尾阶段了,公司安排小王将获奖的 15 件作品汇编成集,小王决定先由下属小李制作初稿,然后自己再审阅。小李先创建空白文档,并以"'喜迎中国共产党建党 100 周年'获奖作品集主控文档.docx"的文件名保存在 D 盘"工作文件夹"中;然后再创建标题样式、导入并合并多个文档、设置自动目录、制作封面页,完成作品集的初稿制作并交给小王。小王再对主控文档进行审阅和批注,完成作品集的制作					
任务目标	将获奖作品制作成作品集,并对其进行统一排版					
任务要求	(1) 启动 Word 2016 应用软件,进入 Word 2016 工作环境 (2) 创建并保存"'喜迎中国共产党建党 100 周年'获奖作品集主控文档.docx"的空白文档 (3) 创建标题样式 (4) 导入并合并多个文档 (5) 添加自动目录 (6) 制作封面页 (7) 对主控文档进行审阅和批注					
知识链接					
计划决策					
任务实施	(1) 创建并保存文档"'喜迎中国共产党建党 100 周年'优秀作品集主控文档.docx",列出具体步骤 (2) 将获奖作品合并为一个主文档/主控文档,列出具体步骤					

任务实施	（3）在主控文档中设置标题样式，列出具体步骤 （4）在主控文档中添加自动目录，列出具体步骤 （5）在主控文档中制作并添加封面页，列出具体步骤 （6）对主控文档进行审阅和批注，列出具体步骤
检　查	
实施总结	
小组评价	
任务点评	

【颗粒化技能点】

3.5.1 文档视图

Word 2016 提供了页面视图、阅读视图、Web 版式视图、草稿视图和大纲视图 5 种视图模式供用户选择。

文档视图

1. 页面视图

页面视图是 Word 的默认视图，一般创建文档、编辑文档等绝大多数的编辑操作都在此模式下进行，它不仅显示文字的格式编排，还显示了文档在页面上的布局效果，页面视图显示效果与打印效果一样。

2. 阅读视图

阅读视图是为了方便阅读浏览文档而设计的视图模式，此模式默认仅保留了方便在文档中跳转的导航窗格，将所有功能区进行了隐藏，扩大了 Word 的显示区域。单击 Word 状态栏右下角的"阅读视图"按钮，或单击"视图"功能区"视图"功能组中的"阅读视图"按钮即可切换到"阅读视图"界面。按<Esc>键或单击任务栏上的"页面视图"按钮可快速地返回"页面视图"模式。

3. Web 版式视图

Web 版式视图是为浏览编辑网页类型的文档而设计的视图，在此模式下可以直接看到网页文档在浏览器中显示的模样。Web 版式视图与草稿视图有些相似，但是可以编辑图片，且文档的显示不受纸张宽度限制，而是根据窗口大小调整文字的换行。

> **技能加油站**
>
> 若文档中存在超宽的表格或图形对象又不方便选择调整的时候，可以切换到此视图中进行操作。

4. 草稿视图

草稿视图是简化的视图，最初是为了降低显示文档对计算机资源的消耗，在此模式下，图形、图片、页眉/页脚、分栏等页面设置都不会显示，仅显示标题和正文。目前，草稿视图仅在对脚注、尾注调整时会用到。

5. 大纲视图

大纲视图主要用于 Word 2016 文档结构的设置和浏览，使用大纲视图可以通过展开和收缩内容的显示方式，方便地查看、调整文档的层次结构，设置标题的大纲级别，成块地移动文本段落。在此视图下还可以轻松地合并多个文档。

3.5.2　样式

样式是指一组经过命名和存储的字符、段落、边框和底纹等格式设置。应用样式时，将同时应用该样式中所有的格式设置指令。应用样式可以快速地统一全文格式，还为自动生成目录创建条件。因此，在编辑文档的过程中，正确设置和使用样式可以极大地提高工作效率。

1. 新建样式

样式分为内置样式和用户自定义样式。用户新建的样式就是自定义样式。为统一所有获奖文字类作品的标题、作者和正文样式，可以为标题创建一个新样式。

新建样式

为文档创建标题样式：黑体、三号、加粗、居中、1.5 倍行距。具体步骤如下。

步骤 1：选中要应用新建样式的文本，然后在"开始"功能区"样式"下拉列表中单击"创建样式"按钮，弹出"根据格式化创建新样式"对话框。

步骤 2：若还需修改，则单击"修改"命令，在弹出的"根据格式化创建新样式"对话框中设置相关的格式。

步骤 3：若要设置段落格式，则单击"格式"按钮，在弹出的列表中选择相关属性进行设置。完成后返回"根据格式化设置创建新样式"对话框，所有样式都将显示在样式面板中，单击"确定"按钮。

2. 使用样式

套用系统内置样式的操作方法有以下 3 种。

方法 1：选中要使用样式的一级标题的文本，单击"开始"功能区"样式"功能组中的"样式"按钮，在弹出的下拉列表中选择"标题 1"选项，如图 3-36 所示。

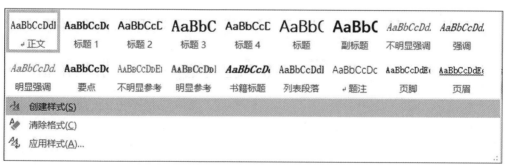

图 3-36　样式下拉列表

方法 2：选中要使用样式的一级标题的文本，单击"开始"功能区"样式"功能组右下角的"功能扩展"按钮，在弹出的"样式"对话框中选择"标题 1"选项。

方法 3：单击<Ctrl+Shift+S>组合键可以快速打开"应用样式"对话框，选择需要的样式单击"重新应用"按钮即可。

3. 修改样式

无论是 Word 2016 的内置样式还是自定义样式，都可以随时对其进行修改。在 Word 2016 中修改"获奖作品集标题样式"，具体操作步骤如下。

步骤 1：将光标定位到正文文本中，单击右键"开始"功能区"样式"功能组中样式下拉列表中的"获奖作品集标题样式",在弹出的快捷菜单中选择"修改"命令。

步骤2：在弹出的"修改样式"对话框中,对其属性和格式进行修改,如将字符颜色改为红色,完成后单击"确定"按钮。

步骤3：返回Word文档,此时文档中的标题自动应用了新的标题样式。

4. 清除格式

对于进行过格式设置的文档,若需要重新设置格式,可以应用"开始"功能区"样式"功能组中"样式"下拉列表中的"清除格式"命令,使文档恢复到未进行格式设置的状态。

3.5.3 合并多个文档

要将多个文档合并到一个文档中，如果使用复制、粘贴功能一篇一篇地合并，不仅费时，还容易出错。而使用 Word 2016 提供的插入对象功能，就可以快速实现将多个文档合并到一个文档中的操作。

1）使用插入"对象…"命令合并文档

应用插入嵌入对象或文件中的文字来快速合并多个文档，具体的操作步骤如下。

步骤 1：新建空白 Word 文档，或者打开需要插入对象的文档并将光标定位到指定位置。

步骤 2：单击"插入"功能区"文本"功能组的"对象"命令，在弹出的下拉列表选择"对象…"命令。

步骤 3：找到文件"奋斗百年路 开启新征程.docx"，单击"确定"按钮。

> **技能加油站**
>
> "对象…"命令，不仅可以插入 word 文档，还可以插入应用程序的文件内容。

2）使用插入"对象中的文字"命令合并文档

步骤 1：新建空白 Word 文档，或者打开需要插入对象的文档并将光标定位到指定位置。

步骤 2：单击"插入"功能区"文本"功能组的"对象"命令，在弹出的下拉列表选择"文件中的文字"命令。

步骤 3：找到文件"奋斗百年路 开启新征程.docx"，单击"插入"按钮。

> **技能加油站**
>
> "插入"按钮的下拉列表有"插入"和"插入为链接"，其中"插入为链接"命令和"对象"对话框中的"链接到文件"复选框意义相同。使用该功能后，若原文档变化，则插入的文档可以使用右键快捷菜单中的"更新域"命令进行更新。

3）应用主控文档

使用"大纲显示"功能区内的"主控文档"功能组的命令，也可以实现多个文档的合并，通过单击"视图"功能区"视图"功能组中的"大纲"按钮，可打开"大纲显示"功能区。主控文档通过超链接来指向分散保存的子文档，并为子文档建立统一的页码和目录，具体的操作步骤如下：

步骤 1：新建空白文档，单击"视图"功能区"视图"功能组的"大纲"按钮，在显示的"大纲显示"功能区"主控文档"功能组中单击"显示文档"按钮。必须确保主控文档的页面布局、使用的样式和模板与子文档相同，只有这样才能执行合并操作。

步骤 2：在展开的"主控文档"分组中单击"插入"按钮，在弹出的"插入子文件"对话框按照顺序要求将子文档逐一打开插入主控文档中，如图 3-37 所示。

此时，"1级"标题就代表一分子文档，同时四周会有灰色边框环绕，表示子文档的范围。双击边框左上角的 ▣ 图标或在右键快捷菜单中单击"打开超链接"命令，可以快速打开对应的子文档。

图3-37 插入子文档的效果

> **技能加油站**
>
> 若插入子文件时，显示询问窗口，则建议单击"全否"按钮，即不允许样式重新命名，以确保子文件内容的完整性，如图3-38所示。
>
>
>
> 图3-38 重命名样式对话框

步骤3：子文档全部插入后，单击"主控文档"组中的"展开子文档"按钮，再单击"关闭大纲视图"按钮，回到主控文档的页面视图模式下，此时可浏览所有文件合并之后的效果。

步骤4：检查各子文档的页码、页眉、页脚等相关信息是否有误，若有则进行修正，完成后保存文件，预览效果如图3-39所示。

图3-39 主控文档预览效果

步骤 5：要避免因为操作失误而导致子文档被修改，可以将子文档设置为锁定状态。展开子文档并将光标定位到子文档中，单击"主控文档"功能组中的"锁定文档"按钮即可。文件被锁定后，在"大纲显示"或"页面视图"模式中就无法修改文件内容。若要解锁子文档，则需再次单击"锁定文档"按钮。

步骤 6：可以通过"主控文档"功能组中的"取消链接"命令，将文档与子文档脱离而形成独立的文档。

3.5.4 目录

1. 目录

目录是长文档不可缺少的部分。通过目录,读者可以快速地了解文档结构以及找到所需内容。制作目录,最便捷的方法就是使用 Word 2016 提供的"目录"制作功能。

1) 创建自动目录

为文档"'喜迎中国共产党建党 100 周年'优秀作品集主控文档.docx"创建自动目录的具体操作步骤如下。

创建自动目录

步骤 1:打开文档,确认需要创建同一级目录的章节均采用相同的样式。

步骤 2:在主文档首页插入一空白页,并输入字符"目录"。

步骤 3:单击"引用"功能区"目录"功能组中的"目录"按钮,在下拉列表中单击"自定义目录…"命令,弹出"目录"对话框,将显示级别调整为"1"。在"目录"对话框中还可以设置"显示页码""页码右对齐"和"制表符前导符"等。

步骤 4:单击"选项"按钮,在弹出的"目录选项"对话框中,删除标题 1 后的目录级别数字 1,并将自定义的"获奖作品集标题样式"目录级改为数字 1,如图 3-40 所示。

(a)　　　　　　　　　　　　　　(b)

图 3-40　目录对话框

(a) 修改前;(b) 修改后

2) 设置目录格式

在创建目录时,也可以同时为目录的文字设置字符格式。具体操作步骤如下。

步骤 1:在所示的"目录"对话框中,单击"修改"按钮。

步骤 2:在弹出的"样式"对话框中,修改目录 1 的字符样式为小四号、仿宋体。

步骤 3:退出"目录"对话框即可看到修改后的效果,如图 3-41 所示。

3) 锁定或删除目录的域链接

目录制作完成后,可按下<Ctrl>键同时单击目录中的标题,可直接跳转至正文与标题对应的位置。如果想要锁定该目录不被更新,可以使用<Ctrl+F11>组合键进行域的锁定。使用<Ctrl+Shift+F11>组合键可进行域的解锁,解锁后可以使用<F9>键或者单击右键快捷菜单中

目 录

弘扬跨越时空的井冈山精神......2

奋斗百年路 开启新征程......5

弘扬井冈山精神 奋斗永远在路上......7

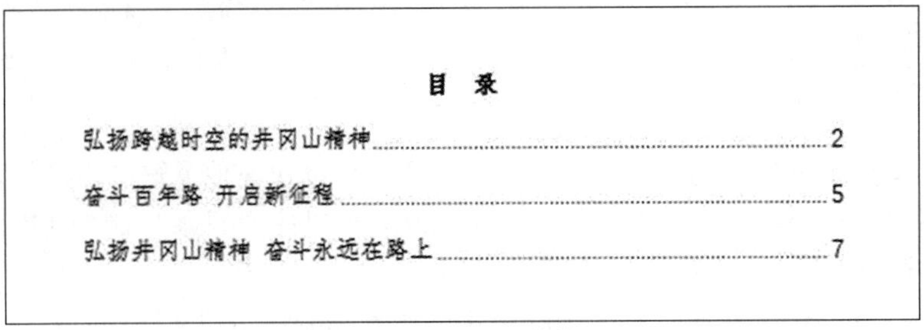

图 3-41 修改后的效果

的“更新域”命令对域进行更新。

如果确定目录不再进行修改，可以将目录转换成普通文字，选定需要删除域链接的文本，按<Ctrl+Shift+F9>组合键 2 次即可。该操作不能恢复，今后如果要更新信息，则需要重新进行插入域操作。

2. 手动目录

Word 2016 还提供了一个手动目录的目录模板，用户可以手动增加目录内容。具体操作步骤如下。

步骤 1： 单击“引用”功能区“目录”功能组中“目录”按钮，在下拉列表中单击“手动目录”命令，出现目录制作界面，如图 3-42 所示。

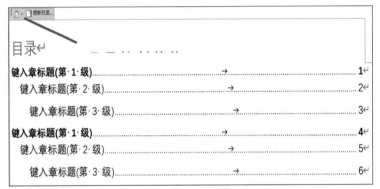

图 3-42 手动目录制作界面

步骤 2： 逐一输入目录中的所有内容。

技能加油站

若要删除目录，可单击“目录”按钮下拉列表中“删除目录”命令，或单击目录控制菜单栏的“目录”按钮下拉列表中的“删除目录”命令。

3.5.5 校对、批注和修订

完成 Word 文档编辑后，还需要进一步地检查、校对后再打印，这样可以减少失误。Word 2016 提供了拼写和语法检查、查找和替换、批注文档和修订文档等功能。

1. 拼写和语法检查

使用拼写和语法检查功能，可以减少文档中的单词拼写错误和中文语法错误。具体操作步骤如下。

拼写和语法检查

步骤1：打开"文件"功能区"选项"命令弹出"Word 选项"对话框，在"校对"选项页中选择"在 Word 中更正拼写和语法时"组中的"键入时检查拼写""键入时标记语法错误""随拼写检查语法"等复选框，单击"确定"按钮。

步骤2：若文档中出现了错误的拼写，就能看到提示的红色波浪线。

步骤3：对于提示错误的拼写，单击"审阅"功能区"校对"功能组中的"拼写和语法"按钮，在弹出的"拼写检查"窗格中更正或忽略设置；或在快捷菜单中选择正确的拼写或"全部忽略""添加到自动更正"等命令进行错误更正。

2. 统计文档字数

使用"审阅"功能区"校对"功能组中的"字数统计"按钮可以快速统计所选文档或全文的字数。查询文档字数的方法有以下两种。

方法1：选中要统计字数的文本，单击"审阅"功能区"校对"功能组中的"字数统计"按钮。在弹出的"字数统计"对话框里，可看到详细的统计信息。

方法2：单击右键 Word 2016 状态栏，在弹出的快捷菜单中勾选"字数统计"命令，即可在状态栏中显示选中文本的字数及文档的总字数。

3. 插入与删除批注

批注是多个用户对同一个文档进行协同处理的手段之一，通过使用批注，作者可以清楚地看到他人对原文的修改建议。插入与删除批注的具体操作步骤如下。

步骤1：打开文档，选中要添加批注的文本，单击"审阅"功能区"批注"功能组中的"新建批注"按钮。

步骤2：在窗口右侧建立一个标记区，标记区中会为选中的文本添加一个批注框，在批注框内输入批注的内容。

步骤3：用户可以单击批注框内的"答复"命令输入答复内容或单击"解决"命令，完成对批注内容的解答。

步骤4：用户可单击"批注"功能组中的"删除批注"按钮或单击右键要删除的批注，从弹出的快捷菜单中选择"删除批注"命令。

【思政小课堂】

"全心全意为人民服务"是中国共产党始终坚持的根本宗旨。中国共产党从成立之初就担负起了为中国人民谋幸福、为中华民族谋复兴的历史使命。在此后的革命历程中，党始终坚持开展斗争为人民、依靠人民闹革命，在人民的帮助、支持下，才能够一次次化险为夷、绝境逢生，从弱小走向壮大。进入抗日战争时期，毛泽东在总结中国革命经验教训的基础上，充分论述了人民对于革命战争的重要性，提出了"全心全意为人民服务"的思想，并在党的七大上将其正式写入党章，成为党和人民军队必须坚守的宗旨。践行全心全意为人民服务的宗旨，就要在任何时候都必须把人民利益放在第一位，把实现好、维护好、发展好最广大人民根本利益作为一切工作的出发点和落脚点。

【拓展练习】

1. 为深入学习贯彻习近平总书记在党史学习教育动员大会上的重要讲话精神,组织引导广大党员干部和群众积极参加党史学习教育。请你使用 Word 2016 制作一份学习党史的通知。

(1) 标题:二号、红色空心华文行楷、加粗、居中、段前段后 0.5 行。

(2) 正文:仿宋、四号、固定行距 30 磅。

(3) 页面设置:A4 纸张,页边距:常规,装订线靠上 1 cm。

(4) 落款:左缩进 20 字符,居中。

2. 请你在认真学习中国共产党党史后,写一篇学习体会,并按以下要求进行排版。

(1) 标题:二号宋体、居中、段后 0.5 行;

(2) 正文:四号宋体、行距 24 磅,将文章第三段内容分成两栏,栏宽相等并加分隔线。

(3) 页眉:"学院党史学习体会",右对齐。添加页码:页面底端,普通数字 2。

(4) 页面设置:纵向 A4 纸张,常规页边距。

项目四　Excel 2016 的使用

【项目概述】

　　小王是某大数据研究公司的一名工作人员，现公司要求小王完成"2020年中国大数据产业发展指数"项目的制作。小王接到任务后，决定使用 Excel 软件来完成本项目的制作。他先在 Excel 软件中创建好工作簿和工作表，向表中录入原始数据。为使工作表更美观，小王还同时对表格进行各项美化操作，如设置字体、字号、边框和底纹、套用样式等。完成数据录入和格式化操作后，接下来要完成的重要工作是数据的计算，小王使用了公式和函数来完成对表中各类数据的计算。为使表中数据看起来更直观，小王创建了数据图表，用图的形式来显示数据。为更好地完成数据统计工作，小王对数据进行了排序、筛选、分类汇总、数据透视表和透视图的管理。最后，在对整个项目中所有数据管理完成后，小王将最终的工作表打印出来，圆满完成了任务。

【项目目标】

- 掌握 Excel 中各类数据的录入及工作表的格式化操作。
- 掌握使用公式与函数进行数据计算的操作。
- 掌握图表的创建及编辑操作。
- 掌握数据的排序、筛选、分类汇总、数据透视表与透视图等数据管理操作。
- 掌握工作表的打印操作。

【技能地图】

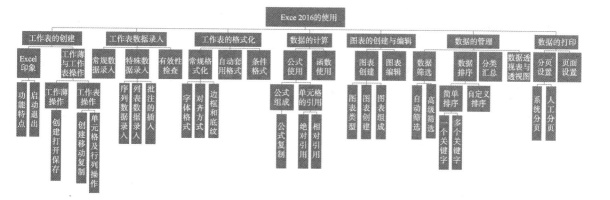

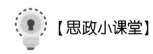【思政小课堂】

大数据时代，数字中国未来可期

1. 数字化发展前景

大数据技术不仅仅是简单的数据收集，而是对数据进行收集、整理、分析、预测、控制、应用。经过处理后的数据应用产生的价值才是最重要的。

从整个大数据发展现状看，受基础环境、数据汇集、行业应用等因素影响，当前大数据在金融、互联网、电信、政务这些领域的发展水平最高。而相对地，在工业、农业、医疗等领域的应用则更薄弱。

从行业性质来说，金融、互联网等领域的信息化程度高、商业模式较为成熟、项目周期较短，且数据应用价值便于评估，相比于其他行业更能吸引大数据企业参与，因此目前仍处于快速发展时期。

更重要的是，随着5G技术的快速发展，人工智能的快速普及，大数据的应用场景、商业模式也拥有了更多发展的可能；科创板的开板，也为想要数字化的企业的资本来源提供了更为长久的动力。

2. "互联网+"的推动

从2012年"互联网+"这个概念被提出后，国内经济形态不断发生改变，"互联网+传统行业"的模式带动国内实体经济的活力。

在"互联网+"的浪潮下，互联网新技术和传统产业碰撞，形成质变，裂变出数字经济和共享经济等新模式，现在中国经济的快速增长已经越来越离不开数字化的发展。

3. 数字技术发展

国内政府和企业从未停止对数字化技术的探索，逐渐成熟的5G技术将为数字化的发展插上翅膀，在数据收集、分析、共享领域，5G技术将起到加速器的作用。

5G赋能数字化新经济不会仅限于经济领域，在人文社科等领域也会横向拓展，用数据说话，用数据推动创新。

4. 中国创造

中国正在努力将中国制造变为中国创造，目前中国的科技企业如华为、小米等在信息技术、人工智能等科技领域颇有建树。

中国移动支付等领域发展更是令世界惊叹，中国凭借十几亿人的共同智慧，不断创新，刷新着世界对中国的认知，这其中都有大数据的身影。

大数据的理念已经渐渐在各行各业渗入扎根，未来数据发展也将走向精细化、专业化、程序化，数字化火箭式的发展必将带来新的市场契机。

任务 4.1　创建 "2020 年中国大数据产业发展指数" 工作表

【任务工单】

任务名称	创建 "2020 年中国大数据产业发展指数" 工作表				
组　　别		成　员		小组成绩	
学生姓名				个人成绩	
任务情境	小王是某大数据研究公司的一名办公人员，现公司要求编制一份 "2020 年中国大数据产业发展指数" 情况表来全面客观评估各个城市大数据产业发展水平、发展潜力以及存在问题，以便精准定位产业布局和重点企业，为政策及相关部门大数据产业规划、产业政策制定提供支撑。公司领导将这项重要任务交给了熟悉办公软件特别是对 Excel 较为精通的小王。 　　小王接到任务后，将任务进行了梳理分解，认为当务之急是先创建工作表。于是他决定先使用 Excel 创建工作簿文件，然后在当前环境下创建 "2020 年中国大数据产业发展指数" 工作表，最后对工作表的行高列宽进行调整、对单元格进行相应的合并拆分					
任务目标	制作 "2020 年中国大数据产业发展指数" 工作表				
任务要求	（1）启动 Excel，进入 Excel 工作环境 （2）创建 "2020 年中国大数据产业发展指数" 工作簿 （3）将工作簿保存为 "2020 年中国大数据产业发展指数.xlsx" 文件 （4）在当前保存好的工作簿中创建 "2020 年中国大数据产业发展指数" 工作表 （5）设置工作表的行高和列宽。工作表第 1 行的行高设置为 50，其余行高设置为 30；第 2 列的列宽设置为 18，其余列宽值设置为 10 （6）合并与拆分单元格。A1：X1 单元格合并后居中；A2：A3，B2：B3，C2：C3，D2：D3，E2：E3 单元格分别合并；F2：I2，J2：L2，M2：O2，P2：R2，S2：U2，V2：X2 单元格分别合并后居中；A24：E24，A25：E25，A26：E26，A27：E27 单元格分别合并后居中					
知识链接					
计划决策					
任务实施	（1）启动 Excel，进入 Excel 工作环境，列出具体步骤 （2）创建 "2020 年中国大数据产业发展指数" 工作簿，列出具体步骤					

任务实施	（3）保存"2020年中国大数据产业发展指数"工作簿，列出具体步骤	
	（4）创建"2020年中国大数据产业发展指数"工作表，列出具体步骤	
	（5）将工作表命名为"2020年中国大数据产业发展指数"，列出具体步骤	
	（6）设置工作表的行高与列宽，列出具体步骤	
	（7）对工作表中相关单元格进行合并操作，列出具体步骤	
检查		
实施总结		
小组评价		
任务点评		

【颗粒化技能点】

4.1.1 Excel 印象

1. Excel 2016 的启动与退出

1) Excel 2016 的启动

Excel 2016 常用的启动方法有以下 3 种。

方法 1：单击"开始"菜单，找到 Excel 2016 后单击即可启动。

方法 2：在桌面上找到 Excel 2016 快捷图标后，双击图标即可启动；

方法 3：找到本机上已保存好的 Excel 文件，双击 Excel 文件后，可在打开 Excel 文件的同时启动 Excel 应用程序。

3 种启动方法说明：使用方法 1 和 2，系统会在新建工作簿后，进入 Excel 工作界面。使用方法 3 时，会在打开工作簿文件同时，进入 Excel 工作界面。

2) Excel 2016 的退出

完成 Excel 工作后，需退出 Excel，常用的退出方法有以下 3 种。

方法 1：双击 Excel 窗口左上角的控制菜单图标。

方法 2：单击窗口右上角的"关闭"按钮。

方法 3：使用<Alt+F4>组合键。

2. Excel 2016 的工作界面

启动 Excel 2016 后，即可进入其工作界面。Excel 2016 的工作界面如图 4-1 所示。

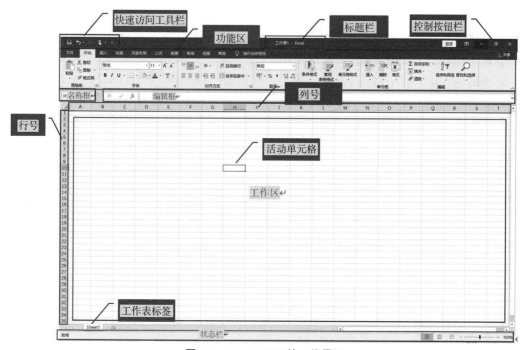

图 4-1　Excel 2016 的工作界面

Excel 2016 工作界面和大多数 Windows 应用程序窗口相同，是一个可视化的、窗口式的操作环境。其工作界面主要由标题栏、快速访问工具栏、控制按钮栏、功能区、名称框、编辑框、工作区、状态栏组成。每一个区还会涉及如选项卡、命令之类的名词，下面将介绍各个组成部分的含义及使用方法。

> 标题栏：显示当前正在编辑的 Excel 文件名。
> 快速访问工具栏：可自定义的工具栏，为方便用户快速执行常用命令，将功能区选项卡中的一个或几个命令在此区域独立显示，以减少在功能区查找命令的时间，提高工作效率。

如需自定义快速访问工具栏，可单击其右侧的箭头，选中常用的命令添加至快速访问工具栏中。如所显示的命令中无需要定义的命令，可单击"其他命令"，进入自定义快速访问工具栏窗口，在该窗口中，可选中任一选项卡中的任一命令在快速访问工具栏中显示。

> 控制按钮栏：可控制窗口的最小化、最大化、还原及关闭操作。
> 功能区：功能区位于标题栏的下方，默认由 10 个选项卡组成。每个选项卡下分为多个组，每个组中有多个命令。显示或隐藏功能区主要由有以下 4 种方法。

方法 1：单击功能区右下角的"折叠功能区"按钮，即可将功能区隐藏起来。
方法 2：单击功能区右上方的"功能区显示选项"按钮，在弹出的菜单中选择"自动隐藏功能区"可将功能区隐藏；选择"显示选项卡"命令，仅显示选项卡；选中"显示选项卡和命令"选项，即可将功能区显示出来。
方法 3：将光标放在任一选项卡上双击，即可隐藏或显示功能区。
方法 4：使用<Ctrl+F1>组合键，可隐藏或显示功能区。

> 行号、列号：显示单元格所在的行号和列标信息。
> 名称框：显示当前活动对象的名称信息，包括单元格列标和行号、表名、图名等。名称框也可用于定位到目标单元格或其他类型对象。在名称框中输入单元格的列标和行号，即可定位到相应的单元格。例如，当单击 C3 单元格时，名称框中显示的是"C3"；当名称框中输入"C3"时，光标定位到 C3 单元格。
> 编辑框：用于显示当前单元格内容，或编辑所选单元格。
> 工作区：用于编辑工作表中各单元格内容，一个工作簿可以包含多个工作表。
> 活动单元格：当前被选定或正在编辑的单元格。
> 工作表标签：用于显示当前工作表名称。
> 状态栏：用于显示当前的工作状态，包括公式计算进度、选中区域的汇总值、平均值、当前视图模式和显示比例等。

3. 工作簿、工作表、单元格及三者间相互关系

> 工作簿：指的是 Excel 文件，Excel 2016 文件的扩展名是 xlsx。
> 工作表：每个工作簿中可以有很多个工作表，如每次新建 Excel 文件时，默认出现的 sheet1、sheet2 等就是工作表。
> 单元格：工作表是由许多单元格构成的，表格行与列的交叉处形成的网格称为单元格。单元格包含活动单元格和非活动单元格，当前选定的单元格为活动单元格，未选定的单元格为非活动单元格。单元格就像一块块积木，你可以拼出各种格式的表格。

工作簿、工作表、单元格三者间的关系：对应以前的纸质办公，工作簿就像一本报表文件，工作表就是这本文件中的每一页，而单元格就是这一页上具体填写数字的格子。

4.1.2 工作簿的操作

工作簿操作 1　　工作簿操作 2

1. 新建工作簿文件

建立新工作簿文件的常用方法有以下 3 种。

方法 1：利用"文件"菜单下的"新建"命令。

方法 2：使用"快速访问"工具栏中的"新建"按钮。

方法 3：使用<Ctrl+N>组合键。

如果使用方法 2 和方法 3，将直接创建空白工作簿。如果使用方法 1，将弹出新建工作簿窗口，用户可在此界面选择创建空白工作簿；也可根据系统提供的模板，选择某类模板，在模板基础上新建模板工作簿。

2. 保存工作簿文件

刚刚创建的工作簿是临时存放在内存中的，如未及时保存，在关闭或断电后信息将全部丢失，因此需及时对其进行保存。保存工作簿的常用方法有以下 3 种。

方法 1：利用"文件"菜单下的"保存"或"另存为"命令。

方法 2：使用"快速访问"工具栏中的"保存"按钮。

方法 3：使用<Ctrl+S>组合键。

执行以上 3 种方法后，系统将会弹出"另存为"窗口。

在"另存为"窗口中单击"浏览"命令，将弹出"另存为"对话框。在对话框中设置新工作簿文件保存的路径并输入保存的文件名后，单击"保存"按钮，即可保存工作簿。

3. 打开工作簿文件

如需编辑已存在的工作簿文件，则需将其打开。打开工作簿常用的方法有以下 3 种。

方法 1：执行"文件"菜单下的"打开"命令。

方法 2：单击"快速访问"工具栏中的"打开"按钮。

方法 3：使用<Ctrl+O>组合键。

执行以上方法后，系统都会弹出"打开"窗口。在该窗口中单击"浏览"按钮，将弹出"打开"对话框，选择需打开的工作簿文件，单击"打开"按钮。

4. 关闭工作簿文件

关闭工作簿文件的方法有如下 4 种。

方法 1：单击"文件"菜单下的"关闭"命令。

方法 2：单击工作簿窗口中的"关闭"按钮。

方法 3：双击控制图标。

方法 4：使用<Alt+F4>组合键。

5. 工作簿的保护和撤消工作簿的保护

工作簿窗口和结构的保护，具体步骤如下：

（1）切换到"审阅"选项卡，单击"保护"组中的"保护工作簿"按钮；

（2）选择保护工作簿窗口和结构复选框并输入撤消保护的密码，即可完成对工作簿的保护；

（3）当再次点击"保护"组中的"保护工作簿"按钮，输入密码，即可撤消对工作簿的保护。

工作簿加密保护，具体步骤如下：

（1）单击"文件"按钮，在弹出的下拉菜单中选择"另存为"菜单项，弹出"另存为"对话框，从中选择合适的保存位置，然后单击"工具"按钮，在弹出的下拉列表中选择"常规选项"选项；

（2）弹出"常规选项"对话框，在"打开权限密码"和"修改权限密码"文本框中输入密码，然后勾选"建议只读"复选框；

（3）单击"确定"按钮，返回"另存为"对话框，然后单击"保存"按钮，弹出"确认另存为"对话框，单击"是"按钮即可。

6. 工作簿的共享

具体步骤如下：

（1）打开 Excel 工作表，单击菜单栏的"审阅"选项卡，接着找到并点击其中的"共享工作簿"；

（2）在弹出的"共享工作簿"窗口中单击"编辑"，并勾选"允许多用户同时编辑，同时允许工作簿合并"；

（3）点击"编辑"左侧的"高级"，在"修订"处设置需要的修订记录，并在"更新"处设置需要的"自动更新间隔"；

（4）修改完成后点击"确定"就可以了。

7. 工作表的保护和撤消工作表的保护

具体步骤如下：

（1）打开 Excel 文件，在上方工具栏中找到"审阅"，然后点击进入"保护工作表"；

（2）在弹出的弹框内，输入密码，可以限制编辑的选项，设置好之后点击"确定"就完成了工作表保护的设置；

（3）当我们再次打开 Excel 文件想要修改工作表，需要输入密码，不知道密码就只能在只读模式下进行查看；

（4）撤销的步骤和添加保护是一样的，同样是找到"审阅"然后点击"撤销工作表保护"；

（5）然后把刚刚设置的密码再次输入弹框内，单击"确定"就可以撤销掉工作表保护了。

8. 工作表的背景、样式及主题设定

具体步骤如下：

（1）打开工作表文件后，点击工具栏中的"页面布局"，在子菜单中选择"背景"；

（2）在打开的工作表背景的对话框中，选择要设为背景的图片，再选择"插入"按钮即可插入背景图片；

（3）若不喜欢插入的背景图片，或想再重新换另一张图片插入，再次点击工具栏中的"页面布局"，在子菜单中选择"删除背景"，删除背景后再次执行插入图片的背景，直到自己满意为止；

（4）同理，点击工具栏中的"页面布局"，在子菜单中选择"主题"样式，选择喜欢的主题和样式即可。

4.1.3 工作表的操作

1. 工作表的基本操作

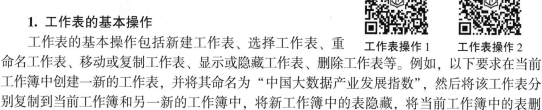

工作表操作1　　工作表操作2

工作表的基本操作包括新建工作表、选择工作表、重命名工作表、移动或复制工作表、显示或隐藏工作表、删除工作表等。例如，以下要求在当前工作簿中创建一新的工作表，并将其命名为"中国大数据产业发展指数"，然后将该工作表分别复制到当前工作簿和另一新的工作簿中，将新工作簿中的表隐藏，将当前工作簿中的表删除。具体步骤如下。

步骤1：新建工作表。单击右键工作簿某一工作表标签，选择"插入"命令，在弹出的"插入"对话框中选择"工作表"后，单击"确定"按钮，即可插入一张新的工作表。

步骤2：选择刚创建好的工作表。单击新建的工作表的标签即可选择刚创建的工作表，被选中的工作表标签呈凹下去的形状。

步骤3：重命名工作表。在选中的工作表标签上单击右键，选择"重命名"命令，输入新工作表名称后，按<Enter>键确认。

步骤4：将新建的工作表复制到当前工作簿和另一新工作簿中。单击右键新工作表标签，在弹出的快捷菜单中选择"移动或复制"命令，打开"移动或复制工作表"对话框，如图4-2所示。

在打开对话框中的"将选定工作表移至工作簿"下拉列表中，默认选择"当前工作簿"选项，用户可根据需要，将工作表移动或复制到其他工作簿或新建工作簿中。这里我们选择复制到当前工作簿和新工作簿中。

对话框中的另一个参数"下列选定工作表之前"列表中可确定工作表的位置。最下面的"建立副本"复选框决定是移动工作表还是复制工作表，

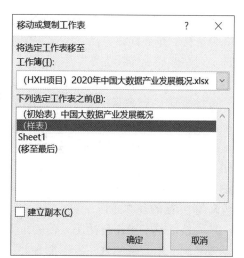

图4-2　"移动或复制工作表"对话框

如果是复制工作表，选中"建立副本"，如果是移动工作表，则不勾选该项。这里我们勾选"建立副本"复选框后单击"确定"按钮。

技能加油站

不同工作簿中移动或复制工作表，需确保目标工作簿处于打开状态。另外，同一工作簿中移动或复制工作表，可用鼠标拖动快速完成。移动或复制工作表的方法：移动鼠标指针到工作表标签上，拖动工作表到目标位置后释放，即可移动工作表。例如，按住<Ctrl>键同时拖动工作表到目标位置后释放，即可复制工作表。

步骤5：隐藏新工作簿中复制的表。单击右键新工作簿中的工作表标签，选择"隐藏"命令，即可将工作表隐藏起来。如需取消隐藏，只需在工作表标签上单击右键，选择"取消隐藏"命令，在打开的"取消隐藏"对话框中，选择需显示的工作表。

步骤6：删除当前工作簿中复制的表。在当前工作簿的工作表标签上单击右键，选择"删除"命令，即可把工作表删除。

2. 行、列的基本操作

行、列的基本操作包括行列的选择、行列的插入和删除、行高或列宽的调整等。要求在"中国大数据产业发展指数"工作表的第 28 行上方连续插入 3 个空行，在 Y 列的左侧连续插入 2 个空列；将第 30~33 行删除，将第 Z 列删除；将新插入的行高设置为 42，新插入的列宽设置为 16。具体操作步骤如下。

行列的基本操作 1　　行列的基本操作 2

步骤 1：选定第 28~30 行，选定第 Y~Z 列。鼠标指针放在最左边的行号 28 行上或最顶部的列号 Y 列上，当出现实心向右或向下箭头时，单击即可选择当前行或列；按住 <Shift> 键单击第 28 行或 Y 列，再单击最后一行 30 或最后一列 Z，即可选中所要求的连续的多行或多列。如需选定不连续的多行或多列，只需按住 <Ctrl> 键依次单击要选择的行号或列号。

步骤 2：在第 28 行上方插入连续的 3 个空行，在 Y 列的左侧连续插入 2 个空列。按照步骤 1 将 28~30 行选定后单击右键，选择"插入"命令，即可在当前选定行上方插入连续的 3 个空行；按照同样方法，在选定的 Y~Z 列上单击右键，选择"插入"命令，即可在当前选定列左侧插入连续的 2 个空列；

步骤 3：将第 30~33 行删除，第 Z 列删除。选定 30~33 行单击右键，选择"删除"命令，可将选定的行删除。同样，选定 Z 列单击右键，选择"删除"命令，可将选定的列删除。

步骤 4：行高或列宽的调整。选定上述新插入的行或列，找到"开始"选项卡下的"单元格标签"，在"格式"下拉列表中选择"行高"或"列宽"命令，在打开的行高或列宽对话框中输入具体行高值 42，列宽值 16。

3. 单元格的基本操作

单元格的基本操作包括单元格的选定、单元格的插入和删除、单元格的移动或复制、单元格的合并、取消合并等。要求在"中国大数据产业发展指数"工作表的 A24 单元格上方插入 3 个空白单元格；将 A24：E24 单元格删除；将 F2：I3 单元格复制到 F28：I29 区域；将 A25：E26 单元格合并为一个单元格；将 A25 单元格取消合并。具体操作步骤如下：

单元格的基本操作 2

步骤 1：选定 A24~A26 单元格区域。拖动鼠标选定 A24~A26 连续的单元格区域。按住 <Ctrl> 键依次单击要选择的单元格，可选定不连续的单元格。

步骤 2：在 A24 单元格上方插入 3 个空白单元格。在步骤 1 基础上单击右键，选择"插入"命令，在弹出的"插入"对话框中选择"活动单元格下移"命令。

步骤 3：将 A24：E24 单元格删除。选定 A24：E24 单元格区域单击右键，选择"删除"命令，在弹出的"删除"对话框中选择"右侧单元格左移"命令。

步骤 4：将 F2：I3 单元格复制到 F28：I29 区域。选定需复制的单元格 F2：I3 单击右键，选择"复制"命令，定位到目标单元格 F28 的位置，选择"粘贴"命令。

步骤 5：将 A25：E26 单元格合并为一个单元格。选择需要合并的 A25：E26 连续单元格区域，找到"开始"选项卡下的"对齐方式"标签，在"合并后居中"下拉列表中选择"合并后居中"或"合并单元格"命令。

步骤 6：将 A25 单元格取消合并。选定要取消合并的单元格 A25，在"合并后居中"下拉列表中选择"取消单元格合并"命令。

任务 4.2 "2020 年中国大数据产业发展指数"工作表数据的录入

【任务工单】

任务名称	"2020 年中国大数据产业发展指数"工作表数据的录入			
组　　别		成　员	小组成绩	
学生姓名			个人成绩	
任务情境	在任务 4.1 中小王已创建好"2020 年中国大数据产业发展指数"工作表,并合理设置了表格的行高、列宽及单元格的合并拆分工作,完成了对工作表结构的初步设计 接下来应该向工作表中输入原始数据。小王根据初始数据特点,将数据分为"常规数据"、有规律的"序列数据"及让用户选择录入的"列表数据"3 部分来进行录入;同时引入"数据有效性检查"机制,来确保输入数据是准确有效的;而且使用批注对表中特殊性数据进行解释说明,小王按照以上思路开展了本任务的工作			
任务目标	完成"2020 年中国大数据产业发展指数"工作表数据的录入			
任务要求	（1）打开任务 4.1 创建好的"2020 年中国大数据产业发展指数"工作簿 （2）在工作表的"总指数"栏的"得分"列和 5 项分指数栏的"得分"列输入小数值 （3）在"序号"列输入以"001"开始的等差序列,在"数据来源"列输入"北京大学数据研究院"相同序列,在"统计日期"列输入"2020-10-5"相同日期序列 （4）"省份"和"城市"列要求用户从下拉列表选择所在省份和城市 （5）对表格 A1 单元格插入批注,批注内容为"本指数数据来源于北京大学数据研究院的大数据企业库、北大法宝的政策数据库以及政府公开信息" （6）对所有"得分"列进行数据有效性检查,要求用户输入的必须是 0~1 之间的小数,否则禁止用户输入,并给出警告信息			
知识链接				
计划决策				
任务实施	（1）打开"2020 年中国大数据产业发展指数"工作簿,列出具体步骤 （2）在工作表的"总指数"栏的"得分"列和 5 项分指数栏的"得分"列输入小数值,列出具体步骤			

任务实施	（3）在"序号"列输入以"001"开始的等差序列；在"数据来源"列输入"北京大学数据研究院"相同序列；在"统计日期"列输入"2020-10-5"相同日期序列，列出具体步骤 （4）"省份"和"城市"列要求用户从下拉列表选择所在省份和城市，列出具体步骤 （5）对所有"得分"列进行数据有效性检查，要求用户输入的必须是0~1之间的小数，否则禁止用户输入，并给出警告信息，列出具体步骤 （6）对表格A1单元格插入批注，批注内容为"本指数数据来源于北京大学数据研究院的大数据企业库、北大法宝的政策数据库以及政府公开信息"，列出具体步骤
检 查	
实施总结	
小组评价	
任务点评	

【颗粒化技能点】

4.2.1 表格中常规及序列数据的录入

表格中常规数据的录入

常规数据的录入

1. 表格中常规数据的录入

在 Excel 单元格中可输入各种类型数据，常规的数据类型有文本型、数值型、日期型、时间型等要在"2020 年中国大数据产业发展指数"工作表中，录入第 4 行的数据。具体要求为在"数据来源"列下输入"北京大学数据研究院"文本型数据；在"总指数"的"得分"列和各项分指数"得分"列下输入小数；为"序号"列输入"001"的文本型数字；在"统计日期"列下输入日期型数据，操作步骤如下。

步骤 1：在"数据来源"列下输入"北京大学数据研究院"文本型数据。单击 B4 单元格，直接在单元格中输入或在该单元格的编辑栏中输入"北京大学数据研究院"后按<Enter>键确认。

步骤 2：在"总指数"的"得分"列和各项分指数"得分"列下输入小数。单击 F4 单元格，输入 0.51 后确认。同样，在各项分指数"得分"列下输入对应的小数值。

数值型数据有正数和负数之分，也有整数、小数、分数之分。如需输入负数，则需在数值前加上负号，或把数值放在括号中；如需输入分数，则对于纯分数应在分数前加上 0 和空格，则对于带分数，整数与分数间用空格隔开，如"0 2/3""1 5/7"。

步骤 3：为"序号"列输入"001"的文本型数字。单击 A4 单元格，先输入单引号（注意是英文状态下的单引号），然后再输入 001 后按<Enter>键确认。或者选定 A4 单元格，单击"开始"选项卡下的"数字"功能组右下角的箭头按钮，打开"设置单元格格式"对话框，在对话框的"分类"列表中，选择"文本"，设定好后，可在单元格内直接输入 001。将数字作为文本型输入后，单元格的左上角会出现绿色的三角形标记。

步骤 4：在"统计日期"列下输入日期型数据。单击 C4 单元格，按 yyyy-mm-dd 的格式输入对应日期，年月日之间可用横线或斜杆隔开，如 2020-10-15 或 2020/10/15。

2. 表格中序列数据的录入

表格中序列数据的录入

序列数据的录入

序列数据指的是有规律的数据，如相同数据、等差数据、等比数据，我们可以称之为序列数据。对于序列数据我们可以使用自动填充的功能来快速录入。前面已完成第 4 行数据的录入，接下来，需在第 4 行数据基础上，通过序列数据快速完成表中其他数据录入。

具体要求：在"数据来源"列下方，录入相同序列，序列值为"北京大学数据研究院"；在"统计日期"列下方，录入相同序列，序列值为"2020/10/15"；在"序号"列下方，录入初始值为"001"，按 1 递增的等差序列。相关步骤如下。

步骤 1：选定"数据来源"列下已输入"北京大学数据研究院"数据的 B4 单元格，鼠标指针移到单元格右下角，当光标变成一个正十字形后，按住左键不松动，往下拖曳，直至 B23 单元格后释放，系统将会为"数据来源"列下鼠标指针经过的所有单元格自动填充"北京大学数据研究院"。

步骤 2：同理，选定"统计日期"列下已输入"2020/10/15"数据的 C4 单元格，鼠标指针移到单元格右下角，当光标变成一个正十字形后，按住左键不松动，往下拖曳，直至 C23 单元格后释放，系统将会为"统计日期"列下鼠标指针经过的所有单元格自动填充 C4 单元格中相同的日期值。

步骤 3：选定"序号"列下已输入"001"数据的 A4 单元格，鼠标指针移到单元格右下角，当光标变成一个正十字形后，按住左键不松动，往下拖曳，直至 A23 单元格后释放，系统将会为"序号"列下鼠标指针经过的所有单元格自动填充初始值为"001"，按 1 递增的等差序列。

以上所有序列数据的录入，除可利用鼠标拖动快速完成外，也可利用"序列"对话框来完成。在"开始"选项卡下的"编辑"组中，单击"填充"下拉列表中的"序列"命令。

在"序列"对话框中，可设定序列填充的方向为"行"或"列"。在"类型"参数中，可设置序列类型，如等差序列、等比序列、日期、自动填充（相同序列），如类型选定"日期"序列，还可设置日期单位为日、工作日、月、年。在"步长值"文本框中，可设置序列的步长。在"终止值"文本框中，如果设置终止值，则序列会填充到终止值所在单元格后就截止，如果不设定，则会将所有选定的单元格全部填充序列。

4.2.2 表格中数据有效性检查及批注的插入

列表数据的录入　　数据有效性

1. 数据有效性使用

数据有效性通过限制单元格的录入内容，在录入数据前可对录入数据的准确性进行检查，从而提高数据录入的准确性，为数据录入提供便捷操作和数据校验工作。在早期版本中，数据有效性在"数据"菜单下，称为"数据有效性"。而在 Excel 2016 版中数据有效性虽仍在"数据"菜单下，但称为"数据验证"。以下将对数据有效性的常用功能和使用情况进行介绍。

1）创建下拉列表

通过数据有效性"序列"的设置，在用户录入数据时，提供下拉列表供用户选择，帮助用户快速完成数据的录入。在"2020 年中国大数据产业发展指数"工作表中，对"省份"列创建下拉列表，供用户选择录入，步骤如下。

步骤 1：选中目标区域，找到"数据"选项卡下"数据工具"组中的"数据验证"，单击"数据验证"下拉列表中的"数据验证"，打开"数据验证"对话框，如图 4-3 所示。

图 4-3 "数据验证"对话框

步骤 2：在"数据验证"对话框的"设置"选项卡下，"验证条件"的"允许"下拉列表中，选择序列，在"数据"下拉列表中选择"介于"。

步骤 3：在"来源"文本框中输入"前 20 强企业"所在的省份名称，不同省份间用逗号隔开（注意：必须用英文状态下的逗号隔开），效果如图 4-4 所示。

设置好下拉列表的单元格，会在右下角出现下拉菜单按钮，单击后会出现刚设置好的序列，直接进行选择即可。如果输入序列之外的数值，系统就会提示报错信息。

2）输入区间数值

"数据有效性"可限制数据类型及数据范围。要求"2020 年中国大数据产业发展指数"表"得分"列只能输入 0~1 之间的小数，否则停止输入。操作步骤如下。

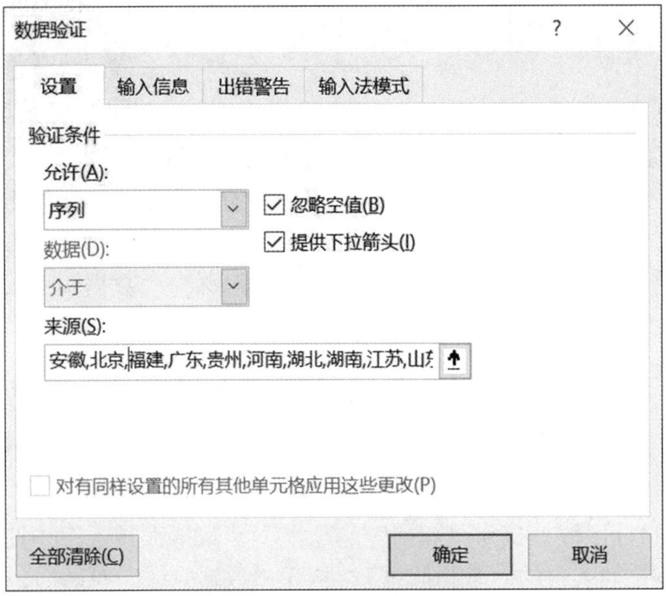

图4-4 设置好的序列效果

步骤1：选中目标区域，找到"数据"选项卡下"数据工具"分组中的"数据验证"，单击"数据验证"下拉列表中的"数据验证"命令，打开"数据验证"对话框，如图4-9所示。

步骤2：在"数据验证"对话框"设置"选项卡下，"验证条件"的"允许"下拉列表中，选择"小数"，在"数据"下拉列表中选择"介于"，在"最小值"和"最大值"文本框中分别输入0和1，表示只能输入0~1之间的小数。设置好的小数范围如图4-5所示。

图4-5 设置好的小数范围

步骤3：选择"数据验证"对话框中的"出错警告"选项卡，在"输入无效数据时显示下列出错警告"的"样式"列表中选择"停止"，标题为"输入有误"，错误信息为"请输入0-1间的小数"，最终设置好的效果如图4-6所示。

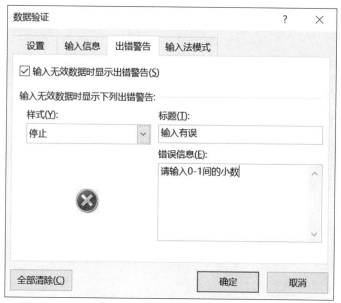

图 4-6 "出错警告"的设置

步骤 4：设置完成后，单击"确定"按钮，我们来验证一下设置的数据有效性，在"得分"列下面我们输入大于 1 的整数或超出 0~1 范围的小数，系统自动弹出停止输入对话框。

> **技能加油站**
>
> 　　在"出错警告"选项卡下，对用户输入无效数据处理有 3 种样式，第一种是"停止"表示必须输入正确的信息；第二种是"警告"，表示允许你选择是否继续输入错误的信息；第三种是"信息"，系统只是提醒，不会不允许用户输入。在"输入信息"选项卡下，可以在用户输入信息前就给出输入提示。

3）固定文本长度

一般我们在录入手机号、身份证、银行卡号等数据时，由于数字位数较多，手工录入容易出错，而且人眼很难识别，这时我们可以对文本长度进行限制，在录入数据时，如果其数字长度和要求不符就会报错，从而及时发现错误。如我们要将身份证号的位数固定为 18 位，如不符合要求时，在"出错警告"下给出信息提示。步骤如下。

步骤 1：因"身份证号"是文本型数值，我们需按照前面所学内容，将"身份证号"列设置为文本格式。

步骤 2：选中目标区域，找到"数据"选项卡下"数据工具"分组中的"数据验证"，单击"数据验证"下拉列表中的"数据验证"命令，打开"数据验证"对话框。

步骤 3：在"数据验证"对话框"设置"选项卡下，在"验证条件"的"允许"下拉列表中，选择"文本长度"，在"数据"下拉列表中选择"等于"，在"长度"文本框中输入"18"，表示只能输入 18 位的身份证号。

步骤 4：继续选择"数据验证"对话框中的"出错警告"选项卡，在"输入无效数据时显示下列出错警告"的"样式"列表中选择"信息"，标题为"身份证号输入"，错误信息为"请检查身份证号是否有误"。

> **技能加油站**
>
> 该处固定文本长度，不仅仅是限制文本长度，对其他数据类型也适合。

2. 批注的使用

批注是作者或审阅者为单元格添加的备注或批示，给单元格添加一些说明性的文字，便于更好地理解单元格的内容。批注内容并不像其他输入内容可以显示在单元格中，它是隐藏的文字，属于非打印文字。为"2020年中国大数据产业发展指数"表中标题单元格A1添加批注、编辑批注及查看批注的相关步骤如下。

步骤1：插入批注。选定需插入批注的A1单元格，执行"审阅"选项卡下"批注"功能组下的"新建批注"命令，系统将在插入批注的单元格旁边弹出一个黄色的批注编辑框，在批注编辑框中输入批注的内容后，单击编辑框外侧，退出批注的编辑。

步骤2：查看批注。加了批注的单元格在右上角有一个红色的标记，我们只要将鼠标放在红色标记处，就可查看批注内容。

步骤3：编辑批注。插入的批注内容并不会在单元格中显示出来，如要编辑批注，需执行"审阅"选项卡下"批注"功能组下的"编辑批注"命令，系统会弹出与新建批注时相同的批注编辑框，在批注编辑框中输入需修改的批注内容后，单击编辑框外侧，退出批注编辑。

步骤4：删除批注。选定需要删除批注的单元格，执行"审阅"选项卡下"批注"功能组下的"删除"命令，即可将批注内容删除。删除完的批注单元格右上角红色标记将消失。

批注的插入

任务 4.3 "2020 年中国大数据产业发展指数"工作表的格式化

【任务工单】

任务名称	"2020 年中国大数据产业发展指数"工作表的格式化			
组　　别		成　　员	小组成绩	
学生姓名			个人成绩	
任务情境	小王按要求完成了对"2020 年中国大数据产业发展指数"数据的录入及批注的插入工作,并对表中数据的有效性进行了检验,保证了表中数据的准确性 接下来要做的是完成对工作表的格式化操作。小王根自己多年的 Excel 经验,将对工作表的格式化操作分为 3 步完成:首先,设定表中字体、字号、颜色、对齐方式、边框和底纹格式等来完成数据的一般格式化操作;然后,利用系统提供的单元格样式快速套用系统格式;最后,利用系统提供的条件格式来完成一些关键数据的显示。小王按照以上思路开展了本任务的工作			
任务目标	完成"2020 年中国大数据产业发展指数"工作表的格式化操作			
任务要求	(1) 打开已录好数据的"2020 年中国大数据产业发展指数"工作簿 (2) 将表格的标题单元格 A1 字体设置为微软雅黑、加粗、18 号、蓝色;表中其他单元格字体设置为宋体、11 号、黑色 (3) 设置"统计日期"列日期显示格式,设置"得分"列数字显示格式保留 3 位小数 (4) 设置表格中所有单元格内容水平居中,垂直居中 (5) 设置表格的外边框为红色双线,内边框为蓝色单线 (6) 设置表格标题单元格 A1 为黄色底纹填充,A2:E23 单元格区域为绿色底纹填充,A24:X27 单元格区域设为黄色底纹填充 (7) 设置"总指数"项下所在列的单元格样式为"浅蓝,60%-着色 1",其他"分指数"项所在列根据自己喜好,设置其他不同的单元格样式 (8) 为"产业规模与质量"项下所在列"自动套用表格格式" (9) 为"总指数"项下的"得分"列设置条件格式,要求得分大于 0.5 的单元格用"浅红填充色深红色文本" (10) 为"产业与政策"项下的"得分"列设置条件格式,要求用"实心填充"下的"蓝色数据条"填充 (11) 为"产业与政策"项下的"排名"列设置条件格式,要求用"条件格式"下"图标集"中的"彩色五色箭头"表示			
知识链接				
计划决策				
任务实施	(1) 对"2020 年中国大数据产业发展指数"工作表的字体、字号、颜色、单元格内容对齐方式设置,列出具体步骤			

任务实施	（2）对"2020年中国大数据产业发展指数"工作表的日期及数字显示方式设置，列出具体步骤 （3）对"2020年中国大数据产业发展指数"工作表边框和底纹的设置，列出具体步骤 （4）对"2020年中国大数据产业发展指数"工作表"总指数"项和各分指数项单元格样式设置，列出具体步骤 （5）对"2020年中国大数据产业发展指数"工作表某个分指数项设置"自动套用表格格式"，列出具体步骤 （6）对"2020年中国大数据产业发展指数"工作表"总指数"项和各分指数项条件格式的设置，列出具体步骤
检　　查	
实施总结	
小组评价	
任务点评	

【颗粒化技能点】

单元格格式及　　设置单元格格式
对齐方式　　　　设置对齐方式

4.3.1　Excel 中常用格式设置

1. 设置单元格格式

单元格字符格式包括字体、字形、字号和颜色的设置。设置字符格式的步骤如下。

步骤 1：选定要设置字符格式的单元格或单元格区域。

步骤 2：单击"开始"选项卡"字体"功能组右下箭头按钮，弹出"设置单元格格式"对话框字体选项卡，如图 4-7 所示。

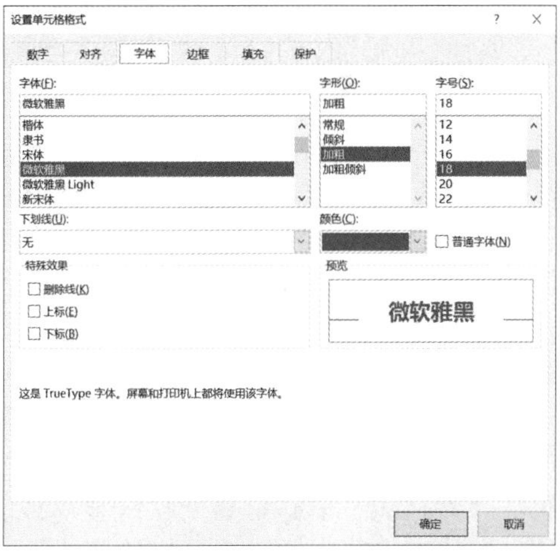

步骤 3：在"字体"选项卡中，可设置单元格的字体（包括英文字体和中文字体）、字形、字号、下划线、颜色等。在特殊效果栏内，可为单元格内容加删除线、设置上标、下标，如需设置，只需勾选相应的复选框。

步骤 4：单击"确定"按钮，完成字符格式的设置。

图 4-7　"设置单元格格式"对话框字体选项卡

2. 设置对齐方式

设置单元格对齐方式可控制单元格内容的水平及垂直对齐位置，具体设置方法如下。

步骤 1：选定要进行设置的单元格或单元格区域。

步骤 2：单击"开始"选项卡"对齐方式"功能组右下箭头按钮，弹出"设置单元格格式"对话框对齐选项卡，如图 4-8 所示。

步骤 3：选择"对齐"选项卡，设置数据对齐方式。可在"水平对齐"和"垂直对齐"下拉列表中选择需要对齐的方式，单击"方向"下的"文本框"，将其变成黑色后，文本方向可由水平变为垂直，再次单击，可恢复水平方向。在"文本控制"下的 3 个复选框，可控制单元格内容"自动换行"或"缩小字体填充"或"合并单元格"。

步骤 4：单击"确定"按钮，完成对齐方式的设定。

3. 设置数字格式

Excel 2016 包含多种数字格式，如货币格式、日期格式等，数字格式具体的设置方法如下。

步骤 1：选定要设置数字格式的单元格或单元格区域。

步骤 2：单击"开始"选项卡"数字"功能组右下箭头按钮，弹出"设置单元格格式"对话框数字选项卡。如图 4-9 所示。

设置数字格式

图 4-8　"设置单元格格式"对话框对齐选项卡　　图 4-9　"设置单元格格式"对话框数字选项卡

步骤 3：选择"数字"选项卡，可对数字格式类型进行设置。如选择"分类"列表中的"数值"可设定用数字显示并指定小数位数；选择"日期"，则可设定日期的具体显示格式；选择"文本"可将单元格内容指定为文本型显示。

步骤 4：设置好后，单击"确定"按钮，完成数字格式的设定。

4. 设置边框和底纹

默认情况下，在 Excel 中显示的网格线是无法打印出来的，我们可以通过执行"视图"选项卡"显示"功能组中"网格线"复选框将网格线显示或隐藏。为了使打印出来的表格有边框线，可以给表格添加不同的线型边框；为了突出显示重要的数据，可以给重要数据的单元格添加底纹。

表格的边框和底纹　设置边框和底纹

为表格或单元格添加边框和底纹的操作步骤如下。

步骤 1：选定要添加边框的单元格或单元格区域。

步骤 2：打开"设置单元格格式"对话框。

步骤 3：在对话框中，单击"边框"选项卡，进入"边框"的设置，如图 4-10 所示。在"样式"列表中，可设置边框的线型，在"颜色"下拉列表中，可指定线的颜色，在"预置"中，可设置外框、内框，或单击下方对应的边框线，单独设置某一边的边框或斜线边框。如选择"预置"下的"无"可取消边框的设置。

步骤 4：在对话框中，单击"填充"选项卡，进入"底纹"的设置，如图 4-11 所示。

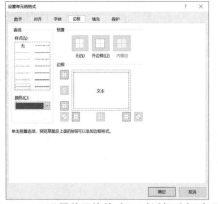

图 4-10　"设置单元格格式"对话框边框选项卡　　图 4-11　"设置单元格格式"对话框填充选项卡

4.3.2 Excel 自动套用格式及条件格式设置

1. 自动套用表格样式

Excel 提供了自动套用格式功能，它可自动识别

自动套用及条件格式　　自动套用表格样式

Excel 工作表中的汇总层次和明细数据的具体情况，然后根据系统预设的表格样式，快速格式化表格。另外，还可在原格式基础上，创建新的表样式。

1) 使用系统内置格式

自动套用系统内置格式，可快速实现表格的格式化，具体步骤如下。

步骤1：选定需自动"套用表格格式"的单元格区域。

步骤2：找到"开始"选项卡的"样式"功能标签，单击"套用表格格式"下拉按钮，打开"套用表格格式"列表。在"套用表格格式"列表中包含60多种深浅不一的内置格式，每种格式具有不同的填充样式。

步骤3：鼠标选中某种样式后，弹出"套用表格格式"对话框，在对话框中确定"表数据的来源"和"表包含标题"复选框，最后确定，完成表样式的套用。

2) 自定义表样式

Excel 内置的表样式不能满足要求，用户可以创建并应用自定义的表样式，具体步骤如下。

步骤1：在自动"套用表格格式"列表中，选择最下方的"新建表格样式"命令，打开"新建表样式"对话框。

步骤2：在"名称"文本框中输入表样式名称。

步骤3：在"表元素"列表中，可以针对不同的表元素进行格式设置。选定相应的表元素，单击下方的"格式"按钮，在打开的"设置单元格格式"对话框中设置所需样式的字体、边框、填充等格式。

步骤4：设置好单元格格式后，单击"确定"按钮，回到"新建表样式"对话框，可在"预览"中看到设置好的效果。

步骤5：单击"确定"按钮，完成表样式的创建。

2. 单元格样式的设置

用户可通过 Excel 提供的单元格样式来快速设置单元格格式。其操作步骤如下。

步骤1：选定需设置单元格样式的单元格区域。

步骤2：单击"开始"选项卡"样式"功能组下的"单元格样式"按钮，系统弹出"单元格样式"列表。

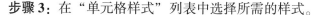

单元格样式

步骤3：在"单元格样式"列表中选择所需的样式。

3. 条件格式的设置

条件格式可为满足条件的单元格设置样式，或为单元格中的数据添加"数据条、色阶、图标集"等显示标记。为"2020年中国大数据产业发展指数"工作表"总指数"下的"得分"列设置条件格式，为得分大于0.5的单元格添加"浅红填充色深红色文本"，为"产业与政策"项下的"得分"列用"蓝色数据条"填充，"排名"列用"彩色五色箭头"表示。其操作步骤如下。

条件格式

步骤1：选定需设置条件格式的"总指数"项下的"得分"列单元格区域F4：F23。

步骤 2：单击"开始"选项卡"样式"功能组下的"条件格式"按钮。

步骤 3：在弹出的级联菜单中选择"突出显示单元格规则"下的"大于"命令，打开设置条件格式对话框。按要求设置好条件及格式后，单击"确定"按钮，系统自动会为"得分"列下大于 0.5 的单元格设置好"浅红填充色深红色文本"格式。

步骤 4：选定需设置"蓝色数据条"的单元格区域 J4：J23，选择设置"条件格式"列表下"数据条"命令，在"数据条"下选择"实心填充"下的"蓝色"数据条，即可为"产业与政策"项下的"得分"列用"蓝色数据条"填充。

步骤 5：选定需设置"彩色五色箭头"单元格区域 K4：K23，选择"条件格式"列表下的"图标集"命令，在其下选择"方向"组中的"彩色五色箭头"。

任务 4.4 "2020 年中国大数据产业发展指数"工作表数据的计算

【任务工单】

任务名称	"2020 年中国大数据产业发展指数"工作表数据的计算				
组　　别		成　　员		小组成绩	
学生姓名				个人成绩	
任务情境	小王按要求完成了对"2020 年中国大数据产业发展指数"工作表的格式化操作，对单元格的字体、对齐方式、边框、底纹进行了常规设置，使用了自动"套用格式"和"单元格样式"快速美化表格，并对表格中的数据进行了条件格式的设置 　　接下来的任务是小王需利用 Excel 的统计功能来完成表格数据计算。工作表中多处涉及大量计算的地方，小王决定使用公式和函数来完成。对需列出表达式计算的地方，小王先使用公式来完成；然后，对需求和、求平均值、最大最小值的地方，小王使用常用函数来完成；最后对需排名、判断及条件求和的地方，小王使用排名函数、条件函数及条件计数函数来完成。小王按照以上思路开展了本任务的工作					
任务目标	完成"2020 年中国大数据产业发展指数"工作表数据的计算				
任务要求	（1）打开任务 4.3 完成的"2020 年中国大数据产业发展指数"工作簿 （2）使用常用函数分别计算总指数和各项分指数的总分、平均分、最高分和最低分 （3）使用公式计算总指数的得分率 （4）使用排名函数得出所有城市的排名情况 （5）使用条件函数显示总指数前 5 强的城市 （6）使用条件函数和逻辑函数显示各项分指数前 5 强的城市 （7）使用计数函数统计城市总个数 （8）使用条件计数函数统计各个城市得分段，分析各个城市发展特点					
知识链接					
计划决策					
任务实施	（1）使用求和、平均值、最大最小值函数对"2020 年中国大数据产业发展指数"工作表中各项指数的总分、平均分、最高分和最低分进行统计，列出具体步骤 （2）使用公式计算总指数的得分率，列出具体步骤					

任务实施	（3）使用排名函数得出所有城市的排名情况，列出具体步骤 （4）使用条件函数显示总指数前 5 强城市和各项分指数前 20 强城市，列出具体步骤 （5）使用计数函数统计城市总个数，列出具体步骤 （6）使用条件计数函数统计各个城市得分段，分析各个城市发展特点，列出具体步骤
检　　查	
实施总结	
小组评价	
任务点评	

【颗粒化技能点】

公式的组成及使用　　公式的使用

4.4.1　公式的组成及使用

1. 公式的概念及组成

公式是 Excel 的一项强大功能，利用公式可快速地完成复杂数据的计算。在 Excel 中公式以"="开始，后面紧跟运算符和运算数，是由运算符连接运算数构成的一个等式。当在一个单元格中输入一个公式后，Excel 会自动加以运算，并将运算结果在单元格中显示出来。

公式由运算数和运算符两大部分构成。其中运算数一般由常量、单元格地址、函数等组成。公式中的运算符主要包括算术运算符、比较运算符、文本连接符、引用运算符。

1）算术运算符

算术运算符主要完成基本的数学运算，如加法、减法、乘法等。

2）关系运算符

关系运算符也称为比较运算符，用来对两个值进行比较，得出的结果是一个为"真"或为"假"的逻辑值。

3）文本连接符

文本连接符只有一个"&"符号，用来接连前后的文本内容，最后返回文本值。在 A1 单元格输入"学习"，A2 单元格输入"计算机"，在 A3 单元格中输入公式"= A1 & A2 后，按<Enter>键确认，即可将 A1 与 A2 两个单元格内容连接起来，生成一个新的文本"学习计算机"。

4）引用运算符

引用运算符可将单元格内容合并计算。引用运算符有 3 种，分别是冒号运算符"："、逗号运算符","和空格运算符。具体含义如下。

冒号运算符也称为区域运算符，表示对两个引用之间，同时包括两个引用在内的所有单元格进行引用。A5：D15，是以 A5 为左上单元格，D15 为右下单元格的一个区域。

逗号运算符也称为联合运算符，将多个引用合并为一个引用。SUM（A1：A15，F1：F15），表示对 A1：A15 和 F1：F15 两个单元格区域进行求和。

空格运算符也称为交叉运算符，会得到几个单元格区域共有区域。SUM（A1：C6 C1：E6）表示求 A1：C6 区域和 C1：E6 区域重叠部分，即最终求和区域为 C1：C6。

5）运算符的优先级

不同类别运算符的优先顺序从高到低排列为引用运算符>算术运算符>文本连接符>关系运算符。同一类运算符优先级排列顺序，引用运算符：冒号>空格>逗号。算术运算符：负号>百分比>乘幂>乘除>加减。当然，通过加括号可以改变运算符间的优先级。

2. 公式的使用

1）公式的输入

要使用公式得到运算结果，需在单元格内输入公式。要计算"2020 年中国大数据产业发展指数"表中北京市总指数"得分率"，具体步骤如下。

步骤 1： 鼠标定位到需得到计算结果的单元格 G4。

步骤 2： 在 G4 单元格中直接输入或在编辑栏中输入"= F4/SUM（F4：$F

$23)"，表示用当前得分项除以总分。

步骤3：输入完成后，按<Enter>键或单击编辑栏左侧"输入"按钮确认，系统将自动算出"得分率"。如要取消公式输入，只需单击编辑栏中"取消"按钮或按<Esc>键。

2）公式的修改和删除

公式的修改和删除步骤如下。

步骤1：双击需要修改或删除公式的单元格，此时编辑栏会显示公式本身内容。

步骤2：如需编辑公式，在编辑栏中输入新公式，确认即可。

步骤3：如需删除公式，在编辑栏中，选中需删除的公式内容，按<Del>键或<Backspace>键后，即可将公式删除。

3）公式的复制

在进行数据计算时，经常会遇到多个单元格使用相同的公式，我们可以先在一个单元格建立一个公式，然后将此公式复制到其他单元格中去，这样可以省去重复输入相同公式的麻烦。要求出其他城市总指数"得分率"，我们可将上述求出的北京市总指数"得分率"公式进行复制，具体步骤如下。

步骤1：选定要复制公式的单元格G4。

步骤2：鼠标指针放在单元格右下角，当指针变为实心的十字形状时，一直往下拖动填充柄到目标单元格G23。

步骤3：释放鼠标后，所有鼠标经过的单元格都会自动填充公式，并计算出结果。

3. 单元格的引用

在前面求"得分率"公式中，我们使用了"=F4/SUM（F4：F23）"表达式，在公式复制中，我们发现，有的单元格地址发生了改变，有些没变，原因是与单元格地址的引用有关。单元格的引用主要有以下两种。

1）相对引用方法

相对引用方法以列标和行号组成，如上述的F4就是相对引用。使用相对引用，在公式复制时，单元格地址会随着目标单元格位置改变而相对改变。如上述G4=F4/SUM（F4：F23），当把公式向下复制时，变成G5=F5/SUM（F4：F23），我们发现，单元格位置发生了相对变化，由F4变成了F5。

2）绝对引用方法

绝对引用是在列标和行号前都加上"$"符号，如$F$4、$F$23和单元格区域$F$4：$F$23都是绝对引用表示法。使用绝对地址表示法，在公式复制时，公式中的绝对地址保持不变。例如，上述在复制公式时，F4：F23并没有随着公式的复制而改变单元格位置。

3）混合引用方法

在列标或行号前加上加上"$"符号即构成混合引用。如$F4表示对列进行绝对引用，行相对引用；F$4，表示对行进行绝对引用，列相对引用。

4）工作表外单元格引用

在前面引用的基础上，加上表名!单元格地址，如在sheet2工作表中引用sheet1表中A1单元格写法为：Sheet1！A1就引用过来了。

4.4.2 函数的使用

1. 函数的概述

函数的功能：函数是 Excel 事先编辑好的、具有特定功能的内置公式。使用函数可以简化公式，同时也可以完成公式所不能完成的功能。

函数的相关知识　　常用函数的使用

函数的组成：函数由函数名、括号、参数构成。其中函数名是函数的主体，表示即将执行的操作。例如，SUM 是求和，AVERAGE 是求平均值。注意：函数名无大小写之分，输入函数后，Excel 会自动用大写表示函数名。函数名后面是一对括号，括号内包括 0 个或多个参数。如果有多个参数用逗号隔开，如果没有参数，括号不能省。参数可以是常量、单元格地址、单元格区域、逻辑值等。注意：参数也无大小写之分。

2. 函数的输入方法

方法 1：在用户对函数名和参数非常熟悉的情况下，可以直接在单元格或编辑栏中输入函数名及参数，按<Enter>键或左侧的"输入"按钮确认。

方法 2：通过"函数库"功能组输入函数，步骤如下。

步骤 1：选定需输入函数的单元格，使其成为活动单元格。

步骤 2：在"公式"选项卡"函数库"组中，选择某一函数类别。

步骤 3：在打开的函数列表中单击所需要的函数。

步骤 4：在"函数参数"对话框中设置函数的各项参数，函数参数可以是常量或引用单元格或单元格区域，不同的函数，其参数个数、名称及用法均不相同，可以单击对话框左下角的"有关该函数的帮助"按钮获取当前函数的帮助信息。

步骤 5：当参数为单元格区域的引用时，如对单元格区域无法把握，可单击参数右侧的"折叠"按钮，可以暂时折叠对话框，用鼠标在工作表中选择要引用的单元格区域，被框选的单元格区域地址会自动生成在折叠函数对话框中。

步骤 6：单击已折叠对话框右侧的"展开对话框"按钮或者按<Enter>键，再次展开"函数参数"对话框，设置完毕后，单击"确定"按钮，返回到工作表，在单元格中显示计算结果，在编辑栏中显示插入的公式。

方法 3：通过"插入函数"按钮输入函数，步骤如下。

步骤 1：选定需输入函数的单元格，使其成为活动单元格。

步骤 2：在"公式"选项卡"函数库"组中单击最左边的"插入函数"按钮或单击编辑栏左侧的"插入函数"按钮。

步骤 3：在"搜索函数"文本框中输入需要解决问题的简单说明，然后单击"转到"按钮，在选择函数列表中会找到对应功能函数供用户选择。

3. 常用函数的使用

下面通过对"2020 年中国大数据产业发展指数"表中相关数据的计算，来介绍 Excel 中常用函数的使用。这里我们要计算表中总指数和各项分指数总得分、平均得分、最高得分和最低得分，具体步骤如下。

步骤 1：求总指数"得分"列的总分。选定需得到总分结果的 F24 单元格，单击"公式"选项卡"函数库"分组中的"自动求和"按钮下的"求和"命令，系统会自动在编辑栏中生成"=Sum（F4：F23）"表达式，按<Enter>键或编辑栏左侧的"输入"按钮确认。

步骤 2：求总指数"得分"列平均分。单击选定 F25 单元格，在单元格内输入"="，在等号后输入求平均值函数 Average，然后鼠标定位在函数参数括号内，框选工作表 F4：F23 区域，使其自动出现在参数括号内，按<Enter>键或编辑栏左侧的"输入"按钮确认。

步骤 3：求总指数"得分"列最高分和最低分。单击选定 F26 单元格，在单元格内输入表达式"＝Max（F4：F23）"，确认后，即可得出最高分。单击选定 F27 单元格，在单元格内输入表达式"＝Min（F4：F23）"，确认后，即可得出最低分。

步骤 4：按照以上方法，计算各项分指数下的总分、平均分、最高分和最低分。

4. 排名函数 Rank 的使用

Rank 函数主要功能是返回一个数值在指定数值列表中的排位情况，函数的语法格式为 Rank（Number，ref，[order]）。其中，第一个参数 Number 为必选参数，表示要排序的数字；第二个参数 ref 为必选参数，表示要比较的范围，一般为一个单元格区域；第三个参数 order 为可选参数，表示排序的方式，当 order 为 0 或忽略时，为降序排名，即数值越大，排名结果值越小；当 order 为非 0 时，为升序排名，即数值越小，排名结果值越大。

在"2020 年中国大数据产业发展指数"工作表中，根据各个城市总指数得分情况，按高到低分进行降序排名，使用 Rank 函数完成的步骤如下。

步骤 1：求出第一个城市"北京市"排名情况，鼠标定位到需得到结果的 H4 单元格。

步骤 2：单击编辑栏左侧的"插入函数"按钮，在"插入函数"对话框中，选择 Rank 函数后，打开"函数参数"对话框。

步骤 3：在 Number 参数中输入要排序的单元格 F4 或单击工作表中的 F4 单元格。在 ref 参数中输入 F4：F23 区域或框选工作表 F4：F23 区域，因要考虑到公式的复制，此处需对 ref 参数中引用的区域使用绝对引用。在 order 参数中输入 0 或忽略，进行降序排名。

步骤 4：设置好后，单击"确定"按钮。

步骤 5：复制公式，得到其他城市的排名情况。鼠标指针放在 H4 单元格右下角，当指针变为实心的"十"字形状时，一直往下拖动填充柄到目标单元格 H23。

5. 逻辑函数 If、And、Or 的使用

If 函数的使用

Excel 中经常需要使用 If 函数判断数据是否符合条件，函数语法为 If（logical_test，[value_if_true]，[value_if_false]），表示对条件（logical_test）进行测试，如果条件成立，则取第一个值（value_if_true），否则取第二个值（value_if_false）。

If 函数是针对一个条件进行判断的函数，并不能完全满足日常的工作需求，在实际使用中，经常会将 If 函数与 And 或 Or 函数结合使用，在 If 的测试条件中，嵌入 And 或 Or 函数来进行多条件的选择性判断。

"与"函数 And 及"或"函数 Or 语法格式为 And/ Or（Logical1，Logical2，…），参数 Logical1，Logical2，…是要从中找出 1 到 255 个检测条件。And 是"与"判断，括号内的条件只有全为真，结果才为真；Or 是"或"判断，只要有一个为真，结果就为真。

在"2020 年中国大数据产业发展指数"工作表中，根据城市得分和排名情况。求出总指数排名前 5 强城市和各分指数排名前 20 强城市，使用 If、And、Or 完成方法如下。

步骤 1：求出总指数排名前 5 强城市。定位到 I4 单元格，先判断"北京市"排名情况。

步骤 2：单击编辑栏右侧的"插入函数"按钮，插入 If 函数，在打开的 If 函数参数对话框中，设置好 3 个参数，在 logical_ test 参数中判断当前城市排名是否小于等于 5，如果条件为真，则返回 value_ if_ true 参数中的"是"（注意：文本型要加双引号，是英文状态下的

双引号,数值型可直接写),否则返回 value_if_false 参数中的内容,什么内容也不填(注意:填入空字符串用双引号表示)。设置好后,单击"确定"按钮。

步骤 3:复制公式到其他单元格,得出其他城市总指数是否前 5 强。鼠标指针放在 I4 单元格右下角,当指针变为实心的"十"字形状时,一直往下拖动填充柄到目标单元格 I23。

步骤 4:求出分项指数排名前 20 强城市。鼠标定位到需得到结果的 L4 单元格,先判断"产业政策与环境"项的指数排名情况。

步骤 5:单击编辑栏右侧的"插入函数"按钮,插入 If 函数,在打开的 If 函数参数对话框中,设置好 3 个参数,这里在 logical_test 参数中使用了"Or 函数",参数中带两个检测条件,即 M6 单元格或 N6 单元格只要有一个不为空,即返回"真"值,当为真时,填充"是",否则填充空值。注意:两个条件用英文下的逗号隔开。

步骤 6:复制公式到其他单元格,得出其他城市该项分指数是否前 20 强。鼠标指针放在 L4 单元格右下角,当指针变为实心的"十"字形状时,一直往下拖动填充柄到目标单元格 L23。同理,按照相同方法,求出其他分项指数排名前 20 强城市。

6. 计数及条件计数函数 Count、CountA、CountIf、CountIfs 的使用

计数函数的使用

计数函数 Count 和 CountA 语法为 Count/CountA(Value1,[(Value2)……),括号中至少包含 1 个参数,最多可包含 255 个参数。其中 Count 函数是统计数字单元格的个数,CountA 函数是统计非空单元格个数。

条件计数函数 CountIf 语法为 CountIf(Range,criteria),计算某个区域满足给定条件的单元格数目。Range 为要计数的单元格区域,criteria 为给定的条件。多条件计数函数 CountIfs 语法为 CountIfs(Criteria_range1,Criteria1,[Criteria_range2,Criteria2]……)参数为多个要计数的单元格区域和多个给定的条件。在"2020 年中国大数据产业发展指数"工作表中,要求统计城市总数,并根据总指数得分情况,统计各个城市的得分段及得分比率。具体步骤如下。

步骤 1:统计城市总数。鼠标指针定位在得到结果单元格中,输入公式"=CountA(E4:E23)",这里对所有城市列计数,因城市列是文本型,所以此处不使用 Count 函数。

步骤 2:统计得分在 0.8 及以上的城市个数。在需得到结果单元格中输入公式"=CountIf(F4:F23,">=0.8")",表示对"得分"列 F4:F23 区域进行大于等于 0.8 的条件计数,因只有一个条件,可使用 CountIf。同理,按相同方法求出"0.6 及以下的城市个数",在结果单元格中,输入公式"=CountIf(F4:F23,"<=0.6")"。

步骤 3:统计得分在 0.7~0.79 的城市个数。在需得到结果单元格中输入公式"=CountIfs(F4:F23,">0.7",F4:F23,"<0.8")",表示对 F4:F23 区域进行大于 0.7,小于 0.8 的条件计数,因此处有两个条件,需使用 CountIfs。同理,按相同方法求出"0.6-0.69 之间的城市个数",在结果单元格中,输入公式"=CountIfs(F4:F23,">0.6",F4:F23,"<0.7")"。

步骤 4:统计各个城市的得分比率。先求出"0.8 及以上城市得分比率",在需得到结果单元格中输入公式"=E36/E33",然后将公式复制,填充其他城市得分比率。

任务 4.5 "2020 年中国大数据产业发展指数"图表的创建与编辑

【任务工单】

任务名称	"2020 年中国大数据产业发展指数"图表的创建与编辑			
组　别		成　员		小组成绩	
学生姓名				个人成绩	
任务情境	小王按要求完成了对"2020 年中国大数据产业发展指数"工作表的数据计算,求出了各个城市总指数和各项分指数排名情况,及各项指数总分、平均分、最高分和最低分,并统计了不同分段的城市个数,全面分析了各个城市发展现状和特点。 接下来,小王需利用已计算出来的"城市得分分段统计结果"用数据图表形式直观地表现出来。因 Excel 图表类型很多,根据所要分析数据特点,小王准备采用曲线图来完成。小王第一步先创建"城市得分分段曲线图",然后对创建好的图表添加各类图表元素并进行相关设置,同时对图表的外观进行格式化设置,使之能更好地分析数据。小王按照以上思路开展了本任务的工作				
任务目标	创建并编辑"2020 年中国大数据产业发展指数"图表				
任务要求	（1）打开"2020 年中国大数据产业发展指数"工作簿 （2）选择"城市得分分段统计表"中的"特点"行和"比率"行中的数据,创建带平滑线和数据标记的"城市得分分段统计散点图" （3）为图表添加图表标题为"城市得分分段曲线图",横坐标标题为"发展特点",纵坐标标题为"比率" （4）为图表添加图例元素,图例位于图表标题下方,名称为"比率" （5）设置图表横坐标轴不显示,纵坐标轴显示方式为刻度最小值为 0%,最大值为 100%,主要刻度单位为 20%,次要刻度单位为 5% （6）显示图表主轴主要水平网格线和主轴主要垂直网格线,并分别设置网格线的颜色 （7）显示数据标签,数据标签中显示 X 值,将数据标签插到横坐标轴对应的散点位置 （8）将图表标题文字设置为微软雅黑 15 号,其他文字设置为黑体 12 号 （9）分别对图表区、绘图区添加不同的边框和背景色 （10）调整图表大小并将图表放入 I33:O47 区域				
知识链接					
计划决策					
任务实施	（1）根据"城市得分分段统计表",创建带平滑线和数据标记的散点图,列出具体步骤				

任务实施	(2) 为图表添加图表标题，为横坐标和纵坐标添加坐标轴标题，列出具体步骤 (3) 在图表下方添加图例元素，列出具体步骤 (4) 设置图表横坐标轴和纵坐标轴显示格式，列出具体步骤 (5) 设置图表主轴主要水平网格线和主轴主要垂直网格线，并分别设置网络线的颜色，列出具体步骤 (6) 设置图表数据标签值及显示位置，列出具体步骤 (7) 设置图表中相关元素字体、字号、边框及背景颜色，列出具体步骤 (8) 改变图表大小并移动位置，列出具体步骤
检　　查	
实施总结	
小组评价	
任务点评	

【颗粒化技能点】

4.5.1 图表创建

1. 图表的功能

Excel 中的图表将工作表中的数据用图形的方式表示出来,当基于工作表选定区域建立图表时,Excel 将使用来自工作表中的值,生成不同类型的图表。因此,图表是建立在工作表基础上的,其优点是使数据显示更为清晰直观,能更好地帮助用户分析、比较数据。

2. 图表的类型

Excel 提供了多种图表类型表示数据间的关系,如常见的图表类型有柱形图、条形图、折线图、饼图、圆环图、散点图、面积图、曲面图、股价图、气泡图、雷达图等,每种类型下又有对应的多种子类型。在实际使用中,可单独选择一种类型,也可将其中的一些图表组合起来。

介绍 11 种常用图表类型的特点和适用场合。

（1）柱形图:柱形图是用柱形块表示,在水平方向上比较不同类型的数据。

（2）条形图:类似于柱形图,在竖直方向上比较不同类型的数据。

（3）折线图:用点及点与点间连成的折线表示数据,它可以描述数据的变化趋势。

（4）饼图:饼图用于表示部分在整体中所占的百分比,显示出部分与整体关系。

（5）圆环图:以一个或多个数据类别来比较部分与整体的关系。

（6）散点图:散点图中的点一般不连续,每一点代表了两个变量的数值,适用于分析两个变量之间是否相关。

（7）面积图:强调一段时间内,数值的相对重要性。

（8）曲面图:当第三个变量变化时,描述另外两个变量的变化轨迹。

（9）股价图:综合了柱形图和折线图,专门用来反映股票价格变化。

（10）气泡图:突出显示值的聚合,类似散点图。

（11）雷达图:表明数据或数据频率相对于中心的变化。

3. 图表的创建

下面在"2020 年中国大数据产业发展指数"工作表中,选择"城市得分分段统计表""特点"行和"比率"行中的数据,创建"城市得分分段统计散点图",具体步骤如下。

图表的创建

步骤 1:选定数据源。鼠标拖动选择 E2:H2,按住<Ctrl>键,继续拖动鼠标选定 E37:H37。

步骤 2:单击"插入"选项卡"图表"功能组右下的箭头按钮,打开"插入图表"对话框。

步骤 3:在"插入图表"对话框中,单击"所有图表"选项卡,在列表中可看到 Excel 提供的所有图表类型,单击"XY 散点图"选项。

步骤 4:在"XY 散点图"类别中,提供了多种子图表类型。选择其右侧的"带平滑线和数据标记的散点图",单击"确定"按钮,即可在当前工作表中创建所需的图表。

步骤 5:如需创建独立图表,选定创建好的图表,在"设计"选项卡最右侧"位置"

功能组下，找到"移动图表"命令，单击"移动图表"按钮，打开"移动图表"对话框，在对话框中选择"新工作表"，单击"确定"按钮后，图表将单独放在新工作表中。

步骤6：如需更改图表类型，选定创建好的图表，在"设计"选项卡最右侧"类型"功能组中，单击"更改图表类型"命令，系统会再次打开"插入图表"对话框，选择新的图表类型后单击"确定"按钮，即可更改图表的类型。

4. 图表的组成元素

Excel 图表由图表区、绘图区、坐标轴、标题、图例、数据系列和网格线等基本部分构成。下面通过"城市得分分布曲线图"来认识图表中各元素，如图 4-12 所示。

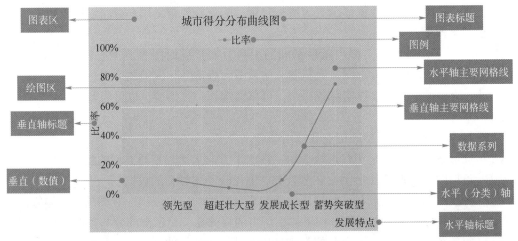

图 4-12　图表组成元素

4.5.2 图表的编辑与美化

图表完成后，用户可以对它进行编辑和美化。对上节中创建的"城市得分分段统计散点图"，按照具体要求来对图表进行编辑和美化操作，达到如图 4-13 所示的最终效果。

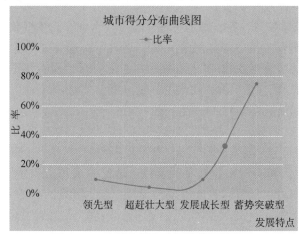

图 4-13 "城市得分分段统计"效果图

1. 图表的编辑

对图表元素的添加与删除操作可以通过单击"设计"选项卡中的"添加图表元素"按钮进行，而对图表元素的细节调整则主要通过选中图表元素并单击右键进行相应元素的细节调整。各种元素的应用和调整将通过以下操作步骤进行。

图表的编辑

步骤 1：设置图表标题为"城市得分分布曲线图"。图表创建好后，默认情况下会在图表上方出现图表标题，单击图表标题，在文本框中输入新的标题名，效果如图4-13所示。

步骤 2：为水平轴和垂直轴添加坐标轴标题。选定图表，单击"设计"选项卡最左边的"添加图表元素"命令，打开其下拉列表，在弹出的下拉列表中，选择"坐标轴标题"下的"主要横坐标轴"为图表添加水平轴坐标轴标题，选择"主要纵坐标轴"为图表添加垂直轴坐标轴标题。在水平轴标题名称框中输入"发展特点"，在垂直轴标题名称框中输入"比率"，并将水平轴标题框拖动到图表的右下角。

步骤 3：为图表添加图例，图例位于图表标题下方，名称为"比率"。选定图表，在打开的"添加图表元素"列表下，选择"图例"下的"顶部"命令，这时图例将出现在图表标题下方，在图例框中输入新的名称"比率"。

步骤 4：显示"主轴主要水平网格线"和"主轴主要垂直网格线"。选定图表，在打开的"添加图表元素"列表下，选择"网格线"命令，在弹出的子菜单中，为图表添加"主轴主要水平网格线"和"主轴主要垂直网格线"。注意，如网格线已存在或已添加，再次单击，则会取消网格线的添加。

步骤 5：设置图表横坐标轴不显示。选定图表，在打开的"添加图表元素"列表下，选择"坐标轴"，在弹出的子菜单中，单击"主要横坐标轴"命令，即可将默认显示的横坐标轴隐藏起来，如需再次显示，只需再次单击该命令。

步骤 6：设置图表纵坐标轴显示方式为刻度最小值为 0%，最大值为 100%，主要刻度单位为20%，次要刻度单位为5%。选定图表中的垂直（数值）轴单击右键，在弹出的快捷菜单中选择"设置坐标轴格式"，会在窗口的右侧打开"设置坐标轴格式"面板，在边界下的"最小值"文本框中设置数值轴最小刻度为0.0，"最大值"文本框中设置最大刻度为1.0，在单位下的"大"文本框中设置0.2，表示主要刻度单位为0.2，下方"小"文本框中设置0.05，表示次要刻度单位为0.05。

步骤7：给图表添加数据标签，数据标签中显示"X值"，并将数据标签插到横坐标轴对应散点位置。选定图表，在"添加图表元素"列表下，选择"数据标签"命令，在弹出的子菜单中选择"其他数据标签选项"，会在窗口右侧打开"设置数据标签格式"面板，在标签选项下，取消"Y值"和"显示引导线"复选框，勾选"X值"复选框。最后，将数据标签从散点位置拖到横坐标轴对应的散点处。

2. 图表的美化

对编辑好的"城市得分分段统计散点图"按要求进行美化操作，步骤如下。

图表的美化

步骤1：设置图表区和绘图区边框及背景色。选定图表单击右键，选择"设置图表区格式"，打开"设置图表区格式"面板，在"填充"标签下设置填充色，在"边框"标签下勾选"圆角"复选框，同理，设置绘图区边框和背景色。

步骤2：设置图表网格线颜色。选定图表中水平网格线和垂直网格线单击右键，选择"设置网格线格式"命令，在打开的面板中，设置线条的类型、颜色、粗细。

步骤3：将图表标题设为微软雅黑15号，其他文字设为黑体12号。选定图表标题，在"开始"选项卡"字体"功能组，单击"字体"命令，在下拉列表中选择所需字体，单击"字号"命令，在下拉列表中选择所需字号。同理，选择图表其他元素，设置对应的字体、字号。

步骤4：调整图表大小并将其放入I33：O47区域。鼠标拖动图表区，使其左上角对准I33单元格，然后鼠标放在图表右下角，当指针形状变成双向箭头时，按住鼠标，改变图表大小，使其右下角对准O47单元格。

任务 4.6 "2020 年中国大数据产业发展指数"数据管理

【任务工单】

任务名称	"2020 年中国大数据产业发展指数"数据管理				
组 别		成 员		小组成绩	
学生姓名				个人成绩	
任务情境	小王按要求完成了对"2020 年中国大数据产业发展指数"工作表图表的创建及编辑工作,通过图表直观地分析了表格中的数据 接下来,小王需利用 Excel 提供的数据管理功能,进一步分析表格中的数据。数据管理是一项更为复杂的工作,包含数据排序、筛选、分类汇总、数据透视表及透视图等,小王决定继续完成这一系列数据管理工作				
任务目标	完成"2020 年中国大数据产业发展指数"数据表的管理工作,主要包括数据的排序、筛选、分类汇总、数据透视表与透视图操作				
任务要求	(1) 对"2020 年中国大数据产业发展指数城市排名(总指数前 20 强)"表按照前 5 强升序排列 (2) 对以上工作表按照第一关键字为"是否前 5 强"列的降序排列,第二关键字为"省份"列的升序排列,第三关键字为"得分"列的升序排列 (3) 对以上工作表按照"发展特点"列由低到高进行自定义排序,排序的顺序为蓄势突破型→发展成长型→超赶壮大型→领先型 (4) 对以上工作表筛选出发展特点为"领先型"或"发展成长型"或"超赶壮大型"城市,使用自动筛选完成 (5) 对以上工作表筛选出排名前 5 的城市,使用自动筛选完成 (6) 对以上工作表筛选出省份为"广东"且排名"前 3"的城市,使用自动筛选完成 (7) 对以上工作表筛选出省份为"广东"且发展特点为"领先型"城市,或前 5 强城市,或排名在 15~20 的城市,并将筛选结果复制到其他区域显示,使用高级筛选完成 (8) 对以上工作表按照"是否前 5 强"列进行分类汇总,分类字段分为"是否前 5 强",要求统计前 5 强城市的总得分、平均得分、最高得分 (9) 对以上工作表,按照前 5 强城市和发展特点两列进行分类汇总,分类字段分别为"是否前 5 强"和"发展特点",汇总项为"得分"列,汇总方式为求和 (10) 创建以上工作表的数据透视表,要求:页筛选字段为"是否前 5 强",行字段为"发展特点"和"省份",汇总项为对"得分"列求和及平均值,对"得分率"求和。对创建好的数据透视表进行布局和美化操作 (11) 创建以上数据透视表的数据透视图				
知识链接					
计划决策					
任务实施	(1) 一个关键字及多个关键字排序创建,完成任务要求中的(1)~(2),列出具体步骤				

任务实施	（2）自定义排序的创建，完成任务要求中的（3），列出具体步骤 （3）自动筛选的创建，完成任务要求中的（4）～（6），列出具体步骤 （4）高级筛选的创建，完成任务要求中的（7），列出具体步骤 （5）分类汇总的创建，完成任务要求中的（8）～（9），列出具体步骤 （6）数据透视表的创建，完成任务要求中的（10），列出具体步骤 （7）数据透视图的创建，完成任务要求中的（11），列出具体步骤
检　　查	
实施总结	
小组评价	
任务点评	

【颗粒化技能点】

4.6.1 数据的排序

1. 排序的功能

数据的排序 1   数据的排序 2

用户在工作表中录入数据时，一般不会考虑数据的先后顺序，在需对数据归类整理时，会经常使用 Excel 提供的排序功能。用户可以对数据区域的数据按照行或列的方式进行排序，通过排序可将一组"无序"的记录调整为"有序"的记录。排好序后，Excel 将根据指定的排序重新设置行、列的位置。

2. 排序的顺序

排序有两种顺序，即升序和降序。对于数值来说，升序就是从小到大，降序就是从大到小；对于文本来说，升序就是 A~Z，降序就是 Z~A。根据前面所学，我们知道 Excel 单元格中显示的数字有两种：一种是纯数值，另一种是文本型数值。文本型数值升序是 1~9，但是要先排所有 1 开头的，然后才是 2 开头的，而纯数值就是单纯地按大小来排序。

技能加油站

Excel 中除按数值和字母排序外，还可按笔画进行升序和降序排列。

---

3. 排序的关键字

在排序时，需要指定一个或多个关键字。如按某一列或某一行进行排序，那么把这一列或这一行就称为排序的一个关键字。排序的关键字可以有多个，即主要关键字、次要关键字、第三关键字等。关键字是有先后顺序的，如设置了多个关键字，则系统先按主要关键字排序，当主要关键字所在单元格有相同的值，不能确定排列先后顺序时，再按次要关键字排序；同样当次要关键字所在单元格有相同的值，不能确定排列先后次序时，再看第三关键字，以此类推。如果主要关键字能够确定排列顺序，则后面的关键字将不起作用。

4. 排序的使用

1) 一个关键字的排序

以下对 "2020 年中国大数据产业发展指数城市排名（总指数前 20 强）" 工作表进行排序，要求按照 "是否前 5 强" 列进行升序排列，步骤如下。

步骤 1：指定要排序的列。鼠标定位到要排序的列，此处定位在 I 列任意单元格中。

步骤 2：找到 "数据" 选项卡 "排序和筛选" 功能组。

步骤 3：单击功能组中的 "升序" 按钮，数据按照 I 列单元格中的值进行升序排列（因 I 列是文本型，将按字母从小到大排），这时可发现，Excel 按照指定的排序列重新设置了行的位置。

2) 多个关键字的排序

以下对 "2020 年中国大数据产业发展指数城市排名（总指数前 20 强）" 工作表进行排序，要求第一关键字为 "是否前 5 强" 列的降序排列，第二关键字为 "省份" 列的升序排列，第三关键字为 "得分" 列的升序排列。步骤如下。

步骤 1：指定要排序区域。鼠标选择要排序的区域，此处选择 A2：J22 区域。

步骤2：找到"数据"选项卡中的"排序和筛选"功能组。
步骤3：单击功能组中的"排序"按钮，打开"排序"对话框，如图4-14所示。

图4-14 "排序"对话框

步骤4：在对话框"列"下的"主要关键字"列表中选择"是否前5强"，在"排序依据"列表中选择"单元格值"，在"次序"列表中选择"降序"。

> **技能加油站**
>
> 此处的"数据包含标题"复选框，如不勾选，则作为标题的行也会参与排序；如果勾选，则作为标题的行不参与排序。此处要求作为标题行的第二行不参与排序，因此勾选。若选择了"数据包含标题"，则在关键字列表中，会出现列的标题名，否则将出现列号。

步骤5：单击"排序"对话框左上角的"添加条件"按钮，在"列"下出现排序的第二关键字设置，我们将其设置为"省份"列的升序。
步骤6：同理，继续单击"排序"对话框左上角的"添加条件"按钮，在"列"下出现排序的第三关键字设置，我们将其设置为"得分率"列的升序，设置好所有关键字后，单击"确定"按钮。设置好关键字的"排序"对话框如图4-15所示，最终效果如图4-16所示。

图4-15 设置好关键字的"排序"对话框

2020年中国大数据产业发展指数城市排名（总指数前20强）

序号	数据来源	统计日期	省份	城市	得分	得分率	排名	是否前5强	发展特点
001	北京大学数据研究院	2020-10-15	北京	北京市	0.964	8.63%	1	是	领先型
004	北京大学数据研究院	2020-10-15	广东	广州市	0.646	5.79%	4	是	发展成长型
012	北京大学数据研究院	2020-10-15	广东	深圳市	0.828	7.41%	2	是	领先型
011	北京大学数据研究院	2020-10-15	上海	上海市	0.799	7.15%	3	是	超赶壮大型
006	北京大学数据研究院	2020-10-15	浙江	杭州市	0.645	5.77%	5	是	发展成长型
007	北京大学数据研究院	2020-10-15	安徽	合肥市	0.510	4.56%	12	否	蓄势突破型
003	北京大学数据研究院	2020-10-15	福建	福州市	0.467	4.18%	16	否	蓄势突破型
010	北京大学数据研究院	2020-10-15	福建	厦门市	0.494	4.43%	13	否	蓄势突破型
005	北京大学数据研究院	2020-10-15	贵州	贵阳市	0.473	4.24%	14	否	蓄势突破型
019	北京大学数据研究院	2020-10-15	河南	郑州市	0.473	4.23%	15	否	蓄势突破型
016	北京大学数据研究院	2020-10-15	湖北	武汉市	0.538	4.82%	7	否	蓄势突破型
018	北京大学数据研究院	2020-10-15	湖南	长沙市	0.410	3.67%	20	否	蓄势突破型
015	北京大学数据研究院	2020-10-15	江苏	无锡市	0.453	4.06%	17	否	蓄势突破型
013	北京大学数据研究院	2020-10-15	江苏	苏州市	0.519	4.65%	10	否	蓄势突破型
008	北京大学数据研究院	2020-10-15	江苏	南京市	0.535	4.97%	6	否	蓄势突破型
009	北京大学数据研究院	2020-10-15	山东	青岛市	0.413	3.69%	19	否	蓄势突破型
017	北京大学数据研究院	2020-10-15	陕西	西安市	0.417	3.74%	18	否	蓄势突破型
002	北京大学数据研究院	2020-10-15	四川	成都市	0.525	4.70%	9	否	蓄势突破型
014	北京大学数据研究院	2020-10-15	天津	天津市	0.531	4.75%	8	否	蓄势突破型
020	北京大学数据研究院	2020-10-15	重庆	重庆市	0.511	4.57%	11	否	蓄势突破型

图 4-16　按照三个关键字排序的最终效果

3）自定义排序

当默认的排序无法满足排列要求时，可以使用自定义排序。对“2020 年中国大数据产业发展指数城市排名（总指数前 20 强）”表中的“发展特点”列，要按照发展的特点由低到高进行排序，排序的顺序为蓄势突破型→发展成长型→超赶壮大型→领先型。我们发现在对该列进行排序时，无论是升序还是降序都不符合我们的要求。我们可以通过自定义排序让 Excel 按照用户所希望的方式来排序。

自定义排序跟普通排序的区别在于，自定义排序前需定义好序列，然后再按照定义好的序列进行排序。完成上述所要求的“发展特点”列自定义排序的具体方法如下。

步骤 1： 指定要排序数据。鼠标选择要排序的区域，此处选择 A2：J22 区域。

步骤 2： 单击“数据”选项卡“排序和筛选”功能组中的“排序”按钮，打开“排序”对话框。

步骤 3： 将主要关键字选择“发展特点”列，排序依据设为“单元格值”，在“次序”列表下选择“自定义序列”，打开“自定义序列”对话框，如图 4-17 所示。

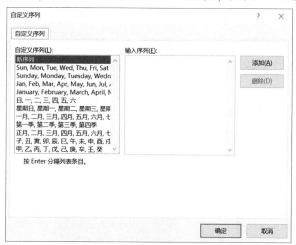

图 4-17　“自定义序列”对话框

步骤4：在对话框"输入序列"列表中输入所要求的序列，注意，每输入一个值需按 <Enter> 键，确保每个值单独占一行。所有序列值输入完后，单击"添加"按钮，可将输入好的序列添加到"自定义序列"列表中。添加好序列的对话框如图 4-18 所示。

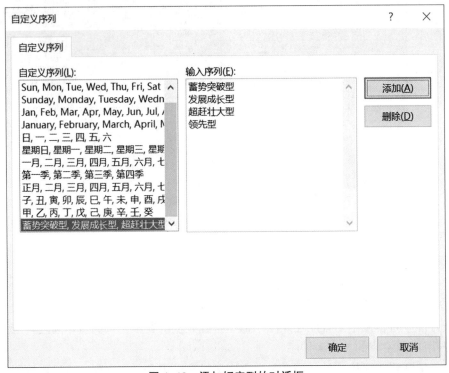

图 4-18　添加好序列的对话框

步骤5：添加完序列后，单击"确定"按钮，返回"排序"对话框，在"次序"列表下会出现刚定义好的序列，选择定义的序列，单击"确定"按钮，最终排序效果如图 4-19 所示。

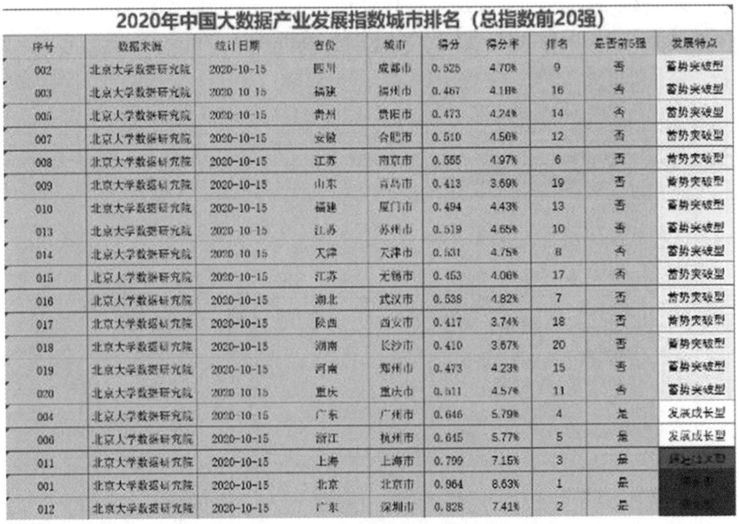

图 4-19　自定义排序最终效果

4.6.2 数据的筛选

1. 自动筛选

1) 认识自动筛选

自动筛选采用简单条件快速筛选记录。在自动筛选状态下，每个标题列的右下侧会提供下拉三角形按钮，供用户设定对该列的筛选条件。

数据的筛选1

数据的筛选2

2) 自动筛选的创建与取消

自动筛选的创建和取消方法如下。

步骤1：选择要筛选的数据。鼠标框选需筛选的单元格区域或定位在需筛选区域的某个单元格中，注意不能定位在空白单元格中。

步骤2：进入筛选状态。找到"数据"选项卡"排序和筛选"功能组，单击"筛选"按钮，在每一列标题的右下侧会出现下拉三角形按钮。

步骤3：设置筛选条件。单击每列标题右下角的下拉三角形按钮，设置筛选条件。

步骤4：取消筛选。如要取消筛选，可再次单击"排序和筛选"功能组"筛选"按钮，即可清除所有筛选条件并取消筛选，这时每个标题列右下侧的下拉三角形按钮会消失，表示退出了筛选状态，恢复数据正常显示。如只需清除筛选条件，不退出筛选状态，可单击"排序和筛选"功能组中的"清除"按钮。

3) 自动筛选条件的设置

对"2020年中国大数据产业发展指数城市排名（总指数前20强）"表，按要求完成自动筛选条件的设置，步骤如下。

步骤1：对一列应用一个条件的筛选。筛选出发展特点为"领先型"城市。单击"发展特点"列标题右下角的下拉三角形按钮，打开"设置筛选条件"列表，在最下面的复选框中取消"全选"复选框，勾选"领先型"复选框。

步骤2：对一列应用多个"或"条件筛选。筛选出发展特点为"领先型"或"发展成长型"或"超赶壮大型"城市。单击"发展特点"列标题右下角的下拉三角形按钮，在"设置筛选条件"列表中取消"全选"复选框，勾选"领先型、发展成长型、超赶壮大型"3个复选框。

步骤3：对一列应用"与"条件筛选。筛选出排名前5的城市。单击"排序和筛选"功能组中的"清除"按钮，取消步骤1和2的筛选条件。单击"排名"列标题右下角的下拉三角形按钮，在"设置筛选条件"列表中选择"数字筛选"子菜单下的"自定义筛选"命令，打开"自定义自动筛选方式"对话框，如图4-20所示。在第一个下拉列表中选择"大于或等于"，后面文本框中输入"1"，下面选择"与"单选按钮。在第二个下拉列表中选择"小于或等于"，后面文本框中输入"5"。

图4-20 "自定义自动筛选方式"对话框

步骤4：对多列的筛选，筛选出省份为"广东"且排名"前3"的城市。单击"排序和筛选"功能组中的"清除"按钮，取消步骤3的筛选条件。单击"省份"列标题右下角的下拉三角形按钮,取消"全选",勾选"广东"复选框;单击"排名"列标题右下角的下拉三角形按钮,设置数字筛选条件小于等于3。

2. 高级筛选

1)认识高级筛选

当筛选条件更为复杂时,如列与列之间是"或"的关系,若自动筛选无法完成,则可选用高级筛选。高级筛选采用复合条件来筛选记录,并允许把满足条件的记录复制到另外的区域,以生成一个新的数据清单,具有自动筛选所不具备的功能。

2)高级筛选的创建

在"2020年中国大数据产业发展指数城市排名(总指数前20强)"表中,筛选出省份为广东且发展特点为领先型城市,或前5强城市,或排名在15~20的城市,并将筛选的结果复制到其他区域显示。使用高级筛选完成,步骤如下。

图 4-21 定义的筛选条件

步骤1:建立筛选的条件。高级筛选条件由用户根据需要手动创建,条件区域的第一行为条件标记行,一般为要筛选列的列标题;第二行开始是为列标题设置的条件。按题目要求,创建筛选条件,如图4-21所示。以下对创建好的筛选条件进行说明。

(1)同一条件行的条件互为"与"(AND)的关系,表示筛选出同时满足这些条件的记录。此处省份为广东且发展特点为领先型,两个条件写在同一行,需同时满足。

(2)不同条件行的条件互为"或"(OR)的关系,表示筛选出满足任何一个条件的记录。此处3个条件分别放在3行上,三者间是"或"的关系,满足任意条件即可。

(3)对相同的列指定一个以上的"与"条件,则应重复列标题。此处对排名指定了两个"与"条件,重复了列标题,并且两个"与"条件放在同一行。

步骤2:选定要筛选的数据。方法同自动筛选,可框选区域或单击区域中的某单元格。

步骤3:打开"高级筛选"对话框。单击"排序和筛选"功能组中的"高级"按钮,打开"高级筛选"对话框,如图4-22所示。以下对相关参数进行说明。

(1)在原有区域显示筛选结果:执行后在原数据区域显示筛选结果,符合条件的显示,不符合条件的则隐藏。

(2)将筛选结果复制到其他位置:可将筛选结果复制出来,并复制到指定的地方。

(3)列表区域:高级筛选的数据源,即要执行高级筛选的数据,如在执行高级筛选动作之前已选定数据区域,Excel会自动识别,否则就需要手动设置。

(4)条件区域:可设置筛选的条件,筛选的条件需先创建好。

图 4-22 "高级筛选"对话框

(5)复制到:可将筛选结果复制到其他位置。

步骤4:设置高级筛选相关参数。在"高级筛选"对话框"方式"下选择"将筛选结果复制到其他位置","列表区域"内确定数据源为A2:J22,"条件区域"内选择步骤1中创建好的条件,"复制到"框设置为将结果放在当前工作表中某个空白区域。

步骤5:设置好后,单击"确定"按钮,完成高级筛选的创建。

4.6.3 数据的分类汇总

1. 分类汇总的功能

Excel 中分类汇总指的是在对工作表中的数据进行了基本的数据管理之后，在使数据达到条理化和明确化的基础上，利用 Excel 本身所提供的函数，对数据进行汇总。在进行分类汇总前，需保证数据第一行为标题行，数据区域中没有空行和空列。

数据的分类汇总 1　　数据的分类汇总 2

2. 分类汇总的创建

创建分类汇总需两个步骤，首先对分类的字段即汇总条件进行排序；然后利用 Excel 分类汇总提供的函数功能，进行汇总操作。下面在"2020 年中国大数据产业发展指数城市排名（总指数前 20 强）"工作表中介绍分类汇总的创建方法。

1）一级分类汇总的创建

要求：对前 5 强城市得分进行分类汇总，分类字段分为"是否前 5 强"，要求统计前 5 强城市的总得分、平均得分、最高得分。操作步骤如下。

步骤 1：对需要分类汇总的列（此处为"是否前 5 强"列）进行排序。选择"是否前 5 强"列中的任意单元格，选择功能区中"数据"选项卡，在"排序和筛选"组中单击"降序" 按钮，对分类的字段进行降序排列。

> **技能加油站**
>
> 此处也可对分类的字段进行升序排序，不管使用升序还是降序排序，主要是将同类（或者同一组）的数据放在一起，这样才能进行下一步分类汇总。

步骤 2：选择需分类汇总的数据。用鼠标单击数据区域中的某个单元格或直接框选数据区域，即可对排序后的数据进行分类汇总。

步骤 3：打开"分类汇总"对话框。在"数据"选项卡的"分级显示"组中单击"分类汇总"按钮，打开"分类汇总"对话框。

步骤 4：汇总前 5 强城市的总得分。在"分类字段"列表下会提供当前汇总数据的所有列标题，这里选择"是否前 5 强"。在"汇总方式"列表下选择某种汇总方式，可供选择的汇总方式有"求和、计数、平均值"等，这里选择"求和"。在"选定汇总项"下，选择"得分"选项。勾选"汇总结果显示在数据下方"复选框，单击"确定"按钮，Excel 自动生成了 3 行汇总数据，分别是前 5 强城市和非前 5 强城市的总得分及得分总计行。同时发现在最左边产生了三级目录，可展开查看数据明细，也可折叠只查看汇总结果。

步骤 5：在当前汇总基础下增加前 5 强城市平均得分汇总。打开"分类汇总"对话框，在汇总方式下选择"平均值"，"分类字段"和"汇总项"不变，取消"替换当前分类汇总"复选框，单击"确定"按钮后，Excel 会出现两次汇总的结果。

步骤 6：同理按步骤 5 的方法，在前两次汇总基础上增加前 5 强城市最高得分汇总。

2）多级分类汇总的创建

在上例中，我们完成的是一级分类汇总，但有时需要创建二级、三级甚至是多级分类汇总。多级分类汇总，是一种嵌套分类汇总。以下是多级分类汇总的创建方法。

对前 5 强城市和发展特点两列进行分类汇总，分类字段分别为"是否前 5 强"和"发展特点",汇总项为"得分"列,汇总方式为求和。操作步骤如下。

步骤 1:对数据进行多列排序,即排序中所学的对多个关键字的排序。选择数据区域中某个单元格,单击"数据"选项卡"排序和筛选"功能组下"排序"按钮。打开"排序"对话框,其中主要关键字选择"是否前 5 强",次要关键字选择"发展特点",次序可选择前面自定义的序列。

步骤 2:对"是否前 5 强"列进行分类汇总(外部分类汇总)。按上述方法打开"分类汇总"对话框,在"分类字段"下选择"是否前 5 强",在"汇总方式"中选择"求和",在"选定汇总项"下选择"得分",单击"确定"按钮

步骤 3:对"发展特点"列进行分类汇总(嵌套分类汇总)。打开"分类汇总"对话框,在"分类字段"下选择"发展特点",取消勾选"替换当前分类汇总"复选框,其他不变,单击"确定"按钮产生了两级汇总的结果。

3. 分类汇总的删除

在打开的"分类汇总"对话框中,单击"全部删除"按钮,即可将创建的分类汇总全部删除。

4.6.4 数据透视表和数据透视图

数据透视表和
数据透视图

1. 数据透视表

Excel 数据透视表是一种用于数据分析的三维表格，它的特点在于表格结构的不固定性，可以随时根据实际需要进行调整得出不同的表格视图。它是将排序、筛选、分类汇总的过程结合在一起，通过对表格行、列的不同选择甚至进行转换以查看源数据的不同汇总结果，可以显示不同的页面以筛选数据，并根据不同的实际需要显示所选区域的明细数据。此功能为用户分析数据带来了极大的方便。下面介绍 Excel 中数据透视表的创建与应用。

在创建数据透视表前，需先准备好要分析的数据源。数据透视表的数据源可以是基本的 Excel 表格、数据清单、外部数据源、其他数据透视表等，但这些数据表必须是一个规范的二维表。在 Excel 中具体表现是每一列都有一个确定的列名，也称为字段名；不能对表头的任一单元格进行合并或拆分；所有存放数据的列、行必须是连续的，否则将无法创建数据透视表。

根据"2020 年中国大数据产业发展指数城市排名（总指数前 20 强）"工作表，创建数据透视表，要求数据透视表的页筛选字段为"是否前 5 强"，行字段为"发展特点"和"省份"，汇总项为对"得分"列求和及平均值，对"得分率"求和，并对创建好的数据透视表进行布局和美化操作。具体步骤如下。

步骤 1：选中原数据区域或单击数据区域任意单元格。此处表的第 1 行是表标题行，有合并单元格，因此，这里应使用鼠标框选 A2：J22 区域。

步骤 2：打开"创建数据透视表"对话框。单击"插入"选项卡最左边的"数据透视表"命令，打开"创建数据透视表"对话框，如图 4-23 所示。

图 4-23 "创建数据透视表"对话框

步骤 3：创建数据透视表。对话框中第一个选择框为表的区域，因第一步选择了正确的数据源，这里无须修改，如第一步选择的数据源有误，可在此处重新修改数据源。第二个选择框为数据透视表存放的位置，默认会新建一个空白工作表来存放数据透视表，这里选择"现有工作表"，表示将数据透视表与现有工作表放在一个工作表中。在激活的"位置"框中，选择一个空白单元格或空白区域来存放"数据透视表"。单击"确定"按钮，弹出数据透视表报表和字段窗口，如图 4-24 所示。

步骤 4：添加数据透视表字段。在"字段列表"中，会显示数据源中第一行的列标题，在字段设置区域下分别有"筛选、列、行、值" 4 个区域，把要显示的字段直接拖放到相应的区域内，即可以在报表中展示不同的结果。此处把"是否前 5 强"字段拖到"筛选"区域，"发展特点"和"省份"字段拖到"行"区域，"得分"和"得分率"拖到"值"区域。注意，"得分"字段需拖动两次到"值"区域。字段设置好后，在报表区域会显示相应结果，添加完字段的数据透视表如图 4-25 所示。

图 4-24 数据透视表报表和字段窗口

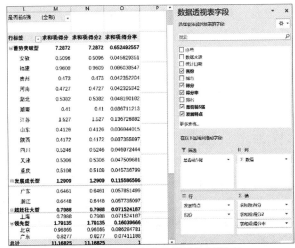

图 4-25 添加完字段的数据透视表

步骤 5：修改"值"字段名称及计算方式。选择"求和项得分 2"字段后边的小三角形，单击"值字段设置"按钮，打开"值字段设置"对话框，如图 4-26 所示。在"自定义名称"框中输入"平均得分"，将"计算类型"修改成"平均值"（注：在计算类型中提供了多种值计算方式）。按照同样的方法，修改其他两项的值字段标题。

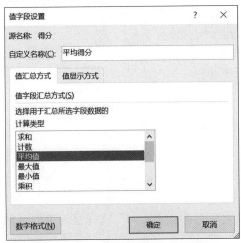

图 4-26 "值字段设置"对话框

步骤6：数据透视表的布局。当行区域有多个字段时，透视表展示形式往往不是很直观。在如图4-60中，"发展特点"和"省份"都在行标签下，这里将对其布局进行调整。选中数据透视表，找到"设计"选项卡"布局"功能组下的"报表布局"下拉按钮，单击"以表格形式显示"和"不重复项目列表标签"选项。在"分类汇总"下拉菜单中单击"不显示分类汇总"命令。在"分析"选项卡下，单击取消"+/-"按钮。

步骤7：隐藏汇总项。默认情况下，在数据透视表中添加行或列时都会自动添加汇总项，可根据需要将其隐藏。选择数据透视表，单击"分析"选项卡最左边的"选项"下拉按钮中的"选项"命令，打开"数据透视表选项"对话框，不勾选"汇总和筛选"选项卡下的"显示列总计"复选框。

步骤8：数据透视表的美化。选择数据透视表，单击"设计"选项卡"数据透视表样式"功能组，在样式列表中选择一种样式直接应用。创建好的数据透视表的最终效果如图4-27所示。

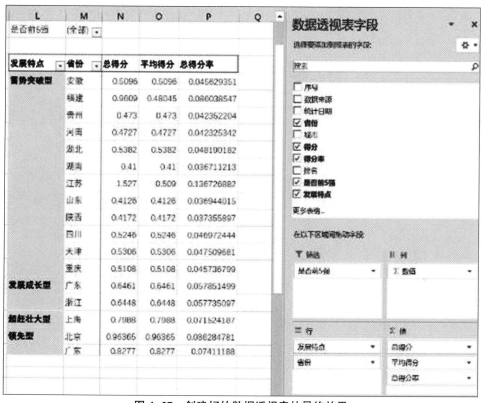

图 4-27 创建好的数据透视表的最终效果

2. 数据透视图

数据透视图是以图形的形式来展示数据透视表中的数据的。在 Excel 中创建数据透视图的方式一般有两种：一种是使用原始数据源；另一种是直接使用数据透视表。这里将介绍 Excel 中使用数据透视表创建数据透视图的步骤。

步骤1：选择数据透视表，在"插入"选项卡"图表"标签下，单击"数据透视图"按钮。

步骤2：在打开的"插入图表"对话框中，选择需要使用的图表类型，这里选择"柱形图"。

步骤 3：单击"确定"按钮，在当前工作表中插入数据透视图。

步骤 4：数据透视图与数据透视表两者显示的内容完全相同，如这里单击数据透视表中"发展特点"列右下三角形按钮，筛选出"发展成长型、超赶壮大型、领先型"城市，数据透视图也会同步改变。数据透视表与数据透视图同步显示数据如图 4-28 所示。

图 4-28 数据透视表与数据透视图同步显示数据

任务 4.7 "2020 年中国大数据产业发展指数"数据的打印

【任务工单】

任务名称	"2020 年中国大数据产业发展指数"数据的打印				
组　　别		成　员		小组成绩	
学生姓名				个人成绩	
任务情境	小王按要求完成了对"2020 年中国大数据产业发展指数城市排名（前 20 强）"工作表数据管理工作，对表进行了排序、筛选、分类汇总，并创建了数据透视表与透视图，从多个角度分析了表中的数据 接下来，小王还需把整理好的数据表打印出来，这样整个项目就圆满完成。在打印之前，小王决定先对工作表进行分页，调整系统分页符并适当插入人工分页符；然后对页面进行设置，如对页面按比例进行缩放、调整页边距、设定纸张大小与方向、设置页眉与页脚；最后，设定打印的区域、标题及打印的顺序。小王按以上思路开展了本任务的工作				
任务目标	完成对"2020 年中国大数据产业发展指数"数据页面设置及打印操作				
任务要求	（1）将"2020 年中国大数据产业发展指数城市排名（前 20 强）"系统垂直分页符移动到 J 列的左侧，水平分页符移动到第 28 行的上方 （2）在 P 列的在侧插入一个垂直的人工分页符 （3）设置纸张大小为 A4 纸，纸张方向为纵向，缩放比例为 80% （4）设置上下页边距为 1.8，左右页边距为 2，页面垂直居中 （5）设置页眉为当前工作簿名称，水平居中。页脚显示页码，左对齐 （6）设置打印区域为第 1~2 页，打印顺序为先列后行，打印标题为顶端标题行				
知识链接					
计划决策					
任务实施	（1）系统分页符的调整，完成任务要求中的（1），列出具体步骤 （2）人工分页符的创建，完成任务要求中的（2），列出具体步骤				

任务实施	(3) 纸张大小、方向及缩放比例的设置，完成任务要求中的（3），列出具体步骤 (4) 页边距设置，完成任务要求中的（4），列出具体步骤 (5) 页眉与页脚的设置，完成任务要求中的（5），列出具体步骤 (6) 打印区域与方向设置，完成任务要求中的（6），列出具体步骤
检　　查	
实施总结	
小组评价	
任务点评	

【颗粒化技能点】

1. 分页设置

在打印一个多页的工作表时，Excel 会插入"自动分页符"对工作表分页，也称之为"系统分页符"。系统分页符的位置取决于所设置的纸张大小、页边距和缩放比例，用户可根据需要调整系统分页符。另外，除系统分页符外，用户也要根据需要，手动插入分页符。

分页设置

Excel 分页符有水平分页符与垂直分页符两种，通过"视图"选项卡"分页预览"命令，可查看当前工作表的分页情况。下面介绍在 Excel 中调整系统分页符位置和插入人工分页符的方法。将"2020 年中国大数据产业发展指数城市排名（前 20 强）"系统垂直分页符移动到 J 列的左侧，水平分页符移动到第 28 行的上方；在 P 列的左侧插入一个垂直的人工分页符。操作步骤如下。

步骤 1：进入"分页预览"视图。单击"视图"选项卡"分页预览"命令，进入分页预览视图。在分页预览视图中，显示了所有水平和垂直的分页符及当前每页的页码，其中蓝色的虚线表示系统分页符，蓝色的实线表示人工分页符。

步骤 2：调整系统垂直分页符，将系统垂直分页符移动到 J 列的左侧。鼠标指针放在垂直分页符上，当光标变成水平双向箭头时，按住左键将其拖动到 J 列的左侧后释放，这时分页符标记变成了蓝色的实线，即调整后的系统分页符会自动转为人工分页符。

步骤 3：调整系统水平分页符，将系统水平分页符移动到第 28 行的上方。鼠标指针放在水平分页符上，当光标变成垂直双向箭头时，按住左键将其拖动到第 28 行的上方后释放，这时系统分页符同样会自动转为人工分页符的蓝色实线标记。

步骤 4：手动插入垂直分页符，在 P 列的左侧插入一个垂直的人工分页符。在工作表中选择需要分页的后一列，这里选择 P 列。在"页面布局"选项卡的"页面设置"组中单击"分隔符"按钮，在打开的下拉菜单中选择"插入分页符"命令，此时在工作表中插入一个垂直的人工分页符，人工分页符的插入及最终效果如图 4-29 所示。

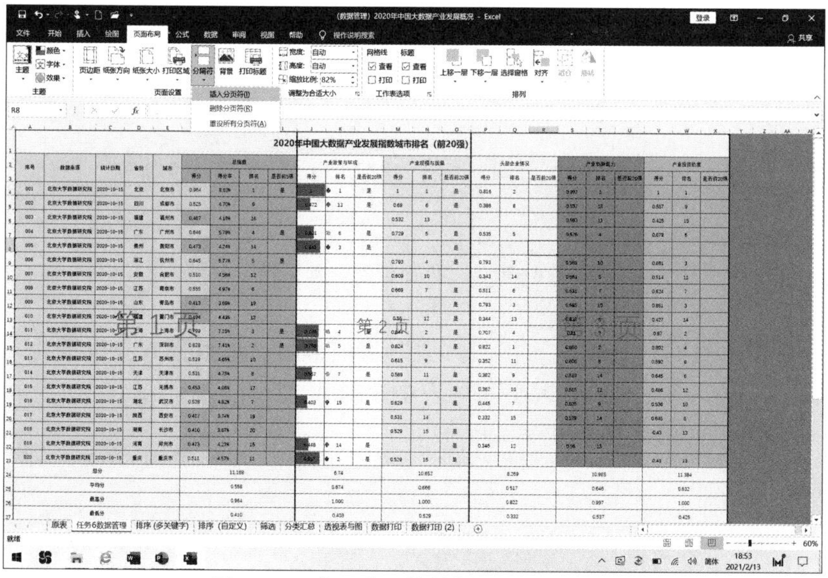

图 4-29　人工分页符的插入及最终效果

技能加油站

如需插入水平分页符，可选择需要分页的下一行，然后按照步骤 4 介绍的插入分页符即可。如需同时插入水平和垂直分页符，可选择某个单元格，同样按照步骤 4 介绍的插入分页符，即可在当前单元格左侧插入垂直分页符，上方插入水平分页符。

如需删除分页符，可选中分页符下一行或右侧的某个单元格，单击"分隔符"按钮，在打开的下拉菜单中选择"删除分页符"命令，此时插入表格中的分页符将被删除。

2. 页面设置

在将工作表数据打印出来前，需进行页面设置，如设置纸张大小、页边距、页面方向、页眉页脚、打印范围等。下面介绍在 Excel 中进行页面设置的相关操作。设置纸张大小为 A4 纸，纸张方向为纵向，缩放比例为 80%；设置上下页边距为 1.9，左右页边距为 2，页面垂直居中；设置页眉为当前工作簿名称，水平居中，页脚显示页码，左对齐；设置打印区域为第 1~2 页，打印顺序为先列后行，打印标题为顶端标题行。具体操作步骤如下。

页面设置

步骤 1：打开"页面设置"对话框。在"页面布局"选项卡，单击"页面设置"功能组中右下箭头按钮，打开"页面设置"对话框，如图 4-30 所示。

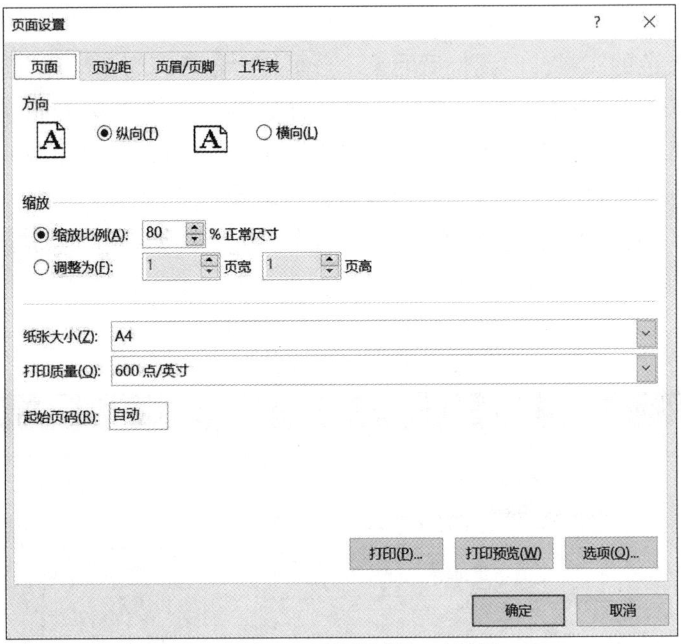

图 4-30 "页面设置"对话框

步骤 2：设置"页面"选项卡。在"页面"选项卡中，将纸张方向设置为"纵向"，缩放中设置缩放比例为 80%，"纸张大小"列表中选择 A4 纸。

技能加油站

"缩放"下的"调整为"表示根据设置的页宽和页高值自动按比例缩放。

步骤 3：设置"页边距"选项卡。在"页面设置"对话框中，单击"页边距"选项卡，出现"页边距"对话框，如图 4-31 所示。在"页边距"选项卡中，可设置上下左右的页边距及页面水平与垂直对齐方式。这里在上下页边距框中输入"1.9"，左右页边距框中输入"2"，"居中方式"下勾选"垂直"复选框。

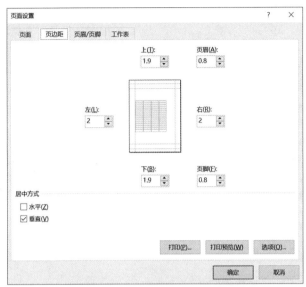

图 4-31 "页边距"对话框

步骤 4：设置"页眉/页脚"选项卡。在"页面设置"对话框中，单击"页眉/页脚"选项卡，出现"页眉/页脚"对话框，如图 4-32 所示。单击"自定义页眉"按钮，在打开的"页眉"对话框的中部列表中，单击上方的"插入文件名"按钮，将当前工作簿名称设置为页眉。同理，单击"自定义页脚"按钮，在打开的"页脚"对话框的左部列表中，单击上方的"插入页码"按钮，即可在页脚左边显示当前页码。

图 4-32 "页眉/页脚"对话框

步骤 5：设置打印区域。在"页面设置"对话框中，单击"工作表"选项卡，出现"工作表"对话框，如图 4-33 所示。在"打印区域"中选择要打印的单元格区域，可单击右边的折叠按钮，用鼠标框选工作表中的区域，这里设置打印区域为第 1~2 页，即 A1：I67。在"打印标题"下的"顶端标题行"框中，单击右边的折叠按钮，单击工作表第一行，将第 1 行作为打印的标题行。在"打印顺序"下选择"先列后行"，最后单击"确定"按钮，完成设置。

图 4-33 "工作表"对话框

> **技能加油站**
>
> 以上页面设置效果只有在打印或者打印预览的时候才可以看到。

【拓展练习】

1. 按要求创建"全国主要城市空气质量分布情况"表。

(1) 启动 Excel 软件，创建一个新的空白工作簿。

(2) 将工作簿保存在 E 盘根目录下，命名为"全国主要城市空气质量分布情况.xlsx"。

(3) 在当前工作簿中创建一个新的工作表，表名为"全国主要城市空气质量分布情况"。

(4) 设置工作表的行高和列宽。设置工作表第 1 行的行高为 25，第 2 行、第 28~31 行行高为 22，其余行高为 14；设置工作表第二列的列宽为 20，其余列宽值设为 12。

(5) 合并与拆分单元格。A1：I1，A28：D28，A29：D29，A30：D30，A31：D31 合并后居中。

2. 工作表数据的录入。

(1) 打开练习任务 1 创建好的"全国主要城市空气质量分布情况"工作簿。

(2) 在"序号"列输入以"001"开始的等差序列，在"统计时间"单元格内输入日期与时间，并使用相同序列填充整个列。

(3) "空气质量状况"列要求从下拉框选择序列输入，序列为优、良、轻度、中度、重度。

(4) 对"空气质量指数"列进行数据有效性检查，要求用户必须输入的是 15~300 间的整数，否则禁止用户输入，并给出警告信息。

(5) 对表格 A1 单元格插入批注，批注内容为"全国主要城市空气质量指数排行榜，2021 年 2 月 14 日早上 7 点实时数据"。

3. 按要求完成"全国主要城市空气质量分布情况"工作表数据的格式化。

(1) 打开练习任务 2 已录好数据的"全国主要城市空气质量分布情况"工作簿。

(2) 将表格的标题单元格 A1 设置为"黑体，倾斜，16 号，红色字"；表中其他单元格设置为"幼圆，12 号，蓝色字"。

(3) "统计时间"列设为日期时间格式，"空气指数比率"列为百分比，保留 2 位小数。

(4) 设置表格中所有单元格内容水平居中，垂直居中。

(5) 设置表格的外边框红色粗实线，内边框为蓝色细单线。

(6) 设置 A1 为浅绿色底纹填充，A2：F27 填充金色，个性色 4，淡色 80%，A28：I31 填充黄色底纹；G2：I27 填充单元格样式，选择主题目单元格样式下的"浅绿，40%-着色 6"。

(7) "空气质量状况"列为"优"的单元格设为条件格式下"浅红填充色深红色文本"。

(8) "空气质量指数"列用"条件格式"下"图标集"中的"彩色五色箭头"表示。

4. 工作表数据的计算。

(1) 打开练习任务 3 完成的"全国主要城市空气质量分布情况"工作簿。

(2) 使用常用函数计算空气质量"指数和、平均指数、最高指数和最低指数"。

(3) 使用公式计算"空气指数比率"。

(4) 使用排名函数得出所有城市空气质量"排名"情况。

(5) 使用条件函数得出"空气质量等级"（提示：指数 0~100 时，1~2 级，否则 3~5 级）。

（6）使用计数函数统计城市总个数，使用条件计数函数统计各指数段城市个数。

5. 图表的创建与美化。

（1）选择"状况"行和"个数"行中的数据，创建"簇状柱形图"。

（2）设置图表标题为"全国主要城市空气质量分布统计图"，横坐标标题为"空气质量状况"，纵坐标标题为"城市个数"。

（3）设置纵坐标轴最小刻度值为 0，最大为 100，主要刻度单位为 2，显示主要刻度线。

图表的创建与美化

（4）显示图表主轴主要水平网格线和主轴主要垂直网格线，并分别设置网格线的颜色。

（5）显示数据标签值，标签位置为外侧，并在每个数据标签上输入单位"个"。

（6）将图表标题文字设置为微软雅黑 16 号，其他文字设置为黑体 12 号。

（7）分别对图表区、绘图区添加不同的边框和背景色，并设置图表为圆角边框。

（8）调整图表大小并将图表放入合适的区域。

6. 工作表数据管理。

（1）按照第一关键字为"省份"的升序排列，第二关键字为"城市"的升序排列，第三关键字为"空气质量指数"的降序排列。

（2）按照"空气质量状况"由"优→良→轻度→中度→重度"的次序自定义排序。

（3）筛选出空气质量状况为"优"且排名"前5"的城市，使用自动筛选完成。

（4）筛选出省份为"山西"且空气质量状况为"轻度"的城市，或空气质量状况为"优"或为"良"的城市，或排名大于等于 25 的城市，将筛选结果复制到其他区域显示。

（5）创建"空气质量状况"的分类汇总，分类字段为"空气质量状况"，第一次汇总项为"城市"，汇总方式为计数；第二次汇总项为"排名"，汇总方式为求最小值。

（6）在当前工作表中创建数据透视表，将页筛选字段设为"空气质量状况"，列字段设为"空气质量等级"，行字段设为"省份"，汇总项设为"城市"，汇总方式为计数。汇总结果以表格形式显示汇总，将行汇总项隐藏，仅显示列汇总项。给汇总结果套用系统样式。

（7）根据以上数据透视表，创建数据透视图。数据透视图类型选择"堆积折线图"。

7. 数据打印。按以下要求打印"全国主要城市空气质量分布情况"表。

（1）设置纸张大小为 A4 纸，纸张方向为横向，缩放比例为 65%。

（2）设置上下页边距为 3，左右页边距为 1.6，页面水平居中。

（3）设置页眉为当前工作簿名称，水平居中，页脚居中显示"第 1 页，共 1 页"。

（4）设置打印区域为整个工作表。

项目五 PowerPoint 2016 的使用

【项目概述】

项目涉及文字、图片、形状、音频、视频、动画等内容，为了更好地进行项目展示，将使用 PowerPoint 软件来完成本项目的制作。PowerPoint 软件是微软公司开发的演示文稿程序，在 Office 办公软件中占有重要地位。为了更好地完成文稿制作，将文稿分成 4 个相互关联的教学任务，4 个典型任务包含了演示文稿创建、幻灯片的创建、图片、形状、文本框、图表等幻灯片元素的使用和设置，动画制作、放映以及最后完成演示文稿的输出和保存等。5 个任务既是总体中的一部分，又相互独立。所有知识以典型工作任务为依托，以任务驱动方式组织。

【项目目标】

- 掌握 PowerPoint 软件的功能特点。
- 使用 PowerPoint 软件创建演示文稿与幻灯片的操作。
- 掌握 PowerPoint 中图片、形状、文本框、图表的使用。
- 掌握幻灯片背景设置、母版的使用。
- 熟练设置幻灯片动画效果、音频、视频。
- 掌握演示文稿放映、打包、排练预演的操作。

【技能地图】

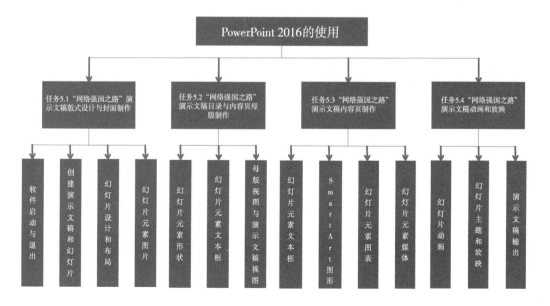

【思政小课堂】

突破核心技术　建设网络强国

党的十八大以来，以习近平同志为核心的党中央对网络强国建设高度重视。习近平总书记亲自担任中央网络安全和信息化领导小组组长、中央网络安全和信息化委员会主任，围绕网络强国建设发表一系列重要论述，提出一系列新思想新观点新论断，为把我国建设成网络强国提供了强有力的理论指引。

1. 认清形势，时刻保持危机

习近平总书记在《在网络安全和信息化工作座谈会上的讲话》（2016年4月19日）和《全国网络安全和信息化工作会议上的讲话》（2018年4月20日）中提到：互联网核心技术是我们最大的"命门"，核心技术受制于人是我们最大的隐患。我们要掌握我国互联网发展主动权，保障互联网安全、国家安全，就必须突破核心技术这个难题，争取在某些领域、某些方面实现"弯道超车"。

2. 找准核心，尽早实现突破

习近平总书记在《在十八届中央政治局第三十六次集体学习时的讲话》（2016年10月9日）和《在网络安全和信息化工作座谈会上的讲话》（2016年4月19日）中提到：要紧紧牵住核心技术自主创新这个"牛鼻子"，抓紧突破网络发展的前沿技术和具有国际竞争力的关键核心技术，加快推进国产自主可控替代计划，构建安全可控的信息技术体系。我国网信领域广大企业家、专家学者、科技人员要树立这个雄心壮志，要争这口气，努力尽快在核心技术上取得新的重大突破。正所谓"日日行，不怕千万里；常常做，不怕千万事"。

3. 强强联合，形成合力共成事

习近平总书记在《在网络安全和信息化工作座谈会上的讲话》（2016年4月19日）中提到：在核心技术研发上，强强联合比单打独斗效果要好，要在这方面拿出些办法来，彻底摆脱部门利益和门户之见的束缚。抱着宁为鸡头、不为凤尾的想法，抱着自己拥有一亩三分地的想法，形不成合力，是难以成事的。可以探索搞揭榜挂帅，把需要的关键核心技术项目张出榜来，英雄不论出处，谁有本事谁就揭榜。

4. 问题导向，明确主攻方向

习近平总书记在《在十九届中央政治局第十八次集体学习时的讲话》（2019年10月24日）中提到：要围绕攻克关键核心技术、实现关键核心技术自主可控的战略使命，确保人工智能关键核心技术掌握在自己手里。我们要把区块链作为核心技术自主创新的重要突破口，明确主攻方向，超前规划布局，加大投入力度，着力攻克一批关键核心技术，积极推动区块链技术多领域、多场景应用。

任务 5.1 "网络强国之路"演示文稿版式设计与封面制作

【任务工单】

任务名称	"网络强国之路"演示文稿版式设计与封面制作				
组　　别		成　　员		小组成绩	
学生姓名				个人成绩	
任务情境	公司承接了相关部门"网络强国之路"宣讲材料制作的业务,并将其中"网络强国之路"宣传演示文稿制作的任务交给了小王。小王接到任务后,将任务进行了梳理分解,认为当务之急是先进行演示文稿版式设计和封面封底的制作。于是决定先使用 PowerPoint 软件创建"网络强国之路"演示文稿,再创建幻灯片,并对幻灯片进行设计和布局,插入对应图片,最后完成演示文稿的封面封底制作				
任务目标	制作演示文稿的封面与封底页				
任务要求	（1）启动 PowerPoint 软件,进入 PowerPoint 工作环境 （2）创建"网络强国之路"演示文稿 （3）将演示文稿保存为"网络强国之路.pptx"文件 （4）在当前保存好的演示文稿中创建幻灯片 （5）设置幻灯片的字体、字号、颜色以及字符宽度 （6）完成幻灯片封面制作,插入图片,涉及的素材图片编号为素材1~素材7（幻灯片1） （7）按以上步骤制作幻灯片封底（幻灯片27）				
知识链接					
计划决策					
任务实施	（1）启动 PowerPoint 软件,进入 PowerPoint 工作环境,列出具体步骤 （2）创建"网络强国之路"演示文稿,列出具体步骤				

任务实施	（3）保存"网络强国之路"演示文稿，列出具体步骤 （4）创建幻灯片，列出具体步骤 （5）将幻灯片文字进行格式设置，列出具体步骤 （6）插入素材图片1~7，列出具体步骤 （7）按以上步骤制作幻灯片封底（幻灯片27），列出具体步骤
检查	
实施总结	
小组评价	
任务点评	

【颗粒化技能点】

5.1.1 PowerPoint 启动退出与工作界面

1. PowerPoint 启动与退出

1）PowerPoint 2016 的启动

PowerPoint 启动

要使用 PowerPoint 2016 进行工作，首先要启动 PowerPoint 2016。PowerPoint 2016 常用的启动方法有以下 3 种。

方法 1：单击"开始"菜单，指向"程序"，找到"Microsoft Office"，指向"Microsoft Office PowerPoint 2016"，单击启动 PowerPoint 2016，如图 5-1 所示。

方法 2：单击"开始"菜单，找到"运行"，在文本框里输入"PowerPoint"，就可以用命令方式启动"PowerPoint 2016"，如图 5-2 所示。

方法 3：在桌面上找到 PowerPoint 2016 的快捷图标，就可以直接双击图标启动。

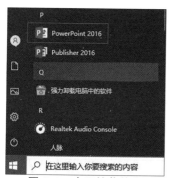

图 5-1 在开始菜单中启动 PowerPoint

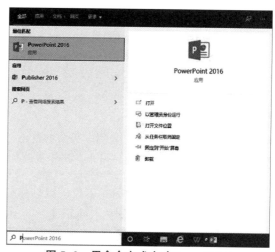

图 5-2 用命令方式启动 PowerPoint

2）PowerPoint 2016 的退出

当完成工作时，需退出 PowerPoint，常用的退出方法有以下两种。

方法 1：单击窗口右上角的"关闭" × 按钮。

方法 2：按<Alt+F4>组合键。

2. PowerPoint 工作界面

启动 PowerPoint 2016 后，即可进入其工作界面。PowerPoint 2016 的工作界面如图 5-3 所示。

PowerPoint 工作界面包括快速访问工具栏、标题栏、功能区、导航窗格、幻灯片编辑区、备注窗格、状态栏和滚动条等部分。最上方是标题栏和快速访问工具栏，它们有以下作用。显示当前正在编辑的文件名。快速访问工具栏可以放置用户快速执行的常用命令，提高工作效率。控制按钮可以用于控制窗口的最大化、最小化、还原及关闭操作。

在标题栏下方是功能区，功能区默认由 9 个选项卡组成，每个选项卡下分为多个组，每

· 235 ·

图 5-3 PowerPoint 2016 的工作界面

组中有多个命令。其显示和隐藏的使用与 Word、Excel 一致。

在功能区下方是视图区和编辑区，左边是视图区，用于切换幻灯片视图和大纲视图，右边是幻灯片编辑区，用于编辑幻灯片内容。

最下方是状态栏，状态栏可以显示当前的工作状态，包括幻灯片数量、视图切换、幻灯片放映、显示比例等。

技能加油站

Microsoft Office PowerPoint，是微软公司的演示文稿软件。用户可以在投影仪或者计算机上进行演示，也可以将演示文稿打印出来，制作成胶片，以便应用到更广泛的领域中。

使用 Microsoft Office PowerPoint 不仅可以创建演示文稿，还可以在互联网上召开面对面会议、远程会议或在网上给观众展示演示文稿。Microsoft Office PowerPoint 的成品称为演示文稿，其格式扩展名为 ppt、pptx，也可以保存为 pdf、图片格式等。2010 及以上版本中可保存为视频格式。演示文稿中的每一页称为幻灯片。

现在 PowerPoint 应用水平逐步提高，应用领域越来越广，正成为人们工作生活的重要组成部分，在工作汇报、企业宣传、产品推介、婚礼庆典、项目竞标、管理咨询、教育培训等领域有着举足轻重的地位，如图5-4 所示。

图 5-4 PowerPoint 的展示

5.1.2 创建演示文稿及幻灯片

1. 演示文稿的创建

1) 创建演示文稿

创建演示文稿

创建演示文稿有以下 3 种方法。

方法 1：使用"文件"菜单下"新建"命令进行创建。
方法 2：选择"快速访问"工具栏中"新建"命令创建演示文稿。
方法 3：使用<Ctrl+N>组合键。

如果使用方法 2 和方法 3，将直接创建空白演示文稿。如果使用方法 1，将弹出新建工作簿窗口，用户可在此界面选择创建空白演示文稿；也可根据系统提供的模板，选择某类模板，在模板基础上新建模板演示文稿。

2) 保存演示文稿

保存演示文稿的方法有以下 3 种。

方法 1：利用"文件"菜单下的"保存"或"另存为"命令。
方法 2：使用"快速访问"工具栏中的"保存"按钮。
方法 3：使用<Ctrl+S>组合键。

演示文稿保存

执行以上 3 种方法后，系统将会弹出"另存为"窗口，如图 5-5 所示。

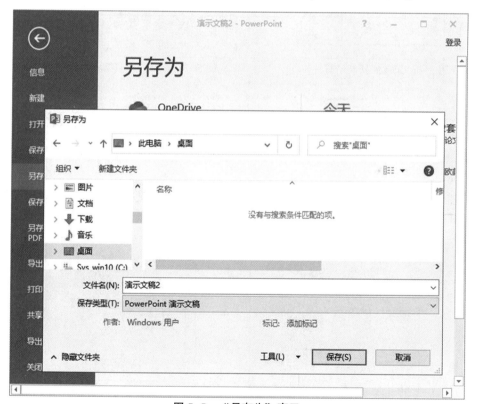

图 5-5 "另存为"窗口

3) 打开、关闭演示文稿

如需对已经存在的演示文稿进行修改或编辑，需要使用打开。

方法 1：执行"文件"菜单下的"打开"命令。
方法 2：单击"快速访问"工具栏中的"打开"按钮。
方法 3：使用<Ctrl+O>组合键。

执行以上方法后，系统都会弹出"打开"窗口。在该窗口中单击"浏览"按钮，将弹出"打开"对话框，选择需打开的工作簿文件，单击"打开"按钮。

2. 幻灯片的创建

1) 幻灯片基本操作

幻灯片是演示文稿的基本组成单位，每一个演示文稿都是由多个幻灯片组成的，幻灯片的基本操作包括新建、插入、选择等。常见方法有以下 3 种。

方法 1：工具栏中直接单击"新建幻灯片"，如图 5-6 所示。
方法 2：图 5-7 中位置单击，按下<Enter>键。

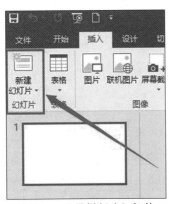

图 5-6　工具栏新建幻灯片

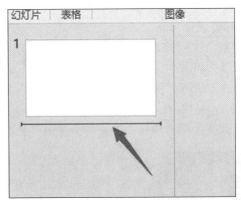

图 5-7　按<Enter>键新建幻灯片

方法 3：按<Ctrl+M>组合键新建幻灯片。

2) 移动、复制幻灯片

①移动幻灯片：选择一张幻灯片，长按左键不放，拖动到需要的位置，松开即可，如图 5-8 所示。

②复制幻灯片：选择一张幻灯片单击右键，在展开的快捷菜单中选择"复制幻灯片"选项，如图 5-9 所示。

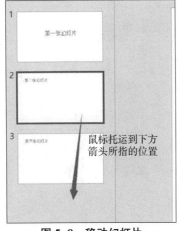

图 5-8　移动幻灯片

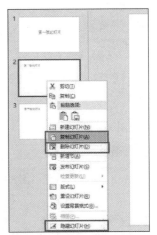

图 5-9　复制幻灯片

3）隐藏、删除幻灯片

①隐藏幻灯片：选择一张幻灯片单击右键，在展开的快捷菜单中选择"隐藏幻灯片"选项。

②删除幻灯片有以下两种方法。

方法1：选择一张幻灯片单击右键，在展开的快捷菜单中选择"删除幻灯片"选项。

方法2：选择一张幻灯片，按下<Delete>键即可。

思政小课堂

建设网络强国，要有自己的技术，有过硬的技术；要有丰富全面的信息服务，繁荣发展的网络文化，要有良好的信息基础设施，形成实力雄厚的信息经济，还要有高素质的网络安全和信息化人才队伍；要积极开展双边、多边的互联网国际交流合作。建设网络强国的战略部署要与"两个一百年"奋斗目标同步推进，向着网络基础设施基本普及，自主创新能力显著增强，信息经济全面发展，网络安全保障有力的目标不断前进。

努力把我国建设成为网络强国

——习近平谈治国理政（第一卷）

2014年2月17日

5.1.3 幻灯片设计和布局

1. 字体、段落格式设计

当我们在使用 PowerPoint 进行幻灯片的编辑时，通常会使用到不同的字体格式以及段落格式，这时就需要我们对幻灯片中的文字和段落的格式进行设置。

字体格式设计

1）字体格式设计

字体格式设计需要使用字体对话框或直接使用字体组设置，现在要将"网络强国之路"这 6 个字设置为"宋体、54 号、加粗、字符间距加宽"，"THE ROAD OF NETWORK POWER"设置为"Arial、12 号"，如图 5-10 所示，具体步骤如下。

步骤 1：选择"网络强国之路"文字，单击"开始"选项卡中"字体"组中 按钮，打开"字体"对话框。

图 5-10 打开字体选项卡

步骤 2：在"字体"选项卡中设置"中文字体"为"宋体"，"字体样式"为"加粗"，"大小"为"54"。

步骤 3：设置"字符间距"中"间距"为"加宽"，"度量值"为"6"，如图 5-11 所示。

步骤 4：选择"THE ROAD OF NETWORK POWER"文字，打开"字体"对话框，设置"西文字体"为"Arial"，"大小"为"12"。

步骤 5：选择"字符间距"选项卡，设置"间距"为"加宽"，"度量值"为"6"，单击"确定"按钮。

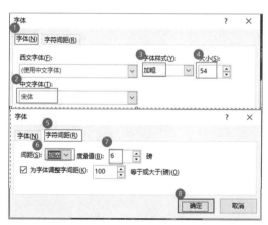

图 5-11 "网络强国之路"文字设置

技能加油站

选择"网络强国之路"文字单击右键，在展开的快捷菜单中选择"字体"，也可以弹出"字体"对话框。注意在选择要设置字体格式的内容时，是将文字选中，不是将文字的文本框选中。

2）段落格式设计

段落格式设计需要使用段落对话框或段落组进行设置，打开段落对话框设置段落格式，具体步骤：选中"网络强国之路"文字，使用"开始"选项卡中"段落"组中按钮设置"对齐方式"为"居中"，"间距"中"段前"为"5磅"，"行距"为"单倍行距"。

> **技能加油站**
>
> 除了使用"开始"选项卡的"段落"设置，还可以单击右键菜单，进行段落设置。

2. 幻灯片对象布局

PowerPoint 提供多样化的幻灯片版式为用户规划好幻灯片中内容的布局，只需选择一个符合需要的版式，在其规划好的占位符中输入或插入内容，便可快速制作出符合要求的幻灯片，版式设置有以下 3 种方法。

方法 1：单击"新建幻灯片"，选择所需要的文档版式，设置页面的内容布局。

方法 2：单击"开始"选项卡，在"幻灯片"组中单击"版式"按钮的下拉按钮。从弹出的下拉菜单中选择所要使用的 Office 主题。

方法 3：在"幻灯片"选项卡下的缩略图上单击右键。在弹出的快捷菜单中选择"版式"选项，从其子菜单中选择要应用的新布局。

5.1.4 图片的基本操作及格式设置

在 PowerPoint 中，可以根据具体的布局情况放置图片并对图片进行编辑。包括设置图片格式、删除图片背景、裁剪图片外观等。

1. 插入图片

插入图片分为插入电脑已有的图片、联机图片和屏幕截图，下面主要介绍插入电脑已有图片。

使用"插入"选项卡中"图像"组中的"图片"按钮插入图片，具体步骤如下。

步骤1：单击"插入"选项卡，在"图像"组找到"图片"按钮。
步骤2：单击"图片"按钮，弹出"插入图片"对话框。
步骤3：在本地电脑上找到需要添加到 PowerPoint 中的图片后单击，再单击"插入"按钮，如图 5-12 所示。

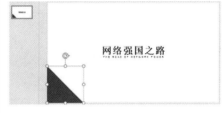

插入图片

图 5-12　使用"插入"选项卡插入图片

通过鼠标拖动插入校徽图片，具体步骤如下。
步骤1：打开"我的电脑"，找到图片所在的位置。
步骤2：选择图片并拖动到幻灯片指定位置，如图 5-13 所示。
步骤3：将其他素材图片插入或拖动到合适的位置，制作为封面页，如图 5-14 所示。

拖动插入图片

图 5-13　拖动图片插入指定位置

图 5-14　封面页

图 5-15 封底页

步骤4：选中封面幻灯片单击右键，复制后，粘贴到最后，并修改文字，制作为封底页，如图 5-15 所示。

2. 图片格式设置

插入 PowerPoint 幻灯片中的图片，可以对其进行大小、排列、样式和色彩的调整，从而使幻灯片更加美观，如图 5-16 所示。

"图片工具-格式"选项卡，"调整"组功能有对图片的亮度、对比度、饱和度、锐度进行调整；对图片重新着色；设置图片的艺术效果；压缩图片、更改图片格式和大小。

"图片工具-格式"选项卡，"图片样式"组功能有设置图片样式、图片边框、图片特色效果（如阴影、发光等）。

"图片工具-格式"选项卡，"排列"组功能有图片对齐方式、旋转、叠放的层次设定等。

"图片工具-格式"选项卡，"大小"组功能有图片裁剪、图片高度和宽度设置、设置比例等。

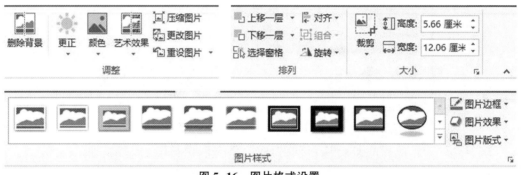

图 5-16 图片格式设置

将图片调整大小，相关步骤如下。

步骤1：将图片"素材1"插入幻灯片空白处。

步骤2：选择"格式"选项卡"大小"组"形状宽度"，设置宽度为"4厘米"，如图 5-17 所示。

3. 删除图片

图 5-17 设置图片大小

删除图片的方法有如下两种。

方法1：选中图片，按下<Delete>键即可删除。

方法2：选中图片单击右键，在展开的快捷菜单中单击"删除"按钮。

任务 5.2 "网络强国之路"演示文稿目录与内容页母版制作

【任务工单】

任务名称	"网络强国之路"演示文稿目录与内容页母版制作				
组　　别		成　员		小组成绩	
学生姓名				个人成绩	
任务情境	小王已创建好"网络强国之路"演示文稿,并创建了幻灯片,合理设置了图片、文字,完成了对演示文稿封面和封底页的设计。小王决定继续完成演示文稿的制作,他首先新建一张幻灯片,插入形状制作完成演示文稿的目录;考虑到内容页部分有较多相同类型的元素,他决定使用幻灯片母版进行统一设计,于是他设计使用与封面统一的主色调,加入图片、形状、文本框等幻灯片元素,进行了母版页的制作					
任务目标	制作目录、母版及内容页（幻灯片 2~8、16、20~26）					
任务要求	(1) 打开任务 5.1 创建好的"网络强国之路"演示文稿 (2) 制作幻灯片 2 目录页,插入素材图片 2-1 至图片 2-3,插入形状和文本框,制作编号和目录文字并调整格式,进行对象组合并排列对象 (3) 制作母版 1 将素材图片 2-4、图片 2-5 插入,调整位置,插入文本框作为标题,设置为微软雅黑,字号 54,插入文本框作为文字介绍,设置内容格式为微软雅黑,字号 20,1.3 倍行距,首行缩进 2 个字符,保存母版 (4) 制作幻灯片 3 "互联网的发展"、幻灯片 4 和 5 "起源",使用刚刚制作的母版格式,将内容录入 (5) 制作幻灯片 6 和 7 "中国互联网发展",插入线条形状、文本框以及用合并形状制作的图形,完成"互联网的发展"部分内容制作 (6) 按照以上步骤,依次完成"中国现阶段发展""网络强国战略""总结与展望"3 个小标题页幻灯片的制作（幻灯片 8、16、20~26）					
知识链接						
计划决策						
任务实施	(1) 打开"网络强国之路"演示文稿,列出具体步骤 (2) 制作幻灯片 2 目录页,列出具体步骤					

任务实施	(3) 制作母版，列出具体步骤 (4) 制作幻灯片 3 "互联网的发展"，列出具体步骤 (5) 制作幻灯片 4 和 5 "起源"，列出具体步骤 (6) 制作幻灯片 6 和 7 "中国互联网发展"，列出具体步骤 (7) 按照以上步骤，依次完成"中国现阶段发展""网络强国战略""总结与展望"3 个小标题页幻灯片的制作（幻灯片 8、16、20~26），列出具体步骤
检　　查	
实施总结	
小组评价	
任务点评	

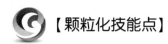

【颗粒化技能点】

5.2.1 形状的基本操作及格式设置

PowerPoint 提供线条、矩形、基本形状、箭头、公式、流程图等多种形状用于制作和装饰幻灯片。

1. 插入形状

插入矩形的具体步骤如下。

步骤1：打开演示文稿，选择需要放入形状的幻灯片，在"插入"菜单中单击"形状"下拉列表按钮，在幻灯片中拖动鼠标左键绘制。

步骤2：选择"格式"选项卡"大小"组，设置矩形高度和宽度均为20.7厘米，并设置旋转45°，如图5-18所示。

插入形状及设置

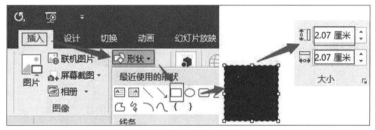

图 5-18 插入形状

2. 形状格式设置

单击形状，在最上方主菜单中会出现"绘图工具""格式"菜单，在其菜单中可对形状进行格式设置。

为了统一颜色，我们需要将形状的颜色进行设置，PowerPoint 中提供取色器可以帮助用户获取颜色，具体步骤如下。

步骤1：单击需要获取颜色的矩形，选择"格式"选项卡。
步骤2：单击"形状样式"组"形状填充"菜单中"取色器"按钮。
步骤3：单击颜色样本获取颜色，如图5-19所示。

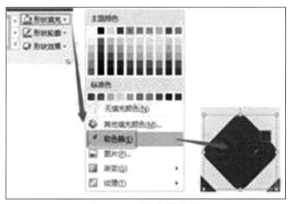

图 5-19 取色器设置

技能加油站

除了使用 PowerPoint 自带的取色器工具外，我们还可以借助 QQ 截图工具获取颜色的 RGB 值进行颜色设置。

借助 QQ 截图工具获取颜色的具体步骤如下。

步骤 1：启动 QQ，在演示文稿中使用<Ctrl+Alt+A>组合键，将鼠标移动到需要查看 RGB 值的位置，这里 RGB 值为（11，78，164）。

步骤 2：选择刚刚创建的矩形，单击"格式"选项卡中"形状填充"下拉列表"其他填充颜色"按钮，弹出"颜色"对话框。

步骤 3：将 RGB 值（11，78，164）填入，并单击"确定"按钮，如图 5-20 所示。

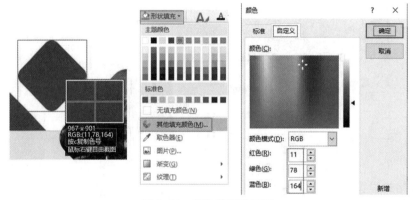

图 5-20　颜色获取及设置

步骤 4：按<Ctrl+D>组合键，复制矩形 3 次。

步骤 5：将第一个矩形和最后一个矩形的位置固定，选择 4 个矩形，在排列组中选择纵向分布和左对齐。

步骤 6：选择第一个矩形，在右键菜单中选择"编辑文字"选项，输入"01"并修改文字格式。

步骤 7：将其他 3 个矩形进行文字编辑，可以复制第一个矩形的文字，将其粘贴至其他矩形中，再修改即可。

形状对齐

步骤 8：绘制矩形，设置无填充、线条为实线，宽度 1 磅。

步骤 9：复制矩形 3 次，将其排列对齐。

步骤 10：选中 4 个矩形，在"排列"组中"下移一层"的下拉列表中选择"置于底层"选项。

3. 删除形状

单击多余的形状，按下<Delete>键即可。

思政小课堂

网络安全和信息化是事关国家安全和国家发展、事关广大人民群众工作生活的重大战略问题，要从国际国内大势出发，总体布局，统筹各方，创新发展，努力把我国建设成为网络强国。

努力把我国建设成为网络强国
——习近平谈治国理政（第一卷）
2014年2月17日

5.2.2 文本框的基本操作及格式设置

1. 插入文本框

方法：单击"插入"选项卡，在其子菜单中单击"文本框"插入即可添加文字，并修改文字格式，如图 5-21 所示。

图 5-21 插入文本框

2. 文本框格式设置

文本框格式选项卡与形状格式选项卡一致，具体步骤如下。

步骤 1：选中刚刚创建的文本框，修改高度为"1.62 厘米"，宽度为"9.56 厘米"，如图 5-22 所示。

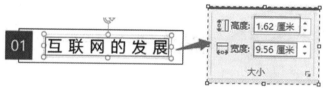

图 5-22 修改文本框大小

技能加油站

选中文本框是在其 4 条边框的任意位置单击，选中后文本框内部输入文字的光标会消失，若输入文字的光标依旧闪烁，则表示选择无效。

步骤 2：调整文本框的位置，如图 5-23 所示，可以看到 PowerPoint 提供对齐的提示。

步骤 3：选择刚刚设置的文本框，使用<Ctrl+D>组合键复制 3 次，将 4 个文本框位置调整为如图 5-24 所示并修改文字。

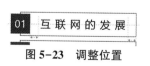

图 5-23 调整位置

图 5-24 目录文本框制作

步骤 4：选择"插入"选项卡"文本框"下拉列表"横排文本框"命令，在图片中插入文本框，输入"目录"再绘制一个文本框输入"CONTENTS"，选择"目录"设置字体为"中文标题"、大小为"60"、颜色为"白色"，"CONTENTS"设置字体为"微软雅黑"、大小为"16"、颜色为"白色"，如图 5-25 所示。

图 5-25　目录文字框

步骤 5：目录幻灯片效果如图 5-26 所示。

图 5-26　目录幻灯片效果

3. 删除文本框

单击多余的文本框，按下<Delete>键即可。

思政小课堂

　　当今世界，网络信息技术日新月异，全面融入社会生产生活，深刻改变着全球经济格局、利益格局、安全格局。世界主要国家都把互联网作为经济发展、技术创新的重点，把互联网作为谋求竞争新优势的战略方向。虽然我国网络信息技术和网络安全保障取得了不小成绩，但同世界先进水平相比还有很大差距。我们要统一思想，提高认识，加强战略规划和统筹，加快推进各项工作。

习近平在十八届中央政治局第三十六次集体学习时的讲话
2016 年 10 月 9 日

5.2.3 母版页制作及演示文稿视图设置

1. 母版页的制作

在制作演示文稿时，将某种对象添加到母版中后，可以使此对象成为幻灯片中的固定信息，这样用户在新建幻灯片的时候，每张幻灯片就会显示同样的信息。

幻灯片母版

1）创建及应用幻灯片母版

创建演示文稿幻灯片母版"项目介绍首页"，并使用该母版制作幻灯片3"互联网的发展"、幻灯片4和5"起源"。

步骤1：单击"视图"选项卡，在其子菜单中选择"幻灯片母版"，进入幻灯片母版编辑状态。

步骤2：选择一种任何幻灯片都没有使用的版式，单击版式中任意位置，按<Ctrl+A>组合键，选中页面中所有内容，按<Delete>键全部删除。

步骤3：绘制矩形，选择"格式"选项卡"大小"组高度为"19.05厘米"、宽度为"33.87厘米"，要求大小与幻灯片一致，选择"形状填充"设置颜色为"白色"，"排列"组"下移一层"下拉列表"置于底层"命令，如图5-27所示。

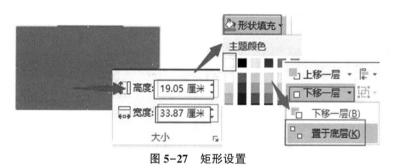

图 5-27 矩形设置

步骤4：拖曳方式绘制圆角矩形，设置高度"13.54厘米"、宽度"12.2厘米"、旋转"45°"，并将矩形大部分移动到幻灯片边线上方，如图5-28所示。

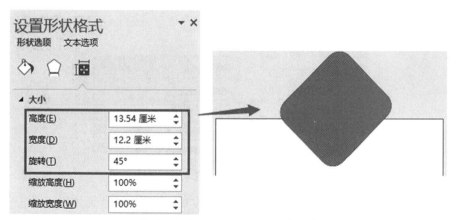

图 5-28 圆角矩形设置及位置摆放

步骤5：先选中白色矩形，再按<Ctrl>键选中圆角矩形，单击"格式"选项卡"合并形状"下拉菜单中"剪除"命令，如图5-29所示。

步骤 6：将素材图片插入空白版式中并移动到对应的位置，选择"格式"选项卡将其置于底层，如图 5-29 所示。

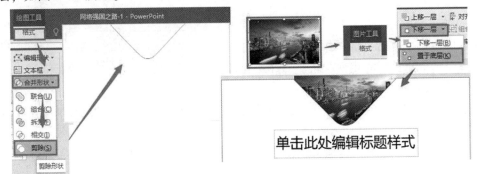

图 5-29　形状剪除及图片设置

步骤 7：在母版其他幻灯片中选择一个标题文本框和正文文本框复制到正在编辑的幻灯片中，并设置字体格式，如图 5-30 所示。

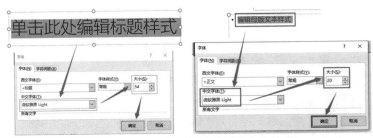

图 5-30　复制并设置文本框中字体格式

步骤 8：为避免混淆，为版式重命名。单击右键版式，在弹出的快捷菜单中选择"重命名版式"选项，弹出"重命名版式"对话框，如图 5-31 所示。

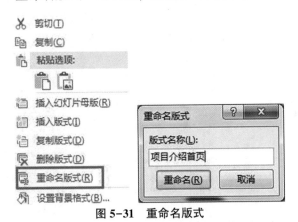

图 5-31　重命名版式

步骤 9：使用母版页制作幻灯片 3 "互联网的发展"。切换回普通视图，单击"新建幻灯片"下拉菜单中选择"项目介绍首页"选项，如图 5-32 所示，应用"项目介绍首页"幻灯片母版新建新的幻灯片，并按照图 5-33 中第一张图的样式进行文字输入，制作幻灯片 3 "互联网的发展"。

项目五　PowerPoint 2016 的使用

图 5-32　使用新版式新建幻灯片

步骤 10：按照步骤 9 的方法，依次制作幻灯片 8、16、20~26，其部分幻灯片显示效果如图 5-33 所示（其他效果图请查看素材文件）。

图 5-33　显示效果

技能加油站

PowerPoint 演示文稿中母版是幻灯片层次结构中的顶层幻灯片，用于存储有关演示文稿的主题和幻灯片版式的信息，包括背景、颜色、字体、效果、占位符大小和位置等信息，并且，每个 PowerPoint 演示文稿都包含相关幻灯片版式的幻灯片母版。

母版视图有 3 种，分别是幻灯片母版、讲义母版、备注母版。

➢ 幻灯片母版：控制标题和文本的格式与类型。

➢ 讲义母版：用于添加或修改在每页讲义中出现的页眉和页脚信息。

➢ 备注母版：用于给演示文稿中的幻灯片添加注释，在幻灯片放映时，可以起到提示与辅助的作用。

2）讲义母版

讲义母版设置的具体步骤如下。

步骤 1：打开幻灯片，切换到"视图"选项卡，单击"母版视图"组中的"讲义母版"按钮，如图 5-34 所示。

步骤 2：系统自动切换到"讲义母版"选项卡，默认情况下，在一张页面中显示 6 张幻灯片缩略图，单击"页面设置"组中的"讲义方向"按钮，在展开的下拉列表中单击"横向"选项，如图 5-35 所示。

步骤 3：单击"页面设置"组中的"每页幻灯片数量"按钮，在展开的下拉列表中单击"3 张幻灯片"选项，如图 5-36 所示。

图 5-34 讲义母版

图 5-35 讲义方向设置

图 5-36 设置幻灯片数量

步骤 4：设置好讲义母版的方向和幻灯片数量后，当用户在对幻灯片进行打印时，就可以在同一张打印纸上打印出 3 张幻灯片，如图 5-37 所示。

技能加油站

设计讲义母版的格式主要用于更改 PowerPoint 幻灯片的打印设计和版式，如可以设置讲义的方向或设置在一张纸张上打印出几张幻灯片。可以将演示文稿内容以讲义的形式打印输出，方便观众在观看演示文稿时，查看相关内容。

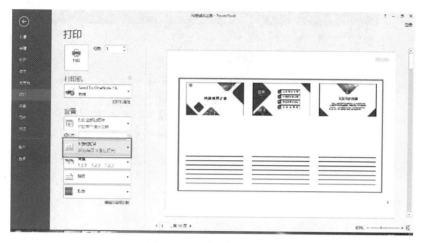

图 5-37 幻灯片打印预览

2. 演示文稿视图

1）普通视图

普通视图共包含大纲窗格、幻灯片窗格和备注窗格 3 种窗格，用户可以在同一位置使用演示文稿的各种特征，拖动窗格边框可调整不同窗格的大小，如图 5-38 所示。

图 5-38 普通视图

2）大纲视图

它含有大纲窗格、幻灯片缩图窗格和幻灯片备注页窗格。在大纲窗格中显示演示文稿的文本内容和组织结构，不显示图形、图像、图表等对象。在大纲视图下编辑演示文稿，可以调整各幻灯片的前后顺序，在一张幻灯片内可以调整标题的层次级别和前后次序，可以将某幻灯片的文本复制或移动到其他幻灯片中，如图 5-39 所示。

3）幻灯片浏览视图

幻灯片浏览视图可以在屏幕上同时看到演示文稿中的所有幻灯片，这些幻灯片是以缩略图方式整齐地显示在同一窗口中。可以看到改变幻灯片的背景设计、配色方案或更换模板后文稿发生的整体变化，可以很容易地在幻灯片之间添加、删除和移动幻灯片的前后顺序以及选择幻灯片之间的动画切换，如图 5-40 所示。

图 5-39 大纲视图

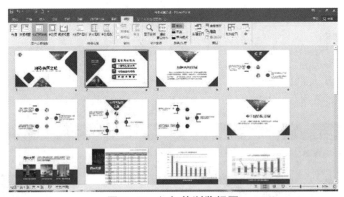

图 5-40 幻灯片浏览视图

4）备注页视图

备注页主要用于为演示文稿中的幻灯片添加备注内容或对备注内容进行编辑修改，在该视图模式下无法对幻灯片的内容进行编辑。切换到备注页视图后，页面上方显示当前幻灯片的内容缩览图，下方显示备注内容占位符，如图 5-41 所示。

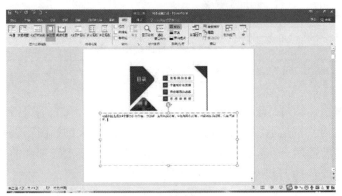

图 5-41 备注页视图

5）阅读视图

阅读视图是演示文稿的最后效果，当演示文稿创建到一个段落时，可以利用该视图来检查，从而及时对不满意的地方进行修改。

任务 5.3 "网络强国之路"演示文稿内容页制作

【任务工单】

任务名称	"网络强国之路"演示文稿内容页制作				
组　　别		成　　员		小组成绩	
学生姓名				个人成绩	
任务情境	公司要求在"网络强国之路"演示文稿中展示我国现阶段网络发展的各种数据,还要有直观的展现形式,小王决定采用 PowerPoint 图表来进行展示。他先制作幻灯片 9 "网络大国",并在幻灯片 10 "相关数据"插入表格并输入数据,然后使用簇状柱形图表示"政府网站数量"制作幻灯片 11,使用簇状柱形图和折线图组合表示"中国国际出口宽带数及增长率"制作幻灯片 12,并使用相同图表表示"中国网民规模及互联网普及率""网络购物用户规模及使用率""各国零售电商销售额年复合增长率预测"等指标制作幻灯片 13~15					
任务目标	制作"网络强国之路"演示文稿内容页,利用数据图表直观表示中国现阶段网络数据					
任务要求	(1) 打开任务 5.2 创建好的"网络强国之路"演示文稿 (2) 制作幻灯片 9 "网络大国" (3) 制作幻灯片 10 "相关数据",插入表格并输入数据 (4) 使用簇状柱形图表示"政府网站数量"制作幻灯片 11 (5) 使用簇状柱形图和折线图组合表示"中国国际出口宽带数及增长率"制作幻灯片 12 (6) 使用相同图表表示"中国网民规模及互联网普及率""网络购物用户规模及使用率""各国零售电商销售额年复合增长率预测"等指标,制作幻灯片 13~15 (7) 制作幻灯片 17~19,将视频文件插入幻灯片,进行格式和播放设置					
知识链接					
计划决策					
任务实施	(1) 制作幻灯片 9 "网络大国",列出具体步骤 (2) 制作幻灯片 10 "相关数据",插入表格,录入并修改格式,列出具体步骤					

任务实施	（3）制作幻灯片 11 "政府网站数量"。插入图表，类型为簇状柱形图，数据录入，并将图表标题修改为 "2017年6月—2020年12月政府网站数量"，列出具体步骤 （4）制作幻灯片 12 "中国国际出口宽带数及增长率"。插入图表，类型为簇状柱形图和折线图组合，数据录入，并将图表标题修改为 "2013年—2019年中国国际出口宽带数及增长率"，列出具体步骤 （5）使用相同图表表示 "中国网民规模及互联网普及率" "网络购物用户规模及使用率" "各国零售电商销售额年复合增长率预测" 等指标，制作幻灯片 13~15，列出具体步骤 （6）制作幻灯片 17~19 "信息技术" "数字中国" "人工智能"，将视频录制插入，列出具体步骤
检　　查	
实施总结	
小组评价	
任务点评	

【颗粒化技能点】

5.3.1 幻灯片元素——艺术字和 SmartArt 图形

1. 艺术字的使用

1）插入艺术字

插入"网络强国之路"艺术字的具体步骤如下。

步骤 1：打开"演示文稿",选择插入艺术字的幻灯片,单击"插入"选项卡"艺术字"。

步骤 2：在出现的文本框中将默认文字修改为"网络强国之路",如图 5-42 所示。

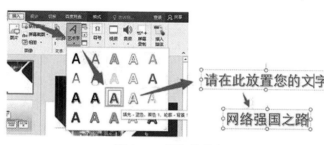

图 5-42 插入艺术字

2）艺术字格式设置

艺术字格式设置,具体步骤如下。

步骤 1：选择"网络强国之路"艺术字,设置字号为"72"。

步骤 2：在"格式"选项卡选择"艺术字样式"组"文字效果"下拉按钮。

步骤 3：选择"阴影"中"右下对角透视"效果,如图 5-43 所示。

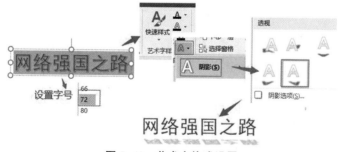

图 5-43 艺术字格式设置

3）删除艺术字

方法 1：单击右键艺术字,按<Delete>键即可。

方法 2：单击右键艺术字,在展开的快捷菜单中单击"删除"按钮。

2. SmartArt 图形的使用

SmartArt 图形是信息和观点的视觉表示形式。可以让幻灯片中的文本内容突出层次、顺序和结构的关系,从而快速、轻松、有效地传达信息。PowerPoint 2016 共提供了 7 种 SmartArt 图形。

创建"网络强国之路"提纲，具体步骤如下。

步骤1：打开需要创建 SmartArt 图形的幻灯片，在"插入"选项卡中单击"插图"组中的"SmartArt"按钮，打开"选择 SmartArt 图形"对话框，在对话框中选择需要使用的 SmartArt 图形后单击"确定"按钮，如图 5-44 所示。

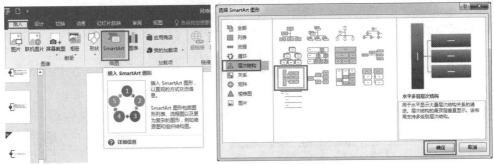

图 5-44 插入 SmartArt 图形

步骤2：在幻灯片中插入 SmartArt 图形，将插入点光标放置在 SmartArt 图形的文本框中输入文字，或者单击"文本窗格"按钮，在文本窗格列表中的选项输入文字，SmartArt 图形对应的文本框中也将添加文字，如图 5-45 所示。完成文字输入后单击文本窗格右上角的关闭按钮。

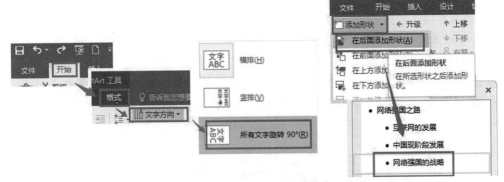

图 5-45 输入文字并设置格式

步骤3：选择 SmartArt 图形，在"设计"选项卡的"版式"组中单击"更改布局"按钮，在下拉列表中选择"层次结构"样式，单击"更改颜色"按钮，再在下拉列表中选择"深色填充"，单击"其他"按钮，在下拉列表中选择"嵌入"完成图形设计，如图 5-46 所示。

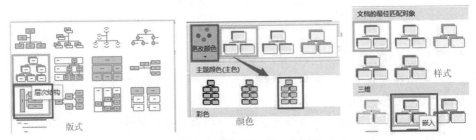

图 5-46 更改版式、颜色和样式

5.3.2 幻灯片元素——图表

PowerPoint 中经常利用图表对数据进行展示，如柱形图、圆饼图等，这些图就是基于一定的数据建立起来的，所以先建立数据表格然后才能生成图表。下面先介绍表格在 PowerPoint 中的使用，具体步骤如下。

步骤 1：新建空白幻灯片，将素材图片 13、14 插入并调整大小和位置，如图 5-47 所示。

步骤 2：选择"插入"选项卡"表格"下拉列表中"插入表格"命令，在弹出的"插入表格"对话框中设置行数和列数，如图 5-48 所示。

图 5-47 插入素材

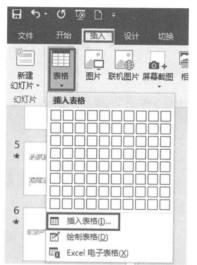

图 5-48 "插入表格"对话框

图表插入

步骤 3：录入数据并设置边框和底纹，最终显示效果如图 5-49 所示。

图 5-49 录入数据后显示效果

图 5-50 插入形状

接下来制作图表数据，具体步骤如下。

步骤 1：新建空白幻灯片，使用"插入"选项卡"形状"中"矩形"形状，用鼠标拖曳方式绘制矩形，设置其高度"2.71 厘米"、宽度"33.87 厘米"，如图 5-50 所示。

步骤 2：选择"插入"选项卡"文字"组"文本框"下拉列表中"横排文本框"命令，用鼠标拖曳方式绘制文本框，在文本框中输入文字"政府网站数量"，并修改文字字体为"微软雅黑"，字号为"24"，如图 5-51 所示。

图 5-51 文本框及文字格式

步骤 3：选择"插入"选项卡"插图"组的"图表"按钮，插入图表，如图 5-52 所示。

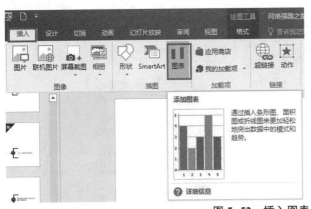

图 5-52 插入图表

步骤 4：在弹出的 Excel 表格中编辑数据，如图 5-53 所示。

步骤 5：修改图表标题完成图表的创建，如图 5-54 所示。

下面介绍组合型图表的使用，具体步骤如下。

步骤 1：插入图表，选择组合类型，在系列 1 中选择"簇状柱形图"，系列 2 中选择"折线图"，勾选系列 2 的次坐标轴复选框，如图 5-55 所示。

步骤 2：在弹出的 Excel 表格中编辑数据，如图 5-56 所示。

步骤 3：选择 X 坐标轴，右键菜单中单击"设置坐标轴格式"选项，修改图表标题，如图 5-57 所示。

步骤 4：制作"中国网民规模及互联网普及率"图表，如图 5-58 所示。

图 5-53 编辑数据

项目五　PowerPoint 2016 的使用

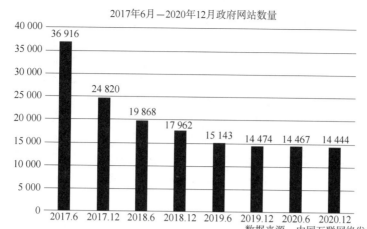

图 5-54　"政府网站数量"图表

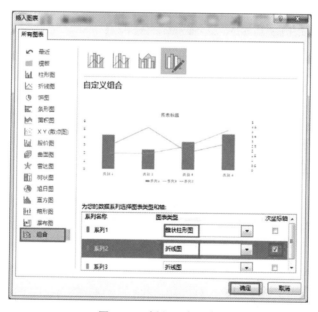

图 5-55　插入组合图表

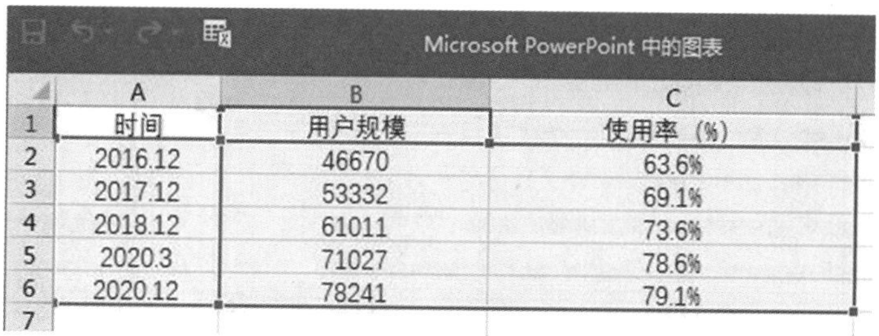

	A	B	C
1	时间	用户规模	使用率（%）
2	2016.12	46670	63.6%
3	2017.12	53332	69.1%
4	2018.12	61011	73.6%
5	2020.3	71027	78.6%
6	2020.12	78241	79.1%
7			

图 5-56　编辑数据

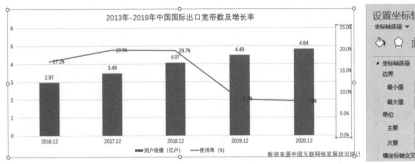

图 5-57 修改标题和坐标轴格式

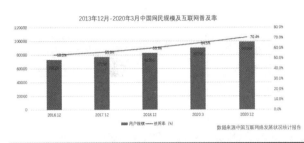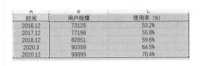

图 5-58 "中国网民规模及互联网普及率"图表

步骤 5：制作"网络购物用户规模及使用率"图表，如图 5-59 所示。

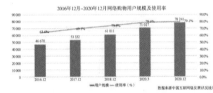

A	B	C
时间	用户规模	使用率（%）
2016.12	46670	63.6%
2017.12	53332	69.1%
2018.12	61011	73.6%
2020.3	71027	78.6%
2020.12	78241	79.1%

图 5-59 "网络购物用户规模及使用率"图表

步骤 6：制作"各国零售电商销售额年复合增长率预测"图表，如图 5-60 所示。

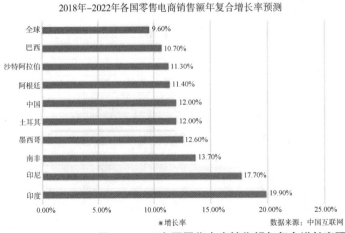

A	B
国家	增长率
印度	19.90%
印尼	17.70%
南非	13.70%
墨西哥	12.60%
土耳其	12.00%
中国	12.00%
阿根廷	11.40%
沙特阿拉伯	11.30%
巴西	10.70%
全球	9.60%

图 5-60 "各国零售电商销售额年复合增长率预测"图表

5.3.3 幻灯片元素——媒体

很多时候，如果无法单纯用文字或者图片来表达，就可以借助音频、视频等。PowerPoint 制作时的媒体资源，在很多地方都可以使用。这里着重介绍视频文件。

视频文件需要提前准备好，可以从网络上下载，也可以自行录制。假设使用电脑已经录制好的视频文件，其具体步骤如下。

步骤1：选择"插入"选项卡"媒体"组"视频"下拉菜单中"PC上的视频"，在弹出的对话框中找到存放视频文件的位置，选中"媒体1"，插入幻灯片中，如图5-61所示。PowerPoint 2016 支持的视频文件格式有 avi、asf、mp4、wmv 等，一般推荐使用 wmv 格式。

插入视频

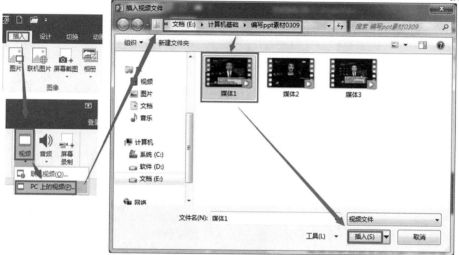

图 5-61 插入视频

步骤2：选中插入的视频文件，"格式"选项卡"大小"组中"高度"设为"10.47 厘米"，"宽度"设为"18.61 厘米"。

步骤3：选择"播放"选项卡"视频选项"组中"开始"下拉列表"自动"选项，勾选"未播放时隐藏"复选框，设置视频自动播放，如图5-62所示。

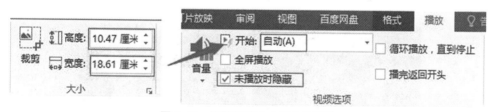

图 5-62 设置视频大小及自动播放

步骤4：选择"编辑"组中的"裁剪视频"命令，弹出"视频剪辑"对话框，将视频结束时间修改为"05：27：975"完成视频剪辑，并预览效果，如图5-63所示。

步骤5：以同样的方式插入视频2和视频3，最终幻灯片显示效果如图5-64所示。

步骤6：如果想录制视频，PowerPoint 2016 中可以使用"插入"选项卡"媒体"组"屏幕录制"命令，如图5-65所示。

图 5-63 视频剪辑及预览效果

图 5-64 插入视频 2 和视频 3

图 5-65 屏幕录制

技能加油站

也可以使用使用腾讯 QQ 录制屏幕视频，以下为录制步骤。

步骤 1：登录腾讯 QQ，按住<Ctrl+Alt+S>组合键框选所录制的区域范围，下面的喇叭和麦克风分别代表系统音和麦克风音，仅仅需要视频声音而想避免外部杂音的就直接单击麦克风将其关闭即可，反之亦然。而后单击开始录制。

步骤 2：录制视频结束后，框选区域下方的 8 个操作按钮分别为画笔、矩形选择框、圆形选择框、指向箭头、文字工具、激光工具、撤销和删除，录制过程中可以进行设置，如图 5-66 所示。

图 5-66 使用腾讯 QQ 录制视频

步骤 3：以上视频播放完后单击"结束"按钮，则会弹出一个屏幕录制预览窗口；单击预览窗口右下角的"下载"按钮，将该视频存入任意文件夹中，即可在后期调用的时候直接插入（注意：使用该工具所录制的视频均为 mp4 格式）。

任务 5.4 "网络强国之路"演示文稿动画制作和放映

【任务工单】

任务名称	"网络强国之路"演示文稿动画制作和放映				
组 别		成 员		小组成绩	
学生姓名				个人成绩	
任务情境	小王已经基本完成"网络强国之路"演示文稿的制作,为了得到更好的演示效果和演示形式,他决定为演示文稿设置动画,并将其打包发布。于是,他首先对演示文稿中所有幻灯片的切换动画进行设置;并制作目录的交互动画和链接,使目录链接到相关页面。然后,他继续设置演示文稿为演讲者放映,从头开始录制幻灯片演示,加入旁白,并打包成 CD;将演示文稿输出为 PDF 格式。最后,小王还按照每页 6 张幻灯片水平放置的模式,将演示文稿彩色打印后,呈递给公司老总进行审核				
任务目标	对演示文稿进行动画制作和放映				
任务要求	(1)打开任务 5.3 创建好的"网络强国之路"演示文稿 (2)对演示文稿中所有的幻灯片设置切换动画 (3)制作目录中的交互动画,链接对象为幻灯片 3、8、16、21,并在幻灯片 7、15、20 中制作返回到目录的按钮,完成超链接 (4)设计演示文稿,进行演讲者放映 (5)从头开始录制幻灯片演示,并加入旁白,并打包成 CD (6)将演示文稿输出为 PDF 格式 (7)打印演示文稿,按照每页 6 张幻灯片水平放置,彩色打印				
知识链接					
计划决策					
任务实施	(1)将演示文稿中所有幻灯片切换动画进行设置,列出具体步骤 (2)制作目录中的交互动画,链接对象为幻灯片 3、8、16、21,并在幻灯片 7、15、20 中制作返回到目录的按钮,完成超链接,列出具体步骤				

任务实施	（3）设计演示文稿，进行演讲者放映，列出具体步骤 （4）从头开始录制幻灯片演示，并加入旁白，并打包成CD，列出具体步骤 （5）将演示文稿输出为PDF格式，列出具体步骤 （6）打印演示文稿，按照每页6张幻灯片水平放置，彩色打印，列出具体步骤
检查	
实施总结	
小组评价	
任务点评	

【颗粒化技能点】

5.4.1 幻灯片动画

1. 切换动画

设置幻灯片切换动画的具体步骤如下。

步骤1：打开需要设置切换动画的幻灯片，单击"切换"选项卡。

步骤2：单击"切换到此幻灯片"组中下拉按钮，选择华丽型中"随机"类型。

步骤3：单击"计时"组中"全部应用"命令，如图5-67所示。

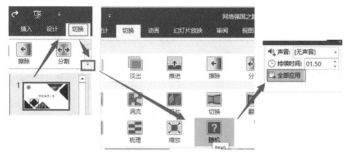

图5-67 幻灯片切换效果

幻灯片切换、交互动画

2. 内容动画

设置内容动画的具体步骤如下。

步骤1：打开"网络强国之路"演示文稿，选择封面页中的全部内容。

步骤2：选择"动画"选项卡，设置"飞入"效果。

步骤3：启动"动画窗格"，在"图片10"右边的下拉列表中选择"从上一项之后开始"。

步骤4：选择"播放所选项"，查看动画效果，如图5-68所示。

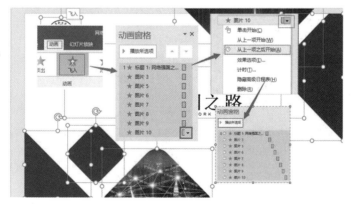

图5-68 封面页动画设置

技能加油站

PowerPoint幻灯片中内容动画效果分为三类：一是对象出现时的进入动画，二是对象在展示过程中的强调动画，三是对象退出幻灯片时的退出动画。

3. 交互动画

设置目录页交互动画的具体步骤如下。

步骤1：打开"网络强国之路"演示文稿，选择目录中文字"互联网的发展"，右键菜单选择"超链接"选项。

步骤2：在弹出的对话框中选择"本文档中的位置"，建立了超链接的文本会变成蓝色文字并带有下划线，如图5-69所示。

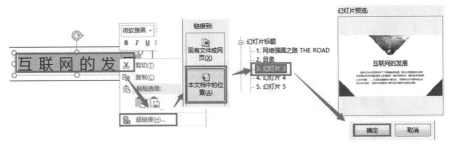

图5-69 设置目录"互联网的发展"超链接

步骤3：将目录中其余编号的文字按照同样的方式设置超链接，如图5-70所示。

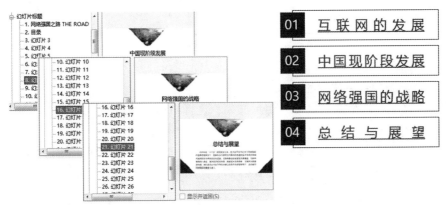

图5-70 目录超链接设置

步骤4：选择第7张幻灯片，插入圆角矩形作为动作按钮并输入文字，设置为"蓝底白字"，字体为"微软雅黑"，大小为"18号"，用同样的方式设置动作按钮，如图5-71所示，并复制此按钮到幻灯片15、20和26中。

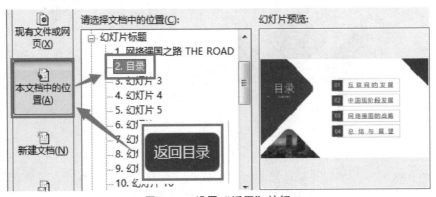

图5-71 设置"返回"按钮

5.4.2 幻灯片主题及放映

PowerPoint 2016 为用户提供了多种主题样式，用户在创建演示文稿时可以直接应用，从而使演示文稿更加美观。

1. 幻灯片主题应用

打开演示文稿，切换到"设计"选项卡，单击"主题"组中的"其他"按钮，在展开的样式库中选择"回顾"主题样式，如图 5-72 所示，即可应用该主题样式快速美化幻灯片。

2. 幻灯片背景设置

设置背景图片的具体步骤如下。

步骤 1：打开演示文稿，选择第一张幻灯片单击右键，在弹出的右键菜单中选择背景图片。

图 5-72 "回顾"主题样式

步骤 2：选择"设置背景格式"窗格"填充"项中"图片或纹理填充"，单击"文件"按钮，弹出"插入图片"对话框，单击图库中示例图片"企鹅"更换背景图片，如图 5-73 所示。

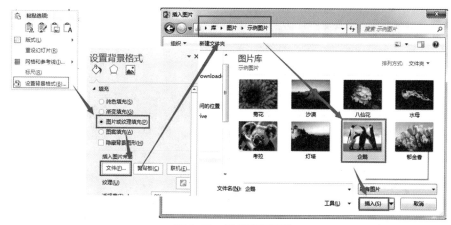

图 5-73 设置背景图片

幻灯片背景设置

如果不用背景图片，也可以选择设置背景渐变填充，具体步骤如下。

步骤 1：打开演示文稿，选择第二张幻灯片单击右键，在弹出的右键菜单中选择背景图片。

步骤 2：选择"设置背景格式"窗格"填充"项中"渐变填充"，修改类型为"线性"和调节渐变光圈，设置背景填充及显示效果如图 5-74 所示。

3. 放映

将演示文稿从头开始放映的具体步骤如下。

步骤 1：打开"网络强国之路"演示文稿，选择"幻灯片放映"选项卡。

步骤 2：选择"设置"组"设置幻灯片放映"按钮，弹出"设置放映方式"对话框。

步骤 3：设置放映类型为"演讲者放映"，放映选项中勾选"循环放映，按 Esc 键终止"和"放映时不加动画"，单击"确定"按钮。

步骤 4：选择"开始放映幻灯片"组"从头开始"按钮进行放映，如图 5-75 所示。

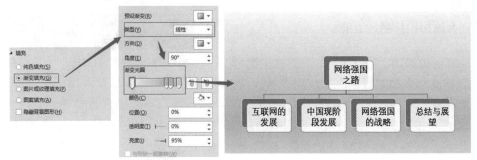

图 5-74　设置背景填充及显示效果

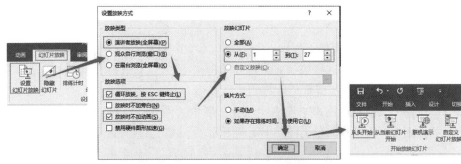

图 5-75　从头开始放映设置

技能加油站

在 PowerPoint 2016 中幻灯片放映方式有"从头开始""从当前幻灯片开始""联机演示""自定义幻灯片放映",比较常用的是"从头开始"和"从当前幻灯片开始"的放映,如果想根据预先设定,按幻灯片的编号顺序从第一张幻灯片开始逐个放映到最后一张幻灯片结束,可以使用"循环放映"或由"演讲者放映"。

可以使用状态栏的按钮进行放映,但此时只能从当前所选择的幻灯片开始放映。

如果用户有特别需求,也可以自行设定幻灯片放映,如放映其中的某一些幻灯片。这类属于自定义放映,将演示文稿分成几个部分,并为各部分设置自定义演示,组成一些子文稿,根据需要进行放映。

在"设置放映方式"对话框中,可以在"放映选项"选项区中设置演示文稿的运行方式。

在"放映选项"选项区中,各复选框的含义如下。

"循环放映,按 Esc 键终止"复选框:可以连续地播放声音文件或动画,用户将设置好的演示文稿设置为循环放映,可以应用于展览会场的展台等场合,将演示文稿自动运行并循环播放。在播放完最后一张幻灯片后,自动跳转至第一张幻灯片,而不是结束放映,直到用户按<Esc>键退出放映状态。

"放映时不加旁白"复选框:在放映演示文稿而不播放嵌入的解说。

"放映时不加动画"复选框:在放映演示文稿而不播放嵌入的动画。

5.4.3 演示文稿输出

1. 导出演示文稿

将演示文稿导出为 CD 的具体步骤如下。

步骤 1：打开"网络强国之路"演示文稿，单击"开始"选项卡。

步骤 2：选择"导出"菜单中"将演示文稿打包成 CD"命令，弹出"打包成 CD"对话框。

步骤 3：在"打包成 CD"对话框中将 CD 命名为"网络强国之路 CD"，并选择"复制到 CD"；完成 CD 刻录，如图 5-76 所示。

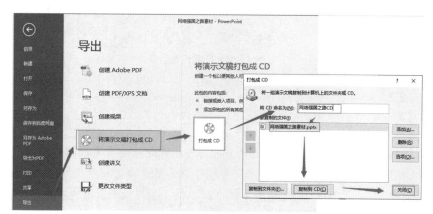

图 5-76 "打包成 CD"对话框

将演示文稿导出为视频的具体步骤如下。

步骤 1：打开"网络强国之路"演示文稿，单击"开始"选项卡。

步骤 2：选择"导出"菜单中"创建视频"命令，弹出"另存为"对话框。

导出演示文稿

步骤 3：将视频保存在电脑中，如图 5-77 所示。

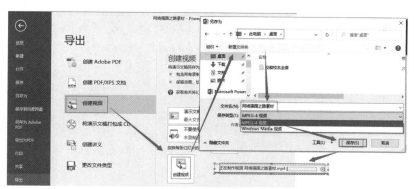

图 5-77 转换为视频

2. 打印演示文稿

将演示文稿打印输出的具体步骤如下。

步骤 1：打开"网络强国之路"演示文稿，单击"开始"选项卡"打印"选项。

步骤 2：选择已经有的打印机"HP M127-M128"，打印份数为 1 份，设置"打印全部幻灯片"，使用讲义方式"6 张水平放置的幻灯片"，颜色为"纯黑白"。

步骤 3：设置完成后右边会显示打印设置的效果，如图 5-78 所示。

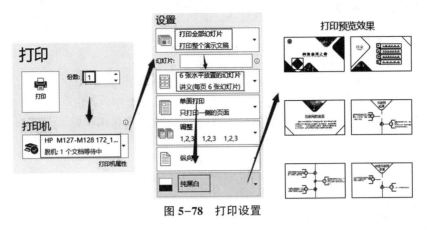

图 5-78　打印设置

> **技能加油站**
>
> 除了使用 PowerPoint 进行打印外，还可以把 PowerPoint 演示文稿转换到 Word 打印，打开需要转换的幻灯片，单击"文件"→"另存为"按钮，然后在"保存类型"列表框里选择保存为"rtf"格式。现在用 Word 打开刚刚保存的 rtf 文件，使用这种方法需要对文档进行适当的编辑。

💡 思政小课堂

掌握互联网发展主动权一个互联网企业即便规模再大、市值再高，如果核心元器件严重依赖外国，供应链的"命门"掌握在别人手里，那就好比在别人的墙基上砌房子，再大再漂亮也可能经不起风雨，甚至会不堪一击。我们要掌握我国互联网发展主动权，保障互联网安全、国家安全，就必须突破核心技术这个难题，争取在某些领域、某些方面实现"弯道超车"。

习近平在网络安全和信息化工作座谈会上讲话时强调

2016 年 4 月 19 日

【拓展练习】

1. 华为公司筹备的 5G 发布会需要制作一份演示文稿，从技术背景、技术现状、技术应用、技术前景 4 个方面进行宣传，要求制作结构合理、布局简洁，视觉感好，模板可在网络或教学素材中下载。

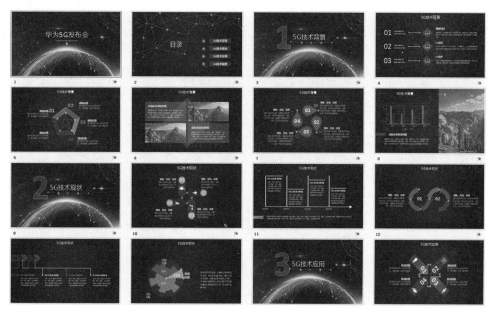

2. 2021 年是中国共产党成立 100 周年，为庆祝建党 100 周年，学院要求举行"建党 100 周年"宣讲比赛，封面要求新颖、大气，插入背景音乐和链接视频，模板可在网络或教学素材中下载。

3. 为了给新入学的同学介绍学校历史、文化以及相关的校纪校规，请设计一个"新生

入学讲座"演示文稿,要求根据学校下发的"学生手册"相关内容进行制作,播放时有动态和切换。

项目六　计算机网络及信息检索

【项目概述】

随着信息社会的进步和网络技术的不断更新，计算机网络会越来越深刻地影响着科研、教育、经济发展和社会生活的各个层面，成为未来社会中赖以生存和发展的重要保障。

信息检索是人们获取信息的重要方法和手段，也是人们查找信息的主要方式。掌握网络信息的高效检索方法，是现代信息社会对高素质技术技能人才的基本要求。如何在茫茫信息海洋中快速、准确地找到所需信息，并对信息进行去伪存真、去粗取精？通过本项目我们就来学习信息检索基础知识、搜索引擎使用技巧、专用平台信息检索等内容，借助如今便捷的信息检索工具来精准快速地检索信息。

【项目目标】

- 了解 Internet 的相关知识。
- 了解计算机网络的基本概念及相关基础知识。
- 掌握设置 WiFi 的方法。
- 了解信息检索的基本概念和流程。
- 掌握常用的信息检索方法。
- 掌握常用搜索引擎使用技巧。
- 掌握专用平台期刊、论文、专利、商标等信息的检索。

【技能地图】

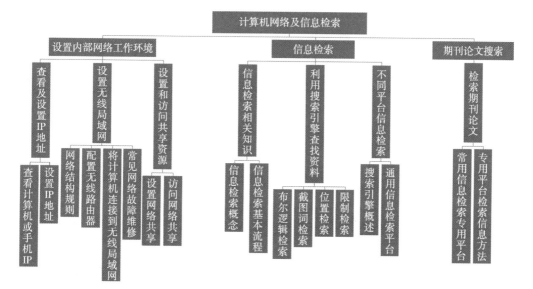

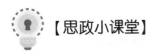**【思政小课堂】**

信息安全的隐患

国内安防企业××康威视公司的视频监控产品存在严重安全隐患,部分连接互联网的设备已经被境外 IP 地址控制,造成了不良的社会影响。

据了解,××康威视视频监控产品主要存在两方面的安全隐患:

一、"弱口令"隐患。视频监控产品在出厂前设置了初始密码(初始密码一般设为"123456""888888""admin"),由于用户使用时未及时更改初始密码,导致被黑客攻击和控制。

二、内存溢出漏洞。部分 DVR/NVR 产品在处理特制的 RTSP 请求时,存在内存溢出的风险。通过该漏洞,攻击者可以对设备实施 Dos 攻击,甚至直接获取设备的最高权限。

整改建议:

一、高度重视,落实工作责任。将视频监控系统作为重要基础设施和信息系统,纳入日常管理和安全保护视线。

二、开展自查,及时消除隐患。消除"弱口令"隐患,提高密码强度,增强抗攻击能力。消除内存溢出隐患,根据××康威视公司发布的存在此漏洞的产品列表及相关解决方案进行设备升级。

三、举一反三,加强安全防护。要严格按照国家信息安全等级保护制度的要求,落实视频监控系统定级备案、等级测评、建设整改工作,加强安全隐患、安全漏洞排查和整改,提高安全防护能力。

思考:你了解计算机安全方面的相关知识吗?调研这方面的信息,如何处理日常的计算机安全防护?

任务6.1 设置内部网络工作环境

【任务工单】

任务名称	设置内部网络工作环境				
组　　别		成　　员		小组成绩	
学生姓名				个人成绩	
任务情境	上周末因为天气原因公司路由器坏了,公司新配了一个路由器,领导让小王设置一下无线局域网,方便大家办公上网。下面,我们和小王一起完成这项任务				
任务目标	（1）掌握计算机网络的相关知识 （2）掌握IP及域名相关知识 （3）掌握搭建无线局域网的方法				
任务要求	（1）熟悉计算机网络的概念、分类、特点、功能 （2）熟悉IP地址的作用和划分 （3）搭建无线局域网的步骤 （4）无线局域网的加密 （5）将计算机连接到无线局域网				
知识链接					
计划决策					
任务实施					
任务实施	（1）搭建无线局域网（WiFi）的方法（请写出具体步骤）				

任务实施	（2）对无线局域网加密的方法（请写出具体步骤） （3）计算机和其他设备连接到无线局域网的方法（请写出具体步骤）
检　　查	
实施总结	
小组评价	
任务点评	

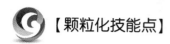
【颗粒化技能点】

6.1.1 查看及设置 IP 地址

计算机网络就是利用通信设备和线路将地理位置不同、功能独立的多个计算机系统相互连起来，通过网络软件（如网络通信协议、信息交换方式及网络操作系统等）来实现网络中信息传递和数据共享。

IP 地址是 TCP/IP 协议用于识别计算机身份的标志。为了保证通信正确、可靠，每个网络中的每台主机都必须分配一个唯一的 IP 地址，才能被识别。每个 IP 地址其实是一种数字标识，结构上可分为网络标识和主机标识两个部分。其中，网络标识是该网络的网络号，主机标识用来区分该网络中各台计算机。

目前，所使用的 IP 协议版本（第四版）规定，IP 地址的长度为 32 位，共占用四个字节，格式为 W.X.Y.Z。其中，每一个变量为 8 位二进制数，中间使用"."隔开，为方便起见，一般写成十进制数，对应十进制数的范围是 0~255，如 200.1110.95.78。

1. 查看当前计算机或手机的 IP 地址

1）查看当前计算机的 IP 地址

步骤 1：按<Win+R>组合键，打开运行，输入"cmd"，单击"确定"按钮，打开命令提示符，如图 6-1 所示。

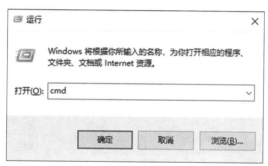

图 6-1　打开命令提示符

步骤 2：在命令提示符下输入"ipconfig/all"命令，按回车键，即可查看 IP 地址信息如图 6-2 所示。

图 6-2　查看 IP 地址信息

2）查看 IP 地址的第二种方法

步骤1：单击任务栏网络连接图标，弹出界面后，单击已连接的网络，如图 6-3 所示。

图 6-3　单击任务栏网络连接图标

步骤2：在设置界面中，单击已连接的网络，如图 6-4 所示。

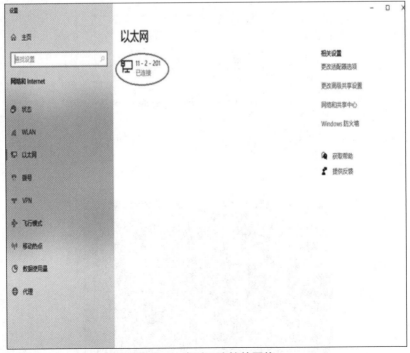

图 6-4　找到已连接的网络

步骤 3：显示当前连接网络的相关信息，如图 6-5 所示。

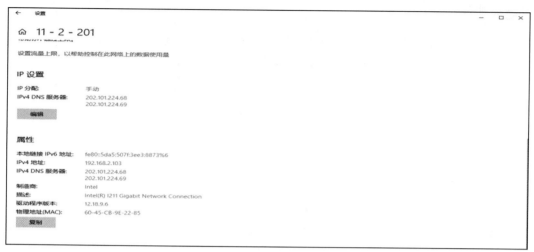

图 6-5 当前网络相关信息

3) 查看手机的 IP 地址

此处以安卓手机为例，查看接入无线网络自动获取的 IP 地址。

步骤 1：打开手机的设置程序，选择 WLAN，如图 6-6 所示。

步骤 2：选择已连接的网络，查看网络连接信息，如图 6-7 所示。

图 6-6 手机设置找到 WLAN

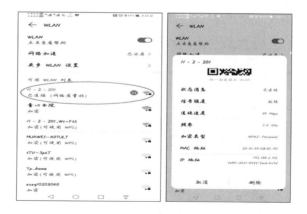

图 6-7 选择已连接的网络、查看网络连接信息

技能加油站

IP 地址按结点计算机所在网络规模的大小可分为五类（A～E 类），常用的是 A、B、C 类。每一类网络中的 IP 地址的结构即网络标识长度和主机标识长度都有所不同。

（1）A 类。A 类地址分配给大型网络。A 类网络用第一组数字（占 8 位，最高位为 0）表示网络本身的地址，后面三组数字（占 24 位）作为连接网络上主机的地址。A 类地址的范围是 0.0.0.0～126.255.255.255。

（2）B 类。B 类地址分配给中型网络。B 类网络用第一、二组数字（占 16 位，前两位为 10）表示网络本身的地址，后面两组数字（占 16 位）作为连接网络上主机的地址。B 类地址的范围是 128.0.0.0～191.255.255.255。

（3）C 类。C 类地址分配给小型网络，如家庭网或小型局域网，它可连接的主机数量是最少的，采用把所属的用户分为若干的网段进行管理。C 类网络的前三组数字表示网络的地址，最后一组数字作为网络上的主机地址。C 类地址的范围是 192.0.0.0～223.255.255.255。

实际上，还存在着 D 类地址和 E 类地址。这两类地址用途比较特殊，D 类地址称为组播地址，供特殊协议实现一对多数据传输；E 类地址保留给将来使用。

2. 设置 IP 地址

例：以 Windows 10 系统为例，设置计算机 IP 地址。

步骤 1：右键单击网络连接图标 ，打开"打开'网络和 Internet'设置"，如图 6-8 所示。

图 6-8　打开网络和 Internet 设置

步骤 2：更改当前连接网络的属性，如果要更改多个网络适配器的连接属性，则需要选择"更改适配器选项"，如图 6-9 所示。

图 6-9　更改当前连接网络的属性

步骤 3：单击 IP 设置分类中的"编辑"按钮，如图 6-10 所示，并编辑 IP 设置，如图 6-11 所示。选择手动设置 IP 地址，若网络中有 DHCP 服务器（例如无线路由的 DHCP 服务开启），则可以选择下拉菜单中的自动（DHCP）选项即可，需要注意的是这里设置的 IP 地址不可与网络中其他设备的 IP 地址相冲突，否则无法正常使用。子网前缀长度即是指子网掩码，按照子网掩码的二进制长度填写，一般都是 255.255.255.0，即 24 位。网关一般当前计算机连接的光猫或路由器的管理地址。DNS 用作域名解析使用，ISP 一般都有固定的 DNS 服务器，如果不知道 DNS 服务器的 IP 地址，也可使用通用的 4.4.4.4 或 8.8.8.8 这两个 DNS 服务器。

图 6-10　IP 设置

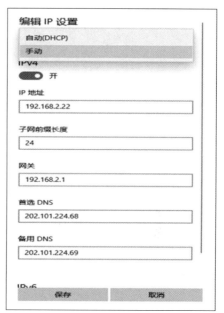

图 6-11　编辑 IP 设置

技能加油站

子网掩码又叫网络掩码、地址掩码，它是一种用来标识一个 IP 地址里哪些位属于网络地址，哪些位属于主机地址，所以子网掩码位和 IP 地址位一一对应。子网掩码的主要作用就是将某个 IP 地址划分成网络地址和主机地址两部分。子网掩码使用与 IP 地址相同的编址格式，即 32 位长度的二进制比特位，也可分为 4 个 8 位组并采用点分十进制来表示。在子网掩码中，网络地址都取值为"1"，主机地址都取值为"0"。

6.1.2 配置无线局域网

1. 网络结构规划

常见网络连接拓扑，如图 6-12 所示。

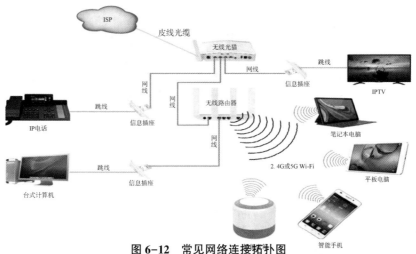

图 6-12 常见网络连接拓扑图

在图 6-12 中，连接 ISP 的皮线光缆连接到光猫的光口（一般为 SC 接头）上；IP 电话和 IPTV 通过网络跳线与墙面信息插座相连接，信息插座中的信息模块通过网线与光猫的网口及 IPTV 口相连接；无线路由器的 WAN 口与光猫的 LAN 相连接。台式计算机通过网络跳线与墙面信息插座相连接，信息插座中的信息模块通过网线与无线路由器的 LAN 口相连接；其他可移动设备 i 与无线路由器相连接；连接到无线路由器的终端设备均可由无线路由器的 DHCP 服务来分配 IP 地址，终端只需要设置为自动获取即可。

若取消无线路由器，终端设备直接与光猫相连接也是可以的，一般的无线光猫也具备 DHCP 服务。

技能加油站

计算机网络的分类

> 按地理范围分类。通常，根据网络覆盖范围将计算机网络分为局域网、城域网、广域网。

> 按网络拓扑结构分类。计算机网络拓扑结构指的是网络信息点分布的结构。常见的拓扑结构有总线型、星型、环型和网状型四种。

> 按速率或带宽分类。根据带宽不同可以将网络分为窄带网和宽带网；根据传输速率不同可以将网络分为低速网、中速网和高速网。

> 按传输介质分类。根据传输介质不同可以将网络分为有线网和无线网；有线网又分为同轴电缆网、双绞线网和光纤网，还有最新的全光网络；无线网有卫星无线网和使用其他无线通信设备的网络。

> 按通信方式分类。根据网络通信方式不同，可以将网络分为点对点式网络和广播式网络。

2. 配置无线路由器

例：以 Tp-link 无线路由器搭建无线局域网，将无线路由器连接到互联网，并开启需要账号和密码进行登录的 WiFi 功能。

步骤1：首先用网线和电脑连接起来，一头插路由器的 LAN 口，如图 6-13 所示，另一头插入电脑的网口。

图 6-13　路由器的 LAN 口

步骤2：把路由器翻到背面，会看到一串 IP 地址是 192.168.1.1 或者是 192.168.0.1，具体是多少可以在路由器底部的铭牌上查看，如图 6-14 所示。

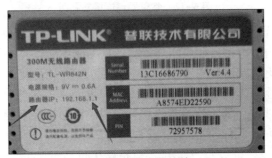

图 6-14　路由器铭牌

步骤3：打开浏览器，在地址栏输入路由器的 IP 地址，密码一般默认是 admin。

步骤4：登陆之后在左侧找到网络参数 WAN 口设置，在右侧填上网络供应商提供的账号和密码（路由器背面都有），填好之后单击"保存"按钮即可。如果是私人共享的网络，点旁边的"自动检测"即可，如图 6-15 所示。

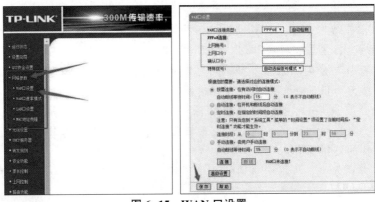

图 6-15　WAN 口设置

步骤 5：给无线网络设置账号和密码。在左侧找到"无线设置—基本设置",然后在右侧的 SSID 那栏,填上自己的无线网络名字(账户名),之后按保存即可,如图 6-16 所示。

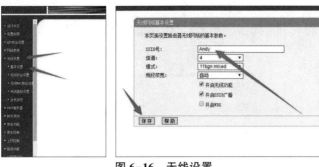

图 6-16 无线设置

> **技能加油站**
>
> "SSID"就是无线 WiFi 的名称,"PSK 密码"就是无线 WiFi 的密码。

步骤 6：接下来就要给无线网络设置一个密码,同样在左侧找到"无线安全设置",选择"WPA-PSK/WPA2-PSK",在"PSK 密码"那栏输入自己的 WiFi 密码,单击"保存"按钮即可,如图 6-17 所示。

图 6-17 设置无线密码

步骤 7：在左侧找到"系统工具—重启路由器",在右侧点击"重启"按钮,这样就完成了无线路由器的上网设置；电脑只要连接到路由器的 LAN 接口中的任意一个,就可以上网了；无线设备连接到路由器提供的 WiFi 上,也是可以上网的了。

> **技能加油站**
>
> 应注意无线宽带路由器的摆放。无线宽带路由器的传输范围是一个球体,通常所说的传输距离是这个球体的半径,因此,把无线宽带路由器放置在房屋中间,让球体直径覆盖各个房间,这样传输效果最为理想。
>
> 电视、微波炉等电器设备会影响无线信号的传输,因此在无线路由器和安装无线网卡的计算机旁边最好不要有这些电器设备。

3. 将计算机连接到无线局域网

加密无线网后，无线网卡就无法与无线路由器正常连接了。要将安装有无线网卡的计算机连接到无线局域网，可执行以下操作步骤：

步骤1：单击桌面右下角无线网络 .ill 工作状态图标，打开"无线网络连接"菜单，如图 6-18 所示。

图 6-18 无线网络连接

步骤2：在"无线网络连接"菜单中选择要连接的无线网络名称，单击"连接"按钮，这时会弹出如图 6-19 所示的界面，要求输入安全密钥，在"安全密钥"文本框中输入密钥后单击"下一步"按钮，接着计算机会连接到无线路由器，这样就可以正常上网了。

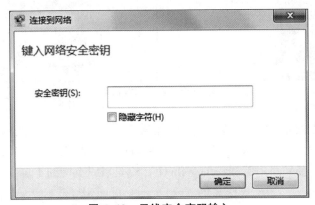

图 6-19 无线安全密码输入

4. 常见网络故障维修

1）有线设备、无线设备均不能上网。

故障分析：一般只有主设备及连接链路故障才会出现上述现象，具体处理方法如下：

①查看路由器或光猫的电源，检查设备是否通电，检查路由器和光猫之间的连接网线和端口是否工作正常；

②查看路由器或光猫的拨号是否正常；

以华为某型号路由器为例，登入管理界面后，可以看到联网相关的信息，如图 6-20 所示。

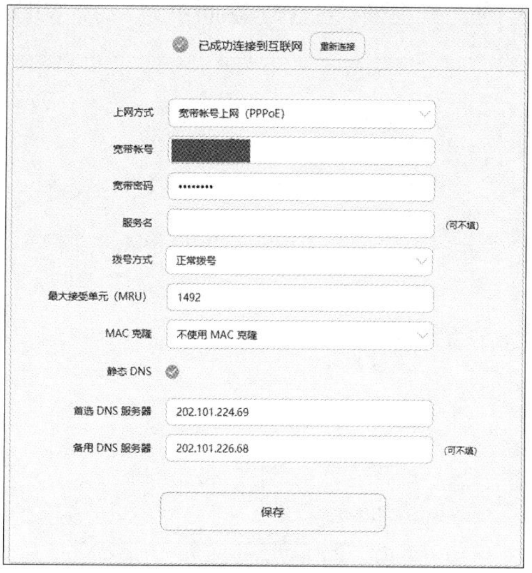

图 20　已连接已联网相关信息

③查询 ISP 客服是否缴费，对应的网络服务是否中断；
④联系 ISP 的工程人员，判断入户光缆或者光缆接续处是否损坏；
⑤联系 ISP 客户，询问室外主干光缆是否在维护。
2）有线设备可以上网，无线设备（或某几个无线设备）不能上网。
故障分析：此类故障通常为路由器或光猫的无线设置出错，具体处理方法如下：
①打开路由器或光猫，查看无线功能是否开启；
②查看路由器或光猫的 DHCP 服务是否开启，此外 DHCP 服务的 IP 地址池是否有足够的 IP 地址分配；

以华为某型号路由器为例，如图 6-21 所示的在网络设置选项卡中，可以开启和关闭 DHCP 服务，并且可以设置 IP 地址池的范围。

图 6-21　网络设置

③查看路由器或光猫的无线配置，是否隐藏了无线接入的 SSID，造成新设备不能搜索到无线接入的 SSID，若是此种情况，可以手动输入，也可以取消隐藏。

以华为某型号路由器为例，在 WiFi 的管理界面可以设置 WiFi 隐身，如图 6-22 所示。

图 6-22　查看 WiFi 是否隐身

3）有线设备不能上网，无线设备可以上网。

故障分析：此类故障表明，路由器或光猫上网的设置没有问题，故障主要发生在连接有线设备的链路（连接路由和信息插座的网线、连接信息插座和设备的网络跳线）、路由的对应端口、有线设备的连接网卡或网卡端口几个方面，具体处理方法如下：

①查看路由器、光猫、有线设备的端口，有无被雷击损坏或者端口的连接铜弹片是否变形损坏。可以采用更换端口和计算机的方法来确认故障源。

②使用测试仪测试连接的网线和连接有线设备的跳线，确认是否是链路故障。此处有两段网线，可能有四处故障（每段网线有两个接头）。

③若终端设备是通过交换机接入到路由器或光猫，检查交换机的端口是否启用，对于只有路由器或光猫的场合，此处不必检查，默认启用全部端口。

6.1.3　设置和访问共享资源

1. 设置网络共享

要将本计算机中的资源（文件夹或打印机）共享给局域网中的其他计算机使用，可执行以下操作步骤：

步骤 1：右击鼠标打开要在弹出的快捷菜单中选择"授予访问权限"→"特定用户"选项，如图 6-23 所示。

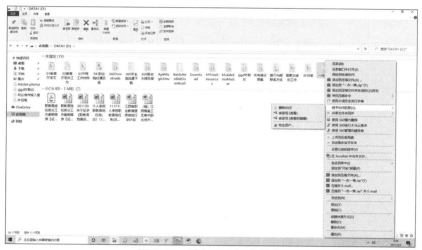

图 6-23　选择要共享文件夹

步骤 2：弹出"网络访问"界面，在"选择要与其共享的用户"编辑框中输入可以访问该文件夹的用户名，或单击编辑框右侧的三角按钮，在展开的列表中进行选择，例如选择"Everyone"选项，表示所有用户都可以访问该文件夹，再单击"添加"按钮，将所选用户添加到下方的可访问列表中，如图 6-24 所示。

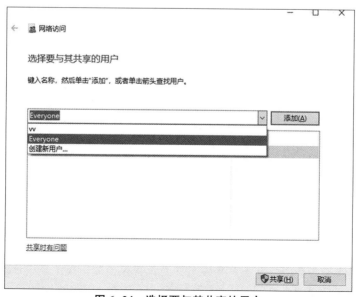

图 6-24　选择要与其共享的用户

步骤 3：单击所添加用户"权限级别"右侧的三角按钮，在弹出的下拉列表中选择该用户的访问权限，然后单击"共享"按钮，如图 6-25 所示。共享时请注意权限分配，以防文件被删除或者修改。

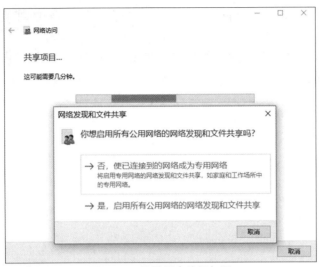

图 6-25　设置用户访问权限

步骤 4：显示完成文件夹共享界面，单击"完成"按钮，如图 6-26 所示。此时，其他用户就可通过局域网来访问该文件夹了。

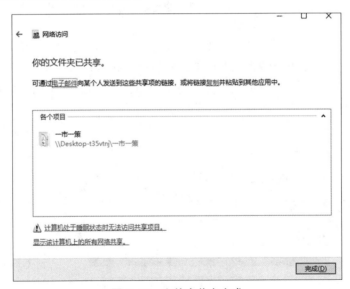

图 6-26　文件夹共享完成

技能加油站

若要停用文件夹共享，可右击共享的文件夹，在弹出的快捷菜单中选择"授予访问权限"→"删除访问"选项。

2. 访问网络共享

步骤 1：要访问共享资源，可双击桌面上的"网络"图标，打开"网络"窗口，即可看到局域网中所有计算机的名称。

步骤 2：双击要访问的计算机，即可访问其共享的资源，如图 6-27 所示。

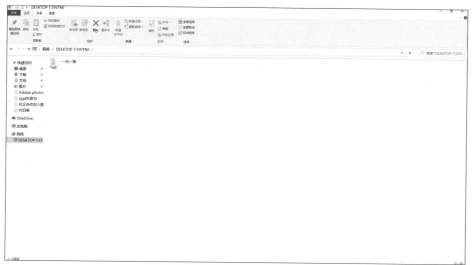

图 6-27　访问共享资源

> **技能加油站**
>
> 　　计算机网络功能可归纳为资源共享、数据通信、远程传输、集中管理、实现分布式处理、负载平衡、综合信息服务、提高系统的性能。其中最重要的是资源共享和数据通信。

任务 6.2　信息检索

【任务工单】

任务名称	信息检索				
组　　别		成　员		小组成绩	
学生姓名				个人成绩	
任务情境	小王在工作上非常认真上进，经常利用业余时间上网查找下载工作需要的资料或文件学习，颇受领导赏识。这次领导安排给他一个任务：下周一到江西南昌出差给公司非常重要的一个客户推广新产品。小王第一次来南昌，知道南昌有江南三大名楼之一滕王阁，准备办完公事，好好领略一下滕王阁的风采。小王先通过电子邮件和南昌这边公司联系并发送了相关资料，再通过网络提前了解了滕王阁的相关资料				
任务目标	了解信息检索的基础知识，掌握搜索引擎使用技巧				
任务要求	（1）了解信息检索的基本概念和基本流程 （2）熟悉常用的搜索引擎 （3）使用搜索引擎查找资料				
知识链接					
计划决策					
任务实施	（1）什么是信息检索 （2）信息检索的目的是什么				

任务实施	（3）信息检索的基本流程 （4）分组检索"全国计算机等级考试"的相关信息。按实际操作过程，将操作内容及实施过程中遇到的问题和解决办法记录下来	
检　　查		
实施总结		
小组评价		
任务点评		

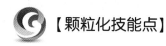

【颗粒化技能点】

6.2.1 信息检索相关知识

1. 信息检索的定义

信息检索有广义和狭义之分。广义的信息检索包括信息存储和信息搜索两个过程,而狭义的信息检索则只包括信息搜索这一个过程。

(1) 信息存储也称信息存贮、信息标引,其过程就是先按一定的标准对信息进行收集和整理,然后根据信息的内容或特征对其进行标记、分类和索引,最后将所有信息构建成一个检索系统,并建立检索系统的检索语言。

> **技能加油站**
>
> 检索语言也称"标定符号"或"标识系统",是在自然语言的基础上规范化的人工语言,它是检索系统与用户赖以组织、存储和检索信息的重要理论依据。有了检索语言,用户就可以按其规则检索、获取信息,这样存进检索系统的信息才有价值。

(2) 信息搜索又称信息搜寻、信息检出,其过程是用户根据所需信息的内容或特征选取检索提问词(简称"检索词"),并将检索词构建成符合检索语言的检索提问式(简称"检索式"),然后利用检索工具将检索式与检索系统中的信息资源进行比较和匹配,最后根据一定标准对命中的信息进行排序后,将匹配程度较高的信息作为检索结果输出。

2. 信息检索的基本流程

一般来说,信息检索的基本流程包括四个步骤,如图 6-28 所示。

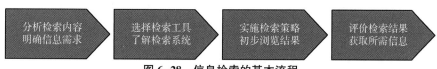

图 6-28 信息检索的基本流程

1) 分析检索内容,明确信息需求

该步骤的主要工作是通过分析检索内容的主题、类型、用途、时间范围和自身对检索的评价要求等,明确自身对信息的要求。很多用户在检索信息时往往直接省略这一步骤,但实际上该步骤十分重要,它能使用户对要获取的信息有充分的了解,从而避免检索结果与预期结果大相径庭。

例如,用户要检索网络安全相关信息,可以问自己几个问题:所需信息的主题是扫盲科普、引发探讨还是其他方面?所需信息类型是基础理论知识、最新技术成果、相关资讯报道还是其他方面?所需信息的时间范围是近十几年、近几年、某个关键时间节点还是其他方面?检索涉及的领域是越全越好吗?在回答这些问题以后,用户就会更加明确自身的信息检索需求,检索时的目的性会更强,检索效率也会更高。

2) 选择检索工具,了解检索系统

a. 检索工具。检索工具是帮助用户快速、准确地检索所需信息的工具和设备的总称。

根据检索范围的不同，检索工具可大致分为综合性检索工具和专业性检索工具两类。其中，综合性检索工具包括搜索引擎、门户网站、图书馆、百科全书等，而专业性检索工具则包括各类垂直网站、专业数据库、专题工具书等。

选择检索工具是用户检索信息前关键的一步。用户所选的检索工具适合与否将很大程度上决定其信息检索效率的高低。因此，在选择检索工具时，应遵循以下原则。

①高效原则。综合性检索工具包含的信息包罗万象，对于涉及范围较广的信息检索非常友好，很多用户都将其作为信息检索的首选工具。但综合性检索工具包含的信息参差不齐，需要用户花费大量时间进行辨别。因此，对于某些专业性较强的信息检索，使用专业性检索工具能更有针对性地进行检索，检索效率会更高。

②灵活原则。互联网上的信息不计其数，没有任何一款检索工具能完全涵盖互联网上的信息。因此，用户在选择和使用检索工具时，不应只拘泥于某一种检索工具，而应当根据自身信息需求灵活使用多种检索工具，从而快速获取所需信息。

b. 检索系统。检索系统是指用户检索信息时用到的检索工具、数据库、检索语言等组成的系统。例如，图书馆就是一个检索系统，其中的检索工具就是图书查询系统，数据库就是图书馆的所有图书，检索语言就是图书分类法。

检索系统通常较为庞大，不同检索系统中包含的信息种类、数量、类型和检索语言等不尽相同。用户在使用检索系统前，可先借助相关说明文件对检索系统进行了解，掌握检索系统的使用方法，从而提高信息检索效率。

3) 实施检索策略，浏览初步结果

在明确信息需求、选好检索工具、了解检索系统后，就可以拟定信息检索策略了。检索策略主要包括以下两部分。

a. 选取检索词。检索词是用户信息需求的具体表达，它是构成检索式的基本单元。在选取检索词时，应注意以下四点：

①提炼的检索词需能全面描述要检索的信息。

②抽象的检索词要具体化（如将"环保"改为"垃圾分类"）。

③删除意义不大的虚词、低频词等（如"哪些""相关"）。

④对检索词进行适当替换和补充（如将"地铁"改为"城市轨道交通"）。

b. 构建检索式。检索式是用户根据检索系统的检索语言对检索词进行的格式化表述，其呈现形式因检索系统而异。例如，某用户要检索中国信息产业经济发展现状的相关信息，若其选择的检索系统是图书馆，则根据《中图法》，检索式应为"F492 中国信息产业经济"。

拟定检索策略后即可利用检索工具进行信息检索。用户可对检索结果进行初步浏览和筛选，排除一些明显不符合要求的信息。

4) 评价检索结果，获取所需信息

进行信息检索后，用户还需对检索结果进行评价，分析检索结果是否与检索式相匹配，是否能够满足信息需求或解决面临的问题。如果满足，则从检索结果中挑选匹配程度最高的作为最终获取的信息即可；如果不满足，就需要对信息检索的基本流程进行复盘，查看是哪个步骤出了问题，及时调整检索策略，再次进行信息检索，直到结果满意为止。

【颗粒化技能点】

6.2.2 利用搜索引擎查找资料

1. 常用的信息检索方法

1) 布尔逻辑检索

布尔逻辑检索（Boolean search）是一种基于布尔逻辑算符的信息精准检索方法。布尔逻辑算符是一种规定检索词之间逻辑关系的算符，目前较常用的布尔逻辑算符包括逻辑"与"、逻辑"或"和逻辑"非"三种，如图6-29所示。

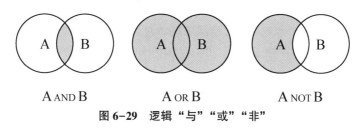

图6-29 逻辑"与""或""非"

（1）逻辑"与"（AND）表示各检索词之间的交集。例如，"猫 AND 狗"是一个运用了逻辑"与"的检索式，它表示检索结果中必须既包含猫又包含狗。

（2）逻辑"或"（OR）表示包含任一检索词即可。例如，"猫 OR 狗"是一个运用了逻辑"或"的检索式，它表示检索结果中可以只包含猫，可以只包含狗，也可以同时包含猫和狗。

（3）逻辑"非"（NOT）表示必须包含 NOT 算符前的检索词，排除 NOT 算符后的检索词。例如，"猫 NOT 狗"是一个运用了逻辑"非"的检索式，它表示检索结果中只能包含猫，不能包含狗。同理，若检索式为"狗 NOT 猫"，则表示用户要求的检索结果中只能包含狗，不能包含猫。

技能加油站

目前，几乎所有的搜索引擎都支持布尔逻辑检索，但不同搜索引擎中的布尔逻辑检索符号却不尽相同。例如，在必应搜索引擎中，布尔逻辑检索符号就是上述的"AND""OR""NOT"；而在百度搜索引擎中，逻辑"与"的布尔逻辑检索符号为空格、"+""&"，逻辑"或"的布尔逻辑检索符号为"|"，逻辑"非"的布尔逻辑检索符号为"-"。

利用布尔逻辑检索，用户可灵活地扩大或缩小检索范围，从而有效提高检索准确率。例如，某用户希望在百度上搜索我国近年来在洪水治理方面的成果的相关信息，并希望重点查看河南地区的资料。那么，该用户就可通过逻辑"与"将检索词"洪水治理""河南"组合为一个检索式，从而精准检索我国河南地区洪水治理成果的信息。

2) 截词检索

截词检索（truncation search）是利用检索词的词干或不完整的词形进行检索的技术，它是一种预防漏检、提高查全率的信息检索方法。截词是指利用"?""*""$"等截词符号替换检索词的某处，使截断后的检索词具有多种可能的词义，这样既可节省输入的检索词数目，又可扩大信息检索范围。尤其是在外文检索系统中，使用截词检索可帮助用户达到较高的信息查全率。

根据截词符号所在的位置，截词检索可分为前截断、后截断和中截断。

①前截断。若用户要检索的多个内容存在相同词缀的情况，则可使用前截断的截词检索。例如，用户要搜索各学科在环境保护领域的权威组织，由很多学科的后缀均为"-logy"[如气候学（climatology）、海洋学（oceanology）、地质学（geology）、生物学（biology）等]，可用前截断检索词"*logy"统一表示多个学科，再与检索词"environmental authority"（环保权威机构）组成检索式即可。

②后截断。若用户要检索的多个内容仅单词单复数、年份、作者等元素不同。则可使用后截断的截词检索。例如，用户要搜索2010—2019年十年间，每年全球物种灭绝数量的相关资料，可通过后截断检索词"201*"统一表示年份，再与检索词"global species extinction"（全球物种灭绝）组成检索式即可。

③中截断。若用户要检索信息的检索词存在特殊单复数（如"man"和"men"）、英美拼写差异（如"colour"和"color"）等情况，为提高信息查全率，可使用中截断的截词检索。例如，用户要搜索全球各国废旧轮胎的再利用率，由于轮胎的英式写法为"tyre"，美式写法则为"tire"故可通过中截断检索词"used t*re"表示废旧轮胎，再与检索词"recycling rate"（再利用率）组成检索式即可。

3) 位置检索

位置检索（position search）是一种通过表示检索词之间邻近关系进行信息检索的方法，它通常用位置算符限制检索词的前后位置和所间隔的单词数来实现精准检索。

一般来说，位置检索可分为词级位置检索、句级位置检索和同字段位置检索等。

a. 词级位置检索的位置算符包括"（W）""（nW）""（N）""（nN）"等。

①位置算符"（W）"表示两个检索词之间只允许有空格或一个标点符号，且两者的前后位置也必须保持一致。例如，检索式"information（W）technology"表示检索结果中只能包含"information"在前、"technology"紧随其后的内容。

②位置算符"（nW）"表示两个检索词之间允许间隔n个单词，但两者的前后位置必须保持一致。例如，检索式"information（W）technology"可以检索出包括"information and computer technology""information literacy and technology"等检索词的内容。

③位置算符"（N）"表示两个检索词之间只允许有空格或一个标点符号，但不对两者的前后位置进行限制。例如，检索式"fast（N）identify"可以检索出包括"fast identify"和"identify fast"等检索词的内容。

④位置算符"(nN)"表示两个检索词之间允许间隔n个单词，但不对两者的前后位置进行限制。例如，检索式"experience（2N）surgery"可检索出包括"experience in medical surgery""surgery and clinical experience"等检索词的内容。

b. 句级位置检索的位置算符为"（S）"，它表示两个检索词必须出现在同一个句子中，但不限制两者的前后位置和间隔的单词数。例如，检索式"COVID-19（S）impact"可检索出诸如"In a new paper published in The Lancet, revealed that COVID-19 has a significant physical and psychological impact on patients.""She wrote this article which proved that the impact on the world economy by the COVID-19 will last for a long time."等内容。

c. 同字段位置检索的位置算符为"（F）"，它表示两个检索词必须出现在检索系统数据库中记录的同一个字段，但不限制两者的前后位置和间隔的单词数。例如，检索式"South（F）Africa"表示检索结果必须是同时包括"South"和"Africa"的字段。

4）限制检索

限制检索（limitation search）全称是限制字段检索，它是一种通过限制算符限制检索范围，达到优化检索结果，提高检索效率等目的的信息检索方法。

限制检索在各种检索系统中的应用都十分广泛。同样，不同检索系统中的限制算符也不尽相同。下面以百度搜索引擎为例，介绍三种常见的限制算符及其用法。

①限制算符"intitle："。该限制算符表示搜索结果的标题中必须包含"intitle："后的检索词。例如，某用户在百度中搜索关键词"江南名楼"后，出现了3 000多万条搜索结果，如图6-30所示。若直接使用这些信息，则需要在信息筛选上耗费大量时间。

图6-30　直接搜索的结果

为了提高检索效率，利用限制算符"intitle："将检索词修改为检索式"江南名楼intitle：南昌"。此时搜索结果约43条，如图6-31所示。

图6-31　使用限制算符"intitle："搜索的结果

②限制算符"filetype："。该限制算符表示搜索结果只能是"filetype："后规定的文件格式。例如，某用户需要参考江南名楼滕王阁的数据，他在百度中搜索关键词"滕王阁"后，出现了约 9 610 万条各种类型的搜索结果，如图 6-32 所示。

图 6-32　直接搜索的结果

如果我们只需要 PDF 文档，可利用限制算符"filetype："将检索词修改为检索式"滕王阁 filetype：PDF"，此时搜索结果约 63 万条，且这些搜索结果均为 PDF 文档，如图 6-33 所示。

图 6-33　使用限制符"filetype："后的搜索结果

③限制算符"site："。该限制算符表示搜索结果只能来自"site："后的站点。例如，我们希望搜索滕王阁的相关信息，在百度中搜索关键词"滕王阁"后，出现了约 9 610 万条搜索结果。

为了优化检索结果，提高信息的权威性和可靠性，利用限制算符"site："将检索词修改为检索式"滕王阁 site：cctv.com"，使搜索结果中只保留来自央视网的网页，如图 6-34 所示。

图 6-34　使用限制符"site："后的搜索结果

6.2.3 利用不同信息平台进行信息检索

1. 搜索引擎概述

搜索引擎是根据用户需求与一定算法，运用特定策略从互联网中检索出特定信息并反馈给用户的一种检索工具。搜索引擎依托多种技术，如网络爬虫技术、检索排序技术、网页处理技术、大数据处理技术、自然语言处理技术等，为信息检索用户提供快速、高相关性的信息服务。

1）搜索引擎的分类

按照工作方式的不同，搜索引擎大致可分为全文搜索引擎、元搜索引擎、垂直搜索引擎和目录搜索引擎。

①全文搜索引擎也称关键词搜索引擎，这种搜索引擎从互联网上提取各个网站的信息（以网页文字为主）建成数据库，用户通过简单的操作（一般为输入关键词）即可快速检索想要获取的内容。全文搜索引擎会将数据库中与用户检索条件相匹配的数据按一定的排列顺序返回给用户。全文搜索引擎的搜索范围非常广泛，非常适合尚未明确自身检索意图的用户。但使用全文搜索引擎搜索到的信息过于庞杂，需要用户逐一浏览并甄别出所需信息。

②元搜索引擎即"搜索引擎的搜索引擎"，它可通过一个统一的用户界面帮助用户在多个搜索引擎中选择和利用合适的搜索引擎来实现检索操作，是对分布于网络的多种检索工具的全局控制机制。不同的全文搜索引擎由于其性能和信息反馈能力存在差异，故各有利弊。元搜索引擎的出现恰恰解决了这个问题，它有利于各搜索引擎间的优势互补，适用于广泛、准确地收集信息。

③垂直搜索引擎是针对某一个行业的专业搜索引擎，是一种更加细分的搜索引擎。例如，用户要查询到某地的行车路线，相比于全文搜索引擎，用户通过地图领域的垂直搜索引擎显然可以更加迅速、有效地获取所需信息。因此，垂直搜索引擎适用于有明确搜索意图的检索。

④目录搜索引擎是网站内部常用的检索方式。它会将网站内的信息整合处理并以目录形式呈现给用户，其缺点是用户需预先了解本网站的内容，并熟悉其主要版块构成。目录搜索引擎的适用范围非常有限，且需要较高的人工成本来支持维护。

2）常用的搜索引擎

在上述四种搜索引擎中，全文搜索引擎因操作门槛低、搜索范围广、搜索结果丰富等优点广受欢迎，成为如今搜索引擎的首选。因此，这里所说的常用的搜索引擎就是指全文搜索引擎。

> **技能加油站**
>
> 目前，国内外较为知名的搜索引擎有：
> 百度：http://www.baidu.com　　　　搜狗：http://www.sogou.com
> Google：http://www.google.com　　Microsoft Bing：http://www.bing.com

2. 通用信息检索平台

对于普通的互联网用户而言，搜索引擎即可满足其绝大多数的信息检索需求。然而，搜索引擎的搜索结果动辄上百万、千万，且搜索结果存在重复、虚假、过时等现象，价值密度较低，在其中筛选有价值信息的过程如同沙里淘金。因此，我们有必要认识一些数据更集中、针对性更强的垂直细分领域平台，并利用它们提供的垂直搜索引擎精准、快速地获取相关领域的信息。下面介绍几种常用的信息检索平台。

1）综合资讯检索

如今，一些自媒体平台（如百家号、头条号、大鱼号等）和社交平台（新浪微博、微信等）基于其庞大的用户群体产生的海量数据，形成了一个包罗万象的数据库。凭借着这个数据库，这些平台成了几乎媲美全文搜索引擎的综合资讯检索平台，在资讯的时效性等方面优势明显。其中，以新浪微博和微信最为知名，是用户进行综合资讯检索的最重要的两大平台。

2）视频资料检索

随着信息技术、移动通信技术的快速发展和智能手机等移动终端的迅速普及，视频已经逐渐取代图文成为人们获取信息和消遣娱乐的主要媒介。目前，国内较知名的视频平台包括抖音客户端、央视网（https://www.cctv.com）、西瓜视频（https://www.ixigua.com）、哔哩哔哩弹幕网（https://www.bilibili.com）等。

3）知识百科检索

在互联网中存在很多知识百科检索平台，它们涵盖了各领域的相关知识，可帮助用户快速了解概念和知识点，是信息时代的网络百科全书。

目前，国内外常用的知识百科检索平台包括百度百科（https://baike.baidu.com）、360百科（https://baike.so.com）、搜狗百科（https://baike.sogou.com）、维基百科（https://www.wikipedia.org）等。这些知识百科检索平台大多遵循百科全书的构建逻辑，即以某个概念、名词或条目（称为"词条"）为基本单元，并对每个词条进行详细解释。

4）文件资料检索

对广大学生而言，知识类、专业类的文件资料是日常学习生活中不可或缺的。当前国内较为知名的文件资料搜索和下载网站包括百度文库（https://wenku.baidu.com）、道客巴巴（https://www.doc88.com）、爱问共享资料（https://ishare.iask.sina.com.cn）、360doc个人图书馆（https://www.360doc.com）、豆丁网（https://www.docin.com）等。其中，以百度文库收录的文件资料最多最全，在日常学习中，可将百度文库作为文件资料的主要搜索网站，其余网站作为补充。

5）网络课程检索

网络课程可通过互联网让教师与学生组成"虚拟课堂"，实现远程视频授课、文档共享、师生互动、课业辅导等。这样，教育就突破了地域限制，天南地北的学生都能通过网络课程学到名师传授的知识。当前国内较为知名的网络课程检索平台包括中国大学MOOC（https://www.icourse163.org）、爱课程（https://www.icoures.cn/home）、学堂在线（https://www.xuetangx.com）、智慧职教MOOC学院（https://mooc.icve.com.cn）等。学生可在这些网站中检索并参与自身感兴趣的课程，从而不断提升自身水平。

任务 6.3 期刊论文检索

【任务工单】

任务名称	期刊论文检索				
组　　别		成　　员		小组成绩	
学生姓名				个人成绩	
任务情境	小王本学期的在职硕士课程即将结课,其中一门课程的考核需要撰写一篇论文。小王准备在中国知网上检索相关主题的期刊论文作为参考。下面我们跟随小王一起来学习一下如何检索期刊论文				
任务目标	掌握不同平台检索信息的方法和技巧				
任务要求	(1) 了解常用信息检索专业平台 (2) 掌握使用不同专业平台检索信息的方法				
知识链接					
计划决策					
任务实施	(1) 什么是信息检索专用平台 (2) 哪些信息需要在专用平台上进行检索,为什么不直接使用搜索引擎检索				

任务实施	(3) 在专用平台上，检索信息的方法和技巧 (4) 在中国知网上通过检索字典对文献进行检索（请写出具体步骤）
检　查	
实施总结	
小组评价	
任务点评	

【颗粒化技能点】

1. 常用的信息检索专用平台

目前，中文学术信息资源检索专用平台以中国知网、万方数据知识服务平台和维普网最为知名，下面重点介绍这三大网站，并分别介绍一些在更加细分的领域较为知名的网站。

1）中国知网

中国知网(https://www.cnki.net)即中国国家知识基础设施(China national knowledge infrastructure, CNKI)工程，以下简称"CNKI 工程"。CNKI 工程是由清华大学、清华同方发起，始建于 1999 年 6 月，以实现全社会知识资源传播共享与增值利用为目标的信息化建设项目。CNKI 工程集团经过多年努力，采用自主开发并具有国际领先水平的数字图书馆技术，建成了世界上全文信息量规模最大的"CNKI 数字图书馆"，并正式启动建设《中国知识资源总库》及 CNKI 网络资源共享平台。

如今的中国知网已经发展成为全球最大的中文学术资源数据库，收录了 95% 以上正式出版的中文学术资源，包括期刊、学位论文、会议论文、报纸、工具书、年鉴、专利、标准、国学、法律、海外文献资料等多种文献类型。且中国知网可实现跨库检索服务，为全网教师、学生和科研人员提供多种学术信息资源的一站式检索、导航、统计和可视化分析等服务。

技能加油站

期刊即定期出版的刊物，它具有信息连续、观点丰富、时效性强等优点，能够及时反映国内外技术的发展水平和成果动向，同时还能系统地记录某一学科或某一研究对象的发展过程，这对科研人员具有非常重要的参考价值。

2）万方数据知识服务平台

万方数据知识服务平台（以下简称"万方"）是由万方数据公司开发的，涵盖期刊、学位论文、会议论文、科技报告、专利、成果、标准、法规、地方志、视频等多种文献类型的大型数据库。其文献来源主要包括中国科技信息研究所、国家各部委、中科院、国家各级信息机构、国家科技图书文献中心、外文文献数据库、著名学术出版机构等知名信息开放获取平台。

以期刊为例，万方收录的国内期刊多达 8 000 种，涵盖自然科学、工程技术、医药卫生、农业科学、哲学政法、社会科学、科教文艺等多个学科；万方还收录了 40 000 多种世界各国出版的重要学术期刊，主要来源于 NSTL 外文文献数据库、数十家著名学术出版机构，以及 DOAJ、PubMed 等知名信息开放获取平台。

与另外两大文献数据库相比，万方具有法规、地方志、视频等特色资源，且在资源收集上注重高校、研究机构出版的文献。在文献检索方面，万方的检索功能更加智能化，其具有的全文深度检索功能有利于发掘文献内部的隐含知识。

3）维普网

维普网（https://www.cqvip.com）原名"维普资讯网"，是重庆维普资讯有限公司建立的综合性期刊文献服务网站。该网站累计收录期刊15 000余种，现刊9 000余种，文献总量7 000余万篇，是中国最大的数字期刊数据库，也是我国网络数字图书馆建设的核心资源之一。

除期刊检索服务外，维普网还对外提供论文检测、论文选题、优先出版、考试服务、知识资源大数据整合等服务。

4）其他学术信息检索平台

除上述呈现"三足鼎立"之势的三大中文学术信息数据库外，网络上还有很多领域更加细分、资源更集中的学术信息检索平台也能为广大学生的学业提供很大帮助，下面分别列举几类较为常用的学术信息检索专用平台。

①电子图书检索平台。目前国内较知名的电子图书检索平台包括超星数字图书馆、读秀、全国图书馆参考咨询联盟等。

②专利检索平台。目前国内较知名的专利检索平台包括国家知识产权局专利检索及分析系统、SooPat专利检索系统等。

③商标检索平台。目前国内较知名的商标检索平台包括中国商标网、中华商标协会官方网站等。

④标准检索平台。目前国内较知名的标准检索平台包括国家标准化管理委员会官方网站、国家标准全文公开系统等。

⑤外文文献检索平台。目前，国外较知名的文献检索平台包括谷歌学术、Web of Science、美国工程索引、SpringerLink、SDOL等。

2. 使用专用平台检索信息的方法

一般来说，各专用平台均会提供一些检索工具以帮助用户更方便、更精准地检索所需信息，用户掌握这些检索工具的使用方法，可有效提高信息检索效率。下面着重介绍使用专用平台的几种常用检索工具（包括检索字段、二次检索和高级检索等），并分别以具体场景下信息检索为例进行说明。

1）检索字段

各专用平台为方便用户检索文献，会根据文献的内在内容（如分类、主题、关键词、摘要等）和外在成分（如作者、机构、刊名、标题等）对文献进行标签化处理，这些标签就统称为检索字段。检索字段可作为用户在数据库中检索信息时的限定条件，可使检索结果更加准确。

例如，想查阅历年来有关智能交通发展状况的学术论文，在万方上直接输入检索词"智能"后，出现了5 550条检索结果，且很多检索结果的主题不符合检索要求。为使检索结果更加准确，该用户进行了重新检索，选择了"题名"检索字段，其检索词也随之变为"题名：智能交通"，此次检索结果仅为183条。

2）二次检索

二次检索即在第一次检索结果的基础上，通过再次输入关键词、添加筛选条件等方式再次检索。二次检索可类比于布尔逻辑检索中的逻辑"与"，即二次检索后的检索结果同时满足两次检索条件。这样，通过二次检索，用户就实现了缩小检索范围，精准检索文献的目的。

例如，我们想要查阅与云计算技术相关的期刊论文，在维普网的维普中文期刊服务平台（http://qikan.cqvip.com）上，输入检索词"大数据"后，检索结果包含的文献数高达78万余篇。为缩小检索范围，该用户进行了二次检索，将"题名"作为检索字段，在"大数据"基础上又添加了"信息安全"检索词，并添加了年份为"2020"的筛选条件。二次检索后的检索结果仅包含616篇期刊论文，如图6-35所示。

图6-35 二次检索结果

3）高级检索

高级检索是指各大专用平台基于前面讲到的布尔逻辑检索、截词检索、位置检索和限制检索等信息检索方法提供的精准化检索工具，可使用户无须在检索界面上输入逻辑算符、截词算符等符号，只需在其提供的高级检索界面中选择或填入检索限制条件，即可执行检索。

例如，我们想查询自2015年以来，华为公司在5G通信领域申请的专利。访问万方首页后，单击检索框右上方的"高级检索"链接文字，进入高级检索界面，并分别设置了限制条件，最终检索出了11条相关专利，如图6-36所示。

图6-36 高级检索结果

图 6-36 高级检索结果（续）

又如，我们希望为某公司注册企业商标"品赣涵"，访问中国商标网提供的商标在线查询系统（http：//wcjs.sbj.cnipa.gov.cn/txnT01.do），并进入"商标近似查询"板块，选择了"选择查询"高级检索功能，在依次设置限定条件后，检索结果显示该商标尚未注册，我们就可以顺利注册了这一商标，如图 6-37 所示。

图 6-37 设置高级检索的限定条件

【拓展练习】

一、选择题

1. 在网上最常用的一类查询工具叫（ ）。
   A. ISP   B. 搜索引擎
   C. 网络加速器   D. 离线浏览器
2. 下面电子邮件地址中格式正确的是（ ）。
   A. kaoshi@ sina. com   B. kaoshi，@ sina. com
   C. kaoshi@，sina. com   D. kaoshisina. com
3. 某主机的电子邮件地址为 cat@ public. mba. net. cn，其中 cat 代表（ ）。
   A. 用户名   B. 网络地址
   C. 域名   D. 主机名
4. 在浏览网页过程中，当鼠标指针移动到已设置了超链接的区域时，鼠标指针状一般为（ ）。
   A. 小手形状   B. 双向箭头
   C. 禁止图案   D. 下拉箭头
5. 使用浏览器浏览网站时，"收藏夹"的作用是（ ）。
   A. 记住某些网站地址，方便下次访问   B. 复制网页中的内容
   C. 打印网页中的内容   D. 隐藏网页中的内容
6. 万维网 wwW 有时候我们也简称为（ ）。
   A. 网页   B. 网站
   C. Web   D. Internet
7. 即时消息和电子邮件的最大的不同是（ ）。
   A. 前者可以发送大文件，后者不能
   B. 前者可以即使发送和接收消息，后者往往收取邮件有滞后
   C. 前者不能在没有网络的情况下发送消息，后者往往可以在没有网络连接发送邮件
   D. 前者不需要服务器支持，后者需要服务器支持
8. 以下正确的说法是（ ）。
   A. 目前的电子邮件只能传送文本
   B. 一但关闭计算机别人就不能给你发送电子邮件了
   C. 一封电子邮件能够同时发送给多人
   D. 没有主题的电子邮件不能发送
9. 小张在网页浏览器的地址栏中输入 www.gov.cn，他要访问的是（ ）。
   A. 中国的政府网站   B. 中国的商务网站
   C. 美国的政府网站   D. 美国的军事网站
10. www.sohu.com 地址中，我们称"com"这部分为（ ）。
    A. 根   B. 顶级域名
    C. 二级域名   D. 网址

二、操作题

1. 将本寝室的同学的电脑组成一个小型局域网,请设置寝室 WiFi,并设置密码。

2. 使用搜狗搜索检索全国计算机等级考试二级信息(如历年真题的 PDF 文档、视频讲解等),要求使用限制检索这一检索方法来筛选检索结果,使检索结果更加精准。

3. 某职业学院计算机网络技术专业的一名学生的毕业论文的选题为"大型局域网的组建与维护——以××学院校园网为例"。要求撰写该论文,需要检索校园局域网组建于维护相关的期刊文献,不少于 10 篇相关文献。

项目七　计算机领域新技术与职业道德规范

【项目概述】

大数据、云计算、物联网、5G、区块链、虚拟现实、开发运营、机器人流程自动化、Angular 编程和人工智能等新技术的产生和发展对计算机领域起到了重要的支撑和推动作用，同时对我们的生产生活也产生了划时代的影响。

本项目包含了计算机领域新技术、职业道德规范两个任务，每个任务相互独立，又相互关联。通过"计算机领域新技术"初探计算机领域中具有重要影响的新技术，包括大数据、云计算、物联网、5G、区块链、虚拟现实、开发运营、机器人流程自动化、Angular 编程和人工智能等新技术的基本概念与主要应用；通过"职业道德规范"熟悉计算机相关的道德及法律常识，有效保护个人信息安全。

【项目目标】

- 了解大数据技术的基本概念与主要应用。
- 了解云计算技术的基本概念与主要应用。
- 了解物联网技术的基本概念与主要应用。
- 了解 5G 技术的基本概念与主要应用。
- 了解区块链技术的基本概念与主要应用。
- 了解虚拟现实技术的基本概念与主要应用。
- 了解开发运营方法的基本概念与主要应用。
- 了解机器人流程自动化技术的基本概念与主要应用。
- 了解 Angular 编程技术的基本概念与主要应用。
- 了解人工智能技术的基本概念与主要应用。
- 熟悉使用计算机的相关法律和道德规范。
- 掌握个人信息安全的保护措施。

【技能地图】

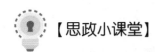【思政小课堂】

大力推进教育数字化

全面建设社会主义现代化国家，科技是关键，人才是基础，教育是根本。习近平总书记在党的二十大报告中对加快建设教育强国作出一系列重要部署，强调"推进教育数字化，建设全民终身学习的学习型社会、学习型大国"。教育数字化是教育教学活动与数字技术融合发展的产物，也是进一步推动教育改革发展的重要动力。新时代新征程，大力推进教育数字化，培育教育教学新形态，对于深化教育改革创新、推进教育现代化、办好人民满意的教育具有重要意义。

推动教育模式变革。习近平总书记指出："当今世界，科技进步日新月异，互联网、云计算、大数据等现代信息技术深刻改变着人类的思维、生产、生活、学习方式，深刻展示了世界发展的前景。"信息技术的高速发展推动着教育变革和创新，深刻改变着各级各类学校的教育模式。实践表明，无论是教育理念、教学方式、办学模式，还是管理体制、保障机制，都会随着信息技术的发展而发展。比如，信息技术提供的全方位数据分析和互动服务，让教师能够准确了解学生的学习状态、学习进度和学习效果，也有利于学生把握课程重点难点，提高学习探索主动性，实现知识素养和探索能力双提高。当前，教育数字化为推动教育模式变革提供了重要机遇、提出了更高要求。各级各类学校要做好教育数字化相关工作，尊重教育发展规律和学生成长规律，认真抓好教学目标设计、课程设置、教学改革等关键环节，确保信息技术为教育教学活动服务；提升广大教师、教学管理人员的数字素养和技能，推动数字教育理念深入人心，营造教育数字化转型的良好氛围；统筹建设一体化智能化教学、管理与服务平台，强化对算法等技术应用影响的监测评估，确保技术运用始终安全、健康、可信赖。

实现教育资源开放共享。习近平总书记指出："要发展信息网络技术，消除不同收入人群、不同地区间的数字鸿沟，努力实现优质文化教育资源均等化。"优质教育资源是提高教育质量的基础和前提，也是促进教育均衡发展、实现教育公平的重要支撑。新时代十年，我国教育规模不断扩大，教育质量不断提升，但在教育资源分配上仍存在着区域、城乡、校际发展差距。现代信息技术的广泛运用，将有力拓展教育资源边界，促进教育资源互联互通，具有推动优质教育资源均等化的巨大潜力。推进教育数字化，实现教育资源开放共享，需要加强资源平台建设，鼓励各类学校、在线教育机构等逐步开放数字教育资源，合力打造优质数字教育资源库。要持续扩大优质数字教育资源供给，加大对革命老区、民族地区、边疆地区、欠发达地区学校的倾斜力度，让更多学生有机会接受公平、有质量的教育；不断开发教育新技术以及应用新场景，引导学校、家庭和社会用好数字教育技术，把虚拟的实践场景"搬到"课堂，增强人才培养的针对性和有效性。

促进终身学习体系建设。习近平总书记指出："终身学习体系一定要建设好，构建方式更灵活、资源更丰富、学习更便捷的体系。"慕课等数字化教育平台使得学习形态更加灵活、学习资源更加丰富、学习终端更加普及，人人皆学、处处能学、时时可学的局面正在形成。此外，大数据、人工智能等数字技术能够对个人的学习行为进行精准画像，进而提供个性化的教育服务，实现因人施教、因材施教。在全民终身学习蔚然成风的情况下，终身学习体系建设也要同步推进，更好满足人民群众的终身学习需求。要坚持需求导向，根据不同学习需求提供多样化教育服务；坚持内容为本，增强课程含金量和吸引力，让学习者进行更有价值的深度学习。同时，要加强顶层设计，建立立体式的数字化教育资源服务体系，面向全社会开放更多优质课程资源，推动我国终身学习体系向更高层次、更高质量的方向发展，为建设学习型社会和学习型大国贡献力量。

（内容来源：《人民日报》（2022年12月05日09版），有改动）

任务 7.1 计算机领域新技术

【任务工单】

任务名称	计算机领域新技术				
组　别		成　员		小组成绩	
学生姓名				个人成绩	
任务情境	小王已经感受到了计算机技术对自己工作方式上的重大影响，他与前辈在聊天中，经常会听到前辈在使用一些云计算、大数据等平台来开展工作，但是他对这些新一代的计算机技术完全没有接触，所以他决定结合现实生活中的各种计算机应用来认识这些前辈技术。于是，他先了解了一下大数据、云计算、物联网、5G、区块链、虚拟现实、开发运营、机器人流程自动化、Angular 编程和人工智能等新技术的基本概念，并在现实生活中找到这些技术应用的领域和案例。					
任务目标	从现实生活中找到大数据、云计算、物联网、5G、区块链、虚拟现实、开发运营、机器人流程自动化、Angular 编程和人工智能等这些新计算机技术的应用案例					
任务要求	（1）列举现实生活中一种大数据技术应用的案例 （2）列举现实生活中一种云计算技术应用的案例 （3）列举现实生活中一种物联网技术应用的案例 （4）列举现实生活中一种 5G 技术应用的案例 （5）列举现实生活中一种区块链技术应用的案例 （6）列举现实生活中一种虚拟现实技术应用的案例 （7）列举现实生活中一种开发运营方法应用的案例 （8）列举现实生活中一种机器人流程自动化技术应用的案例 （9）列举现实生活中一种 Angular 编程技术应用的案例 （10）列举现实生活中一种人工智能技术应用的案例					
知识链接					
计划决策					
任务实施	（1）列举现实生活中一种大数据技术应用的案例 （2）列举现实生活中一种云计算技术应用的案例					

任务实施	(3) 列举现实生活中一种物联网技术应用的案例 (4) 列举现实生活中一种5G技术应用的案例 (5) 列举现实生活中一种区块链技术应用的案例 (6) 列举现实生活中一种虚拟现实技术应用的案例 (7) 列举现实生活中一种开发运营方法应用的案例 (8) 列举现实生活中一种机器人流程自动化技术应用的案例 (9) 列举现实生活中一种Angular编程技术应用的案例 (10) 列举现实生活中一种人工智能技术应用的案例
检　查	
实施总结	
小组评价	
任务点评	

【颗粒化技能点】

1. 最强大脑——大数据

大数据是指一种在获取、存储、管理、分析方面规模大大超出了传统数据库软件工具能力范围的数据集合，具有海量的数据规模、快速的数据流转、多样的数据类型和价值密度低四大特征。

1) 大数据应用：个性推荐

通过对海量大数据的挖掘来构建推荐系统，帮助用户从海量信息中高效地获取自己所需的信息，是大数据技术在个性推荐方面的重要应用。推荐系统的主要任务就是联系用户和信息，它一方面帮助用户发现对自己有价值的信息，另一方面让信息能够展现在对它感兴趣的用户面前，从而实现信息消费者和信息生产者的双赢。基于大数据的推荐系统，通过分析用户的历史记录了解用户的喜好，从而主动为用户推荐其感兴趣的信息，满足用户的个性化推荐需求，例如百度、今日头条、淘宝等应用都会针对用户的浏览历史，将用户感兴趣的内容推送到用户特定终端（电脑、手机）打开的应用首页中，就是这类应用的体现（见图7-1）。

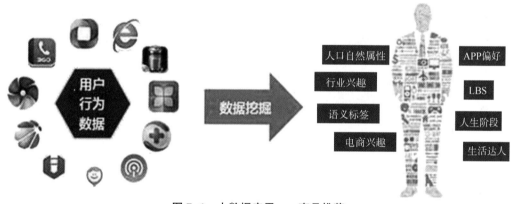

图7-1 大数据应用——商品推荐

2) 大数据应用：决策依据

基于大数据的分析，可以为国家、社会的重大决策提供科学精准的依据。例如在新冠肺炎疫情的防控中，大量的行为轨迹都被数据化，这为抗疫期间运用信息化手段进行科学精准防控奠定了基础（见图7-2）。2020年年初，许多人会在手机上收到一条短信提示：可以授权通过中国移动、中国电信等运营商查询过去15天和30天内途经的省市信息。要证明自己有没有去过疫情严重地区，一条短信就能解决问题。这一服务既可以让用户自证行程，也可以作为社区管理部门、用工单位进行疫情防控管理的参考。这只是大数据在疫情防控中得到有效应用的一个缩影。在这场没有硝烟的抗疫大考中，面对大规模的人员流动，综合运用大数据分析，促进医疗救治、交通管理等不同数据的交叉协同，已经成为抗击疫情的重要支撑。

2. 无限拓展——云计算

云计算就是一种提供资源的网络，使用者可以随时获取"云"上的资源，按需求量使

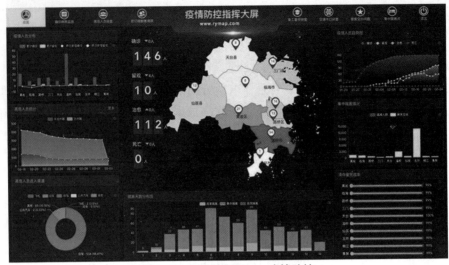

图 7-2 大数据应用——疫情防控

用,并且可以看成是无限扩展的,只要按使用量付费就可以,"云"就像自来水厂一样,我们可以随时接水,并且不限量,按照自己家的用水量,付费给自来水厂就可以。云计算不是一种全新的网络技术,而是一种全新的网络应用概念,云计算的核心概念就是以互联网为中心,在网站上提供快速且安全的云计算服务与数据存储,让每一个使用互联网的人都可以使用网络上的庞大计算资源与数据中心。

1) 云计算应用:云会议

云会议是云计算的一类重要应用。通过把计算、存储、网络等进行虚拟化,再由云应用根据会议的人员规模,自动划分云服务器提供视频会议所需的软、硬件资源,从而提供便捷易用、高清流畅、安全可靠的云视频会议服务。腾讯会议就是一种典型的云会议系统,视频会议所需资源全部由云端提供和管理,用户可以通过手机、电脑、小程序灵活入会。

2) 云计算应用:云存储

云存储是云计算的另一类重要应用,是将储存资源放到云上供人存取的一种新兴方案,使用者可以在任何时间、任何地方,透过任何可连网的装置连接到云上方便地存取数据。百度网盘是百度推出的一项云存储服务,已覆盖主流 PC 和手机操作系统,包含 Web、Windows、Mac、Android、iPhone 和 WindowsPhone。用户将可以轻松将自己的文件上传到网盘上,并可跨终端随时随地查看和分享。

3. 万物互联——物联网

物联网即"万物相连的互联网",是互联网基础上的延伸和扩展的网络,将各种信息传感设备与互联网结合起来而形成的一个巨大网络,实现在任何时间、任何地点,人、机、物的互联互通。物联网是通过射频识别、红外感应器、全球定位系统、激光扫描器等信息传感设备,按约定的协议,把任何物品与互联网相连接,进行信息交换和通信,以实现对物品的智能化识别、定位、跟踪、监控和管理的一种网络。

1) 物联网应用:数字家庭

智能家居就是物联网在家庭中的基础应用,随着宽带业务的普及,智能家居产品涉及方方面面。家中无人,可利用手机等产品客户端远程操作智能空调,调节室温,甚至还可以根据用户的使用习惯,从而实现全自动的温控操作,使用户在炎炎夏季回家就能享受到冰爽带来的惬意；通过客户端实现智能灯泡的开关、调控灯泡的亮度和颜色等；插座内置 WiFi，可实现遥控插座定时通断电流，甚至可以监测设备用电情况，生成用电图表让你对用电情况一目了然，安排资源使用及开支预算；智能体重秤，监测运动效果。智能摄像头、窗户传感器、智能门铃、烟雾探测器、智能报警器等都是家庭不可缺少的安全监控设备，你即使出门在外，也可以在任意时间、任何地方查看家中任何一角的实时状况，排查安全隐患（见图 7-3）。

图 7-3 物联网应用——智能家居

2）物流管理：智能物流

智能物流就是利用条形码、射频识别技术、传感器、全球定位系统等先进的物联网技术通过信息处理和网络通信技术平台广泛应用于物流业运输、仓储、配送、包装、装卸等基本活动环节，实现货物运输过程的自动化运作和高效率优化管理，提高物流行业的服务水平，降低成本，减少自然资源和社会资源消耗。物联网为物流业将传统物流技术与智能化系统运作管理相结合提供了一个很好的平台，进而能够更好更快地实现智能物流的信息化、智能化、自动化、透明化、系统的运作模式。智能物流在实施的过程中强调的是物流过程数据智慧化、网络协同化和决策智慧化。智能物流在功能上要实现六个"正确"，即正确的货物、正确的数量、正确的地点、正确的质量、正确的时间、正确的价格，同时在技术上要实现：物品识别、地点跟踪、物品溯源、物品监控、实时响应。

4. 高速互联——5G

第五代移动通信技术（5th generation mobile networks 或 5th generation wireless systems、5th-Generation，简称 5G 或 5G 技术）是最新一代蜂窝移动通信技术，也是继 4G（LTE-A、WiMax）、3G（UMTS、LTE）和 2G（GSM）系统之后的延伸。5G 的性能目标是高数据速率、减少延迟、节省能源、降低成本、提高系统容量和大规模设备连接。

1）5G 应用：智慧安防

5G 技术在智慧安防方面有广泛应用。智慧安防不仅凭借传感器、边缘端摄像头等设备实现了智能判断，同时可通过物联网、大数据等技术获取安防领域最实时、最鲜活、最真实的数据信息，并进行精准的计算。在整个安防环节中，视频监控涉及数据采集、传输、存储以及最终的控制显示，作为安防系统中最主要的数据传输环节，都需要运用 5G 技术来促使视频监控系统数据传输的高效、快速、高质量完成。

2）5G 应用：远程治疗

5G 有超 4G 至少十倍的用户体验速率、仅 1 毫秒的传输时延等性能，为医疗过程的便捷与高效提供了有力支持。医生可以更快地调取图像信息、开展远程会诊和远程手术；三甲医院的医生可以同偏远地区的医院进行视频通话，随时就诊断和手术情况进行交流（见图 7-4）。

图 7-4　5G 应用——远程治疗

> 💡 **思政小课堂**

2019 年，利用 5G 技术，中国在远程医疗领域创造了多项"世界首次"的突破，标志着 5G 远程医疗与人工智能应用达到新高度。3 月，中国人民解放军总医院成功完成全国首例基于 5G 的远程人体手术——远在海南的神经外科专家凌至培，通过 5G 网络传输的高清画面远程操控手术器械，为身在北京的患者实施了帕金森病"脑起搏器"植入手术。6 月，北京积水潭医院院长田伟利用 5G 技术，同时远程操控两台天玑骨科手术机器人，为浙江嘉兴和山东烟台的两名患者实施手术。这也是全球首例骨科手术机器人多中心 5G 远程手术。同样是在 6 月，四川省人民医院启用 5G 城市灾难医学救援系统，并首次将 5G 技术运用于灾难医学救援。未来 5G 技术与医疗领域的创新将会催生出诸多医疗场景。

5. 看得见的信任——区块链

区块链是一个分布式的共享账本和数据库，具有去中心化、不可篡改、全程留痕、可以追溯、集体维护、公开透明等特点。这些特点保证了区块链的"诚实"与"透明"，为区块链创造信任奠定基础。

1) **区块链技术应用：数字货币**

以区块链技术为基础的数字货币已经成为数字经济时代的发展方向。相比实体货币，数字货币具有易携带存储、低流通成本、使用便利、易于防伪和管理、打破地域限制，易于整合等特点。比特币依托的底层技术正是区块链技术，其在技术上实现了无需第三方中转或仲裁，交易双方可以直接相互转账的电子现金系统。我国早在 2014 年就开始了央行数字货币的研制，我国的数字货币 DC/EP 采取双层运营体系：央行不直接向社会公众发放数字货币，而是由央行把数字货币兑付给各个商业银行或其他合法运营机构，再由这些机构兑换给社会公众供其使用；2019 年 8 月初，央行召开下半年工作电视会议，会议要求加快推进国家法定数字货币研发步伐。

2) **区块链技术应用：电子发票**

税链平台即区块链电子发票平台。开具的电子化通用类发票在法律效力、基本用途、基本使用规定上与其他税务部门认可的通用类发票是相同的。开票方和受票方需要纸质发票的，可以自行打印发票的版式文件。税链平台打通了开票方、受票方、税务部门等各方的链接节点，使发票数据全场景流通成为现实，成功破解传统电子发票存在的安全隐患、信息孤岛、真假难验、数据篡改、重复报销、监管难度大等堵点痛点问题，有效降低以票控税的成本，发挥信息管税的作用。通过税链平台，纳税人的身份具有唯一性，区块链发票数据不可篡改，确保了发票数据的真实性、完整性和永久性，纳税人可实现区块链电子发票全程可查、可验、可信、可追溯，切实保护纳税人合法权益；税务部门可实现对纳税人发票申领、流转、报税等全过程全方位监管，有效降低了以票控税的成本，解决了凭证电子化带来的信任问题，提升了管理效能，促进了纳税遵从。

6. 亦真亦幻——虚拟现实技术

虚拟现实技术是一种可以创建和体验虚拟世界的计算机仿真系统，它利用计算机生成一种模拟环境，使用户沉浸到该环境中。虚拟现实技术就是利用现实生活中的数据，通过计算机技术产生的电子信号，将其与各种输出设备结合使其转化为能够让人们感受到的现象，这些现象可以是现实中真真切切的物体，也可以是我们肉眼所看不到的物质，通过三维模型表现出来。因为这些现象不是我们直接所能看到的，而是通过计算机技术模拟出来的现实中的世界，故称为虚拟现实。

1）虚拟现实技术应用：艺术与娱乐

由于在娱乐方面对虚拟现实的要求不是太高，故近几年来虚拟现实技术在该方面发展最为迅速。虚拟现实技术所具有的临场参与感与交互能力可以将静态的艺术（比如油画、雕刻等）转化为动态的，可以使欣赏者更好的欣赏作者的艺术。

2）虚拟现实技术应用：教育

虚拟现实技术在教育领域已经得到了充分的应用，诸如虚拟实验室、立体观念、生态教学、特殊教育、仿真实验、专业领域的训练等应用中具有明显的优势和特征。例如学生学习某种机械装置，如水轮发动机的组成、结构、工作原理时，虚拟现实技术可以直观地向学生展示出水轮发电机的复杂结构、工作原理以及工作时各个零件的运行状态，而且还可以模仿出各部件在出现故障时的表现和原因，向学生提供对虚拟事物进行全面的考察、操纵乃至维修的模拟训练机会，从而教学和实验效果事半功倍。

7. 持续改进——开发运营方法

开发运营方法（DevOps，Development 和 Operations 的组合词）是开发和运营的结合，代表了 IT 文化，通过采用敏捷环境，注重快速的服务交付。DevOps 利用自动化工具，致力于利用越来越多的可编程的动态基础设施。它基本上是一个持续改进的过程，用于缩短软件开发的生命周期。DevOps 是一组过程、方法与系统的统称，用于促进开发、技术运营和质量保障部门之间的沟通、协作与整合。它是一种重视"软件开发人员（Dev）"和"IT 运维技术人员（Ops）"之间沟通合作的文化、运动或惯例。透过自动化"软件交付"和"架构变更"的流程，来使得构建、测试、发布软件能够更加地快捷、频繁和可靠。

1）开发运营方法应用：软件设计

软件设计过程中，应对开发部门、运维部门进行协调，确保各项工作流程与方法高效使用，为项目管理工作提供可靠参考。基于 DevOps 软件开发源于 2009 年欧洲传统 IT 模式，对解决运维管理问题起到关键作用。为巩固软件设计与开发结果，将开发、运维与测试结合一起，形成了 DevOps 软件开发管理模式。基于 DevOps 软件开发可对测试环境进行应用，同时可将数据包融入软件环境中。DevOps 立足全局角度，对开发效果进行分析，加强人员之间的合作与交流也是软件开发设计工作重点，应对其进行合理安排。在DevOps框架下，对软件进行开发可实现自动化操作，使得人机交互方案应用具有可行性。

传统的软件组织将开发、IT运营和质量保障设为各自分离的部门。在这种环境下如何采用新的开发方法（例如敏捷软件开发），这是一个重要的课题：按照从前的工作方式，开发和部署不需要IT支持或者QA深入的、跨部门的支持，而却需要极其紧密的多部门协作。然而DevOps考虑的还不止是软件部署。它是一套针对这几个部门间沟通与协作问题的流程和方法。

2）开发运营方法应用：持续部署

需要频繁交付的企业可能更需要对DevOps有一个大致的了解。Flickr发展了自己的DevOps能力，使之能够支撑业务部门"每天部署10次"的要求——如果一个组织要生产面向多种用户、具备多样功能的应用程序，其部署周期必然会很短。这种能力也被称为持续部署，并且经常与精益创业方法联系起来。从2009年起，相关的工作组、专业组织和博客快速涌现。

DevOps的引入能对产品交付、测试、功能开发和维护（包括曾经罕见但如今已屡见不鲜的"热补丁"）起到意义深远的影响。在缺乏DevOps能力的组织中，开发与运营之间存在着信息"鸿沟"——例如运营人员要求更好的可靠性和安全性，开发人员则希望基础设施响应更快，而业务用户的需求则是更快地将更多的特性发布给最终用户使用。这种信息鸿沟就是最常出问题的地方。

DevOps集中软件开发运维和质量控制，是先进的软件开发管理模式，为IT从业人员提供了可靠的技术参考。实践工作中，应认识到软件开发技术应用的必要性，对相关设计理念进行分析，使得研发优势得到彰显。同时，在软件设计与运维过程中，通过对DevOps设计框架的研究，有利于促进开发团队与运营团队之间协调配合，可提高工作效率，促进运维管理信息化与现代化。

8. 替代人工——机器人流程自动化技术

机器人流程自动化（RPA）是以软件机器人和人工智能为基础，通过模仿用户手动操作的过程，让软件机器人自动执行大量重复的、基于规则的任务，将手动操作自动化的技术。RPA是虚拟机器人替代人工的一种方式，不仅可以模拟人类，也可以融合嵌入现有的各项人工智能技术，如图像识别、自然语言处理等技术，实现流程自动化的目标。RPA机器人可以实现在多个应用、系统之间进行交互，而不局限于office工具的操作。更为成熟先进的RPA，是带有自我认知或智能自动化后的机器人，能够执行非常规任务，包括非结构化数据的判断以及智能决策分析等操作。

在传统的工作流自动化技术工具中，会由程序员产生自动化任务的动作列表，并且会用内部的应用程序接口或是专用的脚本语言作为和后台系统之间的界面。机器人流程自动化会监视使用者在应用软件中图形用户界面（GUI）所进行的工作，并且直接在GUI上自动重复这些工作。因此可以减少产品自动化的阻碍，因此有些软件可能没有这类用途的API。机器人流程自动化工具在技术上类似图形用户界面测试工具。这些工具也会自动的和图形用户界面上互动，而且会由使用者示范其流程，再用示范性编程来实现。机器人流程自动化工具的不同点是这类系统会允许资料在不同应用程序之间交换。例如接收电子邮件可能包括接收付款单、取得其中资料，输入到簿记系统中。

1）机器人流程自动化技术应用：财务机器人

财务机器人是机器人流程自动化在财务领域的具体应用。财务机器人在RPA技术的基础上,针对财务的业务内容和流程特点,以自动化替代财务手工操作,辅助财务人员完成交易量大、重复性高、易于标准化的基础业务,从而优化财务流程,提高业务处理效率和质量,减少财务合规风险,使资源分配在更多的增值业务上,促进财务转型。

企业在应用 RPA 之后,平均每年可为财务部门节省 25 000 个工时左右。企业可以将财务机器人视为组织中的虚拟劳动力,对于财务工作中基于明确规则的可重复性工作流程,财务机器人是能够在特定流程节点代替传统人工操作和判断的财务自动化应用。

RPA 适合财务中大量重复和有明确规则的流程,在财务中较多应用 RPA 流程包括:账务处理、发票认证、发票查验、银行对账、费用审核和发票开具等。例如在银行对账方面。通常,公司每月需要对数十个银行账户进行银企对账,同时涉及对多种业务类型的核对,需要处理成千上万的网上银行数据和金融凭证数据。在过去,需要人工手动下载网上银行数据,这一过程耗时并且易出错,并且当对账涉及"一对一"或"多对多"的复杂情况,错误更是经常发生。

借助于 RPA,财务机器人可以自动登录网上银行并从系统获取数据开始,自动生成当月余额调节表,实现银企端对端调节自动化。对比结果,RPA 的方式效率有了较大幅度提升,并且错误率大大降低。在对账处理方面,财务部往往需要对业务信息进行详细对账处理,对账过程中涉及多家银行,上千笔的对账业务量,数据量很大。用 RPA 自动表单处理机器人代替传统手工操作后,可以极大节约财务人员有效工作时间(见图 7-5)。

图 7-5 机器人流程自动化可高效替代手工操作

2)机器人流程自动化技术应用:物料数据信息维护机器人

物料清单是生产的重要文件,它是表示用于新产品生产的原材料、部件、子部件和其他产品的广泛清单。制造业员工需要参照这份文档以获得详细的信息,是采购、报价、成本计算、物料追溯的重要基础,也是配料、加工、计划编制、库存管理的基础依据。如果物料清单出错,ERP 系统中所有涉及物料的内容都会出错,溯源纠错需要耗费大量时间,对公司来说会造成重大的损失。在这一环节中使用 RPA,可以更加快速的设计生成产品配方/生产结构树,数据准确性更有保障,保质保量。某服装厂财务部门需要安排专人登录 OA 系统中导出产品物料信息,再根据物料信息中的物料号进入 SAP 系统中进行查找,然后根据物料号查找出来的金额数据进行比对,并将获取 sap 系统中的明细自动填入表格,将金额转化成含税金额,最后再将表格发送给业务人员。通过 RPA 机器人可以自动获取当日指定邮箱的四封邮件附件和正文信息,并根据特定规则解析邮件正文、附件数据、中间过程数据、折线图等存储到汇总表中,按照发送邮件的排版通过 html 格式填充正文信息发送给指定上级领导查阅,RPA 自动登录协作平台发送邮件附件模板,以便其他部门人员使用。通过 RPA 可以实现物料、半成品、成品的自动化、一体化运作,大幅节约了人力,提高了管理效率,为制造企业内部系统升级做出表率。

9. 前端框架——Angular 编程技术

Angular 主要是基于一个 JavaScript 框架，负责创建现代和动态的网络应用。基本上没有返工，只要我们想在使用 Angular 的网络应用程序中添加一个新功能，就需要更少的代码。在 Angular 和 CSS 的帮助下，我们曾经看到许多移动应用程序是用户友好的。

Angular 诞生于 2009 年，由 Misko Hevery 等人创建，是一款构建用户界面的前端框架，后为 Google 所收购。Angular 是一个应用设计框架与开发平台，用于创建高效、复杂、精致的单页面应用，通过新的属性和表达式扩展了 HTML，实现一套框架，多种平台，移动端和桌面端。AngularJS 有着诸多特性，最为核心的是：MVVM、模块化、自动化双向数据绑定、语义化标签、依赖注入等等。其显著特点为：

1）有用的 MVC 架构和高效的用户界面

与用于移动应用程序开发的许多其他 JavaScript 框架完全不同，Angular 有助于基于组件的 MVC 体系结构。由于这种架构，即使是使用 Angular 构建的 web 应用程序也可以在很大程度上提供本地应用程序的外观、感觉和用户体验。这也加快了开发过程，有助于降低开发成本。Angular 作为一个框架，使用 HTML 创建高度吸引人的 web 和移动应用程序。这还允许开发人员创建健壮、直观、即时的用户界面，这些界面简洁、轻量级，但功能强大。

2）最佳编码标准和模块化

虽然编码在很大程度上依赖于使用语言属性的专业知识和技能，但 Angular 使整个开发过程更加容易，因为 Angular 通过使用 HTML 代码来实现其动态 UI 创建。难怪角度开发需要最少的编码、最少的开发时间和更少的复杂性。无论应用程序的类型和定位如何，测试在任何应用程序项目中都扮演着重要角色。模块化体系结构，以防某些技术在不影响输出的情况下，在提高生产率方面发挥巨大作用。Angular 在构建功能强大的应用程序方面发挥着无与伦比的作用，具有出色的体系结构、卓越的功能和令人敬畏的灵活性。Angular 的模块化有助于集成功能，并随着时间的推移为应用程序项目增加价值。

3）数据组织与快速重建

在任何应用程序开发项目中，过滤器的存在都有助于组织存储的数据，以便对其项目进行更好的控制和精确性。Angular 开发人员可以使用一系列易于使用的过滤器用以提高性能。Angular 用于应用程序项目的一个主要优势是 MVC 体系结构和易于使用的测试方法，它们加快了开发过程，并允许以更快的速度重建应用程序。

4）双向数据绑定和最佳开发实践

双向数据绑定提供了清晰的边缘。由于这一点，现有应用程序模块的任何变化都将实时反映出来。由于这一点，合并更改、增加价值、纠正错误以及提供新的更新变得更容易、更省时。Angular 是发展最快的框架之一，它通过最佳开发实践使事情变得更容易。除了帮助整个开发团队实现快节奏的工作流程外，它还为开发人员提供了完善的实践，以更少的努力和更高的精度完成结果。Angular 已经领先于大多数其他 JavaScript 框架，并将继续保持领先地位。当有如此多的优势时，几乎没有一个应用程序项目可以不做选择。

10. 智慧延伸——人工智能技术

人工智能（Artificial Intelligence，AI），是研究、开发用于模拟、延伸和扩展人的智能的理论、方法、技术及应用系统的一门新的技术科学。人工智能是计算机科学的一个分支，它企图了解智能的实质，并生产出一种新的能以人类智能相似的方式做出反应的智能机器，该领域的研究包括机器人、语言识别、图像识别、自然语言处理和专家系统等。人工智能从诞生以来，理论和技术日益成熟，应用领域也不断扩大，可以设想，未来人工智能带来的科技产品，将会是人类智慧的"容器"。人工智能可以对人的意识、思维的信息过程的模拟。人工智能不是人的智能，但能像人那样思考、也可能超过人的智能。

人工智能的定义可以分为两部分，即"人工"和"智能"。"人工"比较好理解，争议性也不大。有时我们会要考虑什么是人力所能及制造的，或者人自身的智能程度有没有高到可以创造人工智能的地步，等等。但总的来说，"人工系统"就是通常意义下的人工系统。

关于什么是"智能"，就问题多多了。这涉及其他诸如意识、自我、思维等问题。人唯一了解的智能是人本身的智能，这是普遍认同的观点。但是我们对我们自身智能的理解都非常有限，对构成人的智能的必要元素也了解有限，所以就很难定义什么是"人工"制造的"智能"了。因此人工智能的研究往往涉及对人的智能本身的研究。其他关于动物或其他人造系统的智能也普遍被认为是人工智能相关的研究课题。人工智能在计算机领域内，得到了愈加广泛的重视。并在机器人、经济政治决策、控制系统和仿真系统中得到应用。

1) 人工智能技术应用：生物特征识别

生物特征识别技术主要是指通过人类生物特征进行身份认证的一种技术，这里的生物特征通常具有唯一的（与他人不同）、可以测量或可自动识别和验证、遗传性或终身不变等特点。所谓生物识别的核心在于如何获取这些生物特征，并将之转换为数字信息，存储于计算机中，利用可靠的匹配算法来完成验证与识别个人身份的过程。

身体特征包括：指纹、静脉、掌型、视网膜、虹膜、人体气味、脸型、甚至血管、DNA、骨骼等；行为特征则包括：签名、语音、行走步态等。生物识别系统则对生物特征进行取样，提取其唯一的特征转化成数字代码，并进一步将这些代码组成特征模板，当人们同识别系统交互进行身份认证时，识别系统通过获取其特征与数据库中的特征模板进行比对，以确定二者是否匹配，从而决定接受或拒绝该人。

2) 人工智能技术应用：翻译机器人

人工智能翻译采用了一种被称为神经机器翻译（NMT）的技术，这是谷歌在 2016 年首次开发的。NMT 软件最初模仿了人们学习语言的方法。这些工具使用大量文档检查语言模式，包括源语言和目标语言。NMT 系统利用这些信息构建代码，将几乎任何单词或短语映射到目标语言。创建神经学习系统是为了提高它们在任务过程中的准确性，直到它们达到自然熟练的程度。人工智能翻译网站 Google Translate 就是一个例子。随着时间的推移，该网站已经发展成为一个复杂的工具，专门用于更常用的语言以及简单的文本。

由我国沈阳格微软件公司研制开发的具有自主知识产权的协同翻译平台，在人机双向协同翻译方面达到国际领先水平。这个翻译平台也叫"翻译机器人"，用它存储的"海量"信息，加上自动学习、记忆和分析等智能化功能，可以帮助人们进行大规模的科技资料翻译，大大提高翻译效率和翻译质量。这个翻译平台有面向创业大学生、专业翻译公司、企业应用等不同的版本（见图 7-6）。翻译机器人主要包括协同翻译系统、协同质检系统、协同校对系统、知识管理系统、任务管理系统和系列辅助工具包等；术语资源超过 2600 万条，双语资源超过 900 万句对；在创建用户状态模型和用户行为模型的基础上通过知识管理和机器翻译技术的融合，使系统能够动态获取和共享翻译过程中的知识，并通过系统与用户、用户与用户的协同工作实现了全过程的知识有效循环和共同增益；从而确保了用户（翻译人员）和系统的优势得到最大化发挥；在大规模科技资料翻译工程实践中取得显著的应用效果，即

500用户协同工作,在错误率不超过1.5%(国家翻译质量标准)的前提下,平均翻译效率提高2~4倍。

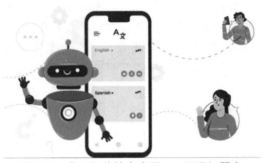

图7-6 人工智能技术应用——翻译机器人

任务 7.2 职业道德规范

【任务工单】

任务名称	遵循计算机道德保护个人信息安全				
组　　别		成　　员		小组成绩	
学生姓名				个人成绩	
任务情境	小王已经能熟练地使用计算机处理各项事务，并通过互联网与世界互联，拓展了自己的视野；同时，他也清楚地认识到人们即可以利用计算机解决各种现实问题，也可以借助计算机从事破坏、偷窃、诈骗和人身攻击等非道德的或违法的行为。 　　小王需要熟悉计算机相关的法律法规和道德准则，做到知法守法，不利用计算机做违反法律法规和道德规范的事情。同时，要掌握保护个人信息、防范网络诈骗的方法，切实保护自己的合法权益不受侵犯				
任务目标	职业道德规范				
任务要求	（1）列出我国计算机相关法律法规名称 （2）列出使用计算机的道德准则 （3）列举个人信息保护注意事项 （4）列举网络诈骗防范措施				
知识链接					
计划决策					
任务实施	（1）列出我国计算机相关法律法规名称 （2）列出使用计算机的道德准则				

任务实施	（3）列举个人信息保护注意事项 （4）列举网络诈骗防范措施及典型网络诈骗案例
检　　查	
实施总结	
小组评价	
任务点评	

【颗粒化技能点】

1. 计算机相关法律法规

在我国，与公民个人有较直接的计算机法律法规有《网络安全法》《中华人民共和国计算机信息系统安全保护条例》《中华人民共和国计算机信息网络国际联网安全保护管理办法》《计算机软件保护条例》《儿童个人信息网络保护规定》等。

此外，《刑法修正案（九）》《最高人民法院、最高人民检察院关于办理侵犯公民个人信息刑事案件适用法律若干问题的解释》《最高人民法院、最高人民检察院关于非法利用信息网络、帮助信息网络犯罪活动等刑事案件适用法律若干问题的解释》中的相关条款也对利用计算机计算机实施犯罪的行为做出了明确的规定。

2. 个人使用计算机道德规范

计算机道德协会，一个以道德方式推进计算机技术发展的非盈利组织，制定了以下计算机道德十诫。

（1）不得使用计算机伤害其他人；
（2）不得干预其他人的计算机工作；
（3）不得窥探其他人的计算机文件；
（4）不得使用计算机进行盗窃；
（5）不得使用计算机提交伪证；
（6）不得复制或使用尚未付款的专利软件；
（7）在未获授权或未提交适当赔偿的前提下，不得使用其他人的计算机资源；
（8）不得盗用其他人的知识成果；
（9）应该考虑你所编写的程序或正在设计的系统的社会后果；
（10）在使用计算机时，应考虑尊重人类。

网络道德规范——作为新时代的网民，我们都有责任规范自己的网络行为，遵循下列网络基本道德规范，营造一个风清气正的网络空间。

> 不得在互联网上传送大型文件，造成网络资源浪费；
> 不得利用电子邮件做广播型的宣传；
> 不得私自拷贝不属于自己的软件资源；
> 不得利用互联网制作、复制、查阅和传播不实的谣言。

3. 个人信息安全保护

1）计算机操作安全

在日常生活和工作环境中，保证自己计算机信息安全的最有效办法就是避免第三者在未授权的情况下使用自己的计算机。在人员较多的工作环境中，如何避免不自觉的人擅自使用自己的计算机呢？

> **设置开机密码**：在系统的"账户信息"中设置账户登录密码，设置成功后，每一次开机启动都会要求输入正确的密码才能进入操作系统进行计算机操作。

> **锁屏**：短时间暂时离开计算机时，可以按下"Win+L"组合键执行锁屏操作，将计算机页面恢复至登录界面，需要输入正确的密码才能重新进入操作系统。

> **屏幕保护密码**：在离开计算机的时间不确定的情况下，可以设置屏幕保护程序。如

果在设定的时间内未回来使用计算机，屏幕将会自动锁定，需要输入正确的密码后，计算机才能恢复到屏幕保护之前的状态。

2）上网行为安全

➢ **上网场所的安全**：常见的两个不安全上网环境是网吧和无线上网。网吧是一个公共环境，用户在网吧进行输入密码操作时，可以使用软件自带的软键盘进行操作，降低密码被盗的风险。无线上网要避免个人信息泄露，最有效的办法就是避免连接来历不明的无线网络，而是使用运营商提供的 4G 或 5G 网络连接互联网。

➢ **访问网站的安全**：用户通过网站浏览信息时，要确保进入一个安全的网站，而不是进入仿冒的钓鱼网站。一是常规网址判断，一般一个网址的最后部分是国家域名的代码，例如中国大陆为"cn"、美国为"us"；倒数第二部分是行业代码，"com"表示营利性商业机构，"net"表示网络服务机构等。二是注意访问协议，不要在 http：//开头的网站进行敏感操作，比如输入账号密码、银行卡号、真实住址等，而以 https：//开头的网站，表示该网站采用了加密技术，且进行了企业认证操作。

➢ **社交软件的安全**：在使用即时通信软件聊天时，在对网友的备注中，尽可能不要使用完整的信息提示，尤其不要使用关系描述类的信息。在公共场合或使用别人计算机上网时，在退出聊天后，删除所有的聊天记录。在使用电子邮件时，不要轻易打开来历不明的电子邮件，确认发件人和邮件主题安全后再点击打开；电子邮件潜在的危险主要有两种：一种是附件，另一种是内容中的链接，在收取附件时，可先将附件保存至本地计算机，使用杀毒软件进行查杀后再打开，对于内容中的链接不能轻易点击，要确认网址安全后，方可点击访问。

➢ **密码保护**：使用强密码，密码尽量同时包含大小写字母、数字和特殊符号，并且每个网站使用不同密码，定期修改密码。

➢ **升级补丁**：及时升级个人计算机系统的补丁，最新的系统安全性永远比老系统高。

➢ **定期杀毒**：使用正版杀毒软件定期为个人计算机进行全盘扫描杀毒，清除因不当上网行为而感染的各种病毒。

➢ **个人资料慎填**：除必须填写真实资料的政府网站、支付宝、银行之类外，都不应给出完整的，真实个人资料，要默认这些网站都是不安全的。

➢ **无痕模式浏览**：在使用浏览不确定安全性的网站时，应选择使用浏览器的无痕模式，在无痕模式下浏览器会隐藏所有个人的隐私数据。如无特殊需要，慎重选择保存密码选项。

3）网络诈骗防范措施

网络诈骗是指为达到某种目的在网络上以各种形式向他人骗取财物的诈骗手段。犯罪分子以各种方式实施网络诈骗，常见的网络诈骗类型有：

➢ **网上购物**：网上购物已成为人们购物的主要方式，最常见的问题是当在成功支付之后，要么就根本收不到货，要么就是收到的货跟网上描述的不一致，物非所值。

➢ **网络兼职**：利用网络发布兼职招聘信息，以"淘宝刷单返现"为诱饵，引诱受害者在其提供的淘宝店拍下某订单，并承诺受害人付完款后，把订单款和佣金一并打回受害者账户。受害者在完成操作后，不法分子称还要再接着拍才能返还订单款，导致受害者上当受骗。

➢ **贷款申请**：不法分子利用提供利息很低的房屋或汽车贷款为诱饵，诱骗受害者提前支付一笔贷款申请费，以申请低息贷款。受害者在支付申请费后，不法分子就失去联系，导致受害者蒙受经济损失。此类骗局以低利率贷款为诱饵，目的在于骗取申请费。

➢ **冒充领导**：不法分子通过盗用公司经理或高层的 QQ 号，并冒用身份通过 QQ 联系公司财务人员，以请客户吃饭、出差没带钱等为由，让公司职员给对方银行账户汇款，骗取大量财物。

网络诈骗犯罪日益严重，对于个人来说，需要掌握一定的防范诈骗的基本措施，提高自身防范网络诈骗的能力。

➢ 不要执行从网上下载后未经杀毒处理的软件；
➢ 不要打开即时通信软件上传送的不明文件；
➢ 不使用非购物平台提供的官方通信软件与卖家进行联系；
➢ 使用安全的网络支付工具；
➢ 涉及借款等事项，要用第二种联系方式进行反复确认，确保消息的真实性。

【拓展练习】

实践练习任务 1：列举出计算机硬件系统主要组成部分，并分别说明各部分的作用。

实践练习任务 2：列举出自己常用的计算机系统软件和应用软件。

实践练习任务 3：请完成下列数制之间的转换。
$(110010101.1101)_2 =$ （　　　　　）$_{10} =$ （　　　　　）$_8 =$ （　　　　　）$_{16}$
$(274.69)_{10} =$ （　　　　　）$_2 =$ （　　　　　）$_8 =$ （　　　　　）$_{16}$
$(8AB.6D)_{16} =$ （　　　　　）$_2 =$ （　　　　　）$_8$
$(2754.13)_8 =$ （　　　　　）$_2 =$ （　　　　　）$_{10} =$ （　　　　　）$_{16}$

实践练习任务 4：列举主机中的主要部件性能指标。
(1) 主板

(2) CPU

(3) 内存

(4) 硬盘

(5) 显卡

实践练习任务 5：使用金山打字通软件，训练中英文打字速度，并记录打字速度。

中文打字速度：

英文打字速度：

实践练习任务 6：使用杀毒软件对计算机进行全盘杀毒操作。

操作步骤如下：

实践练习任务 7：列举避免他人使用自己的计算机的安全做法。

实践练习任务 8：列举在网吧上网时应注意的安全事项。

实践练习任务 9：列举常见网络诈骗类型。

实践练习任务 10：列举预防网络诈骗应掌握的基本措施。

参考文献

[1] 刘勇，彭斌，熊慧芳. 计算机基础实境教程［M］. 北京：电子工业出版社，2011.
[2] 赵军. Word 排版技巧必学必会［M］. 北京：机械工业出版社，2018.
[3] 李彤，张立波，贾婷婷. Word/Excel/PPT 2016 商务办公从入门到精通［M］. 北京：电子工业出版社，2016.